● 高等学校水利类专业教学指导委员会
● 中国水利教育协会　　　　　共同组织编审
● 中国水利水电出版社

普通高等教育"十三五"规划教材
普通高等教育"十一五"国家级规划教材
全国水利行业规划教材

随机水文学

（第三版）

王文圣　金菊良　丁晶　编著

中国水利水电出版社
www.waterpub.com.cn

内 容 提 要

本书系统地介绍了随机水文学的基本理论、分析方法、模拟技术和主要随机模型，阐述了随机模拟技术和随机模型在水文与水资源、水环境系统中的实际应用。

本书可作为高校水文水资源及环境类专业的高年级本科生和研究生的教材和教学参考书，也可供理工科高校中农业、气象、地理等相关专业的高年级学生和研究生阅读，同时适合于有关科技工作者使用和参考。

图书在版编目（CIP）数据

随机水文学 / 王文圣，金菊良，丁晶编著. -- 3版
. -- 北京 ：中国水利水电出版社，2016.1
　普通高等教育"十三五"规划教材　普通高等教育"
十一五"国家级规划教材　全国水利行业规划教材
　ISBN 978-7-5170-4066-8

　Ⅰ．①随… Ⅱ．①王… ②金… ③丁… Ⅲ．①随机水
文学－高等学校－教材 Ⅳ．①P333.6

中国版本图书馆CIP数据核字(2016)第022707号

书　　名	普通高等教育"十三五"规划教材 普通高等教育"十一五"国家级规划教材 全国水利行业规划教材 **随机水文学（第三版）**
作　　者	王文圣　金菊良　丁晶　编著
出版发行	中国水利水电出版社 （北京市海淀区玉渊潭南路1号D座　100038） 网址：www.waterpub.com.cn E-mail：sales@waterpub.com.cn 电话：(010) 68367658（发行部）
经　　售	北京科水图书销售中心（零售） 电话：(010) 88383994、63202643、68545874 全国各地新华书店和相关出版物销售网点
排　　版	中国水利水电出版社微机排版中心
印　　刷	北京纪元彩艺印刷有限公司
规　　格	184mm×260mm　16开本　12.5印张　304千字
版　　次	1997年10月第1版　1997年10月第1次印刷 2016年1月第3版　2016年1月第1次印刷
印　　数	0001—3000册
定　　价	**28.00元**

凡购买我社图书，如有缺页、倒页、脱页的，本社发行部负责调换

第三版前言

　　《随机水文学（第三版）》为普通高等教育"十三五"规划教材和全国水利行业规划教材，是在第一版、第二版基础上进一步结合水文水资源专业教学要求及随机水文学新进展撰写而成。

　　随机水文学是把随机过程的理论与方法引入水文学而形成的一门学科。它以水文过程为研究对象，建立能够反映水文过程统计特性和随机变化规律的随机模型，通过模型随机模拟大量水文序列来满足水利工程规划、设计和运行需要，或者运用随机模型进行统计预测。本书共九章，系统地介绍了随机水文学的基本理论、分析方法和主要随机模型，讲述了随机模拟技术和随机模型在水文水资源水环境系统中的实际应用。书中各章配有适量的习题。

　　为加强《随机水文学（第三版）》的科学性、实用性和可读性，本书对第二版部分章节进行了适当增减。将随机模拟技术独立成章，增加了随机数检验内容，更新了指定分布纯随机序列的模拟途径；增加了Man-kendall突变点检验法和功率谱周期识别法；删除了长持续性模型，突出了自回归滑动平均模型，去掉了不常用的流域暴雨洪水系统随机模型；强化了随机模型在水文学中的应用。

　　全书由王文圣、金菊良和丁晶共同执笔而成，并由王文圣统稿，丁晶审稿。

　　本书有些材料引自有关院校、生产和科研单位编写的教材和技术资料以及个人发表的论著，编者在此谨致以衷心的谢意！本书部分成果得到了国家自然科学基金（编号51179110，71273081）的资助。编者同时感谢中国水利水电出版社为本书的再次出版所付出的辛勤劳动。

　　书中有关内容请斟酌选用。由于编著者水平有限，书中有不少的缺点和错误，恳请读者批评指正。书中错误之处请函告：四川大学水利水电学院王文圣，邮编：610065，E-mail：wangws70@sina.com。

编著者

2015年7月

第一版前言

本书是按照《1990～1995 年高等学校水利水电类专业本科生、研究生教材选题和编审出版规划》的规定进行编写的。

随机水文学是把随机过程的理论与方法引入水文学而逐渐形成的一门新学科。它以现实水文过程为研究对象，建立能够反映水文现象随机变化特性的数学模型，并通过模型模拟出的大量水文序列来满足水利工程规划、设计和运行的各种需要。本书共分八章，系统地介绍随机水文学的基本原理、分析方法和计算模型，重点讲述随机模型和模拟技术在水利工程中的实际应用。各章均有一定数量的习题，书末列有主要的参考文献。

本书第一章由刘权授、丁晶共同编写，第二、五、六章由刘权授编写，第三、四、七、八章由丁晶编写。全书由长江水利委员会水文局季学武高级工程师主审，由丁晶修改定稿。

本书有些材料引自有关院校、生产和科研单位编写的教材和技术资料以及个人发表的论文，编者在此谨致以诚挚的谢意。

由于编者水平有限，书中有不少的缺点和错误，敬请读者批评指正。

编　者
1997 年 1 月

第二版前言

本书为普通高等教育"十一五"国家级规划教材。近10年来，随着科学技术的进步和社会经济的发展，随机水文学取得了新的进展，为了适应水文水资源专业的教学要求，特编写了本教材。

随机水文学是把随机过程的理论与方法引入水文学而逐渐形成的一门学科。它以实际水文过程为研究对象，建立能够反映水文现象统计特性和随机变化规律的数学模型（随机模型），通过模型模拟出大量的水文序列来满足水利工程规划、设计和运行的各种需要，或者运用随机模型进行统计预测。本书共9章，系统地介绍随机水文学的基本原理、分析方法和各种随机模型，重点讲述随机模型和模拟技术在水文水资源系统中的实际应用。

本书对第一版的体系和内容作了一定更新：①增加了水文序列成分识别技术；②增加了一些新的随机水文模型，如非线性随机模型、非参数随机模型；③加强了随机模型在水文学中的应用；④在季节性随机模型中删掉了不常用的散粒噪声模型和正则展开模型；⑤简化了流域系统随机模型。

本书编写力求结构合理，条理清晰，文字简洁，通俗易懂。编写过程中避免了抽象的数学推理和繁琐的公式演绎。书中各章配有适量的习题。

本书由王文圣、丁晶和金菊良共同讨论、分别执笔而成。全书由王文圣统稿，丁晶审稿，王文圣修改定稿。

本书有些材料引自有关院校、生产和科研单位编写的教材和技术资料以及个人发表的论著，编者在此谨致以诚挚的谢意！本书部分成果得到了国家自然科学基金（50779042，70771035）的资助。同时感谢中国水利水电出版社为本书出版付出的辛勤劳动！

书中有关内容请各院校斟酌选用。由于编者水平有限，加之时间仓促，书中有不少的缺点和错误，恳请读者批评指正。书中错误之处请函告：四川大学水利水电学院王文圣，邮编：610065，E-mail：wangws70@sina.com。

编著者

2008 年 1 月

目　录

第三版前言

第一版前言

第二版前言

第一章　绪论 …………………………………………………………… 1

第一节　随机水文学 ……………………………………………………… 1

第二节　随机模拟法 ……………………………………………………… 2

第三节　随机水文学的应用 ……………………………………………… 4

第四节　随机水文学的发展 ……………………………………………… 7

习题 ………………………………………………………………………… 9

第二章　随机水文学的基本理论 ……………………………………… 10

第一节　随机过程的概念 ………………………………………………… 10

第二节　随机过程的分布函数 …………………………………………… 11

第三节　随机过程的数字特征 …………………………………………… 12

第四节　随机过程的分类 ………………………………………………… 15

第五节　平稳随机过程 …………………………………………………… 16

第六节　马尔柯夫过程 …………………………………………………… 20

习题 ………………………………………………………………………… 23

第三章　水文序列分析方法 …………………………………………… 24

第一节　水文序列及其组成 ……………………………………………… 24

第二节　水文序列相关分析 ……………………………………………… 25

第三节　水文序列的谱分析 ……………………………………………… 29

第四节　水文序列组成成分识别 ………………………………………… 33

第五节　水文序列极差分析和轮次分析 ………………………………… 45

习题 ………………………………………………………………………… 50

第四章　随机模拟技术 ………………………………………………… 52

第一节　概述 ……………………………………………………………… 52

第二节　均匀随机数的模拟 ……………………………………………… 53

第三节　指定分布的纯随机序列的模拟 ………………………………… 56

习题 ·· 60

第五章　自回归滑动平均模型 ······································· 61
第一节　基本概念 ·· 61
第二节　自回归滑动平均模型的物理基础 ·························· 64
第三节　自回归模型 ·· 67
第四节　滑动平均模型 ·· 75
第五节　自回归滑动平均模型 ·· 78
第六节　建立随机模型的程序 ·· 80
第七节　实例分析 ··· 85
第八节　平稳化处理方法 ·· 89
习题 ·· 90

第六章　季节性随机模型 ·· 91
第一节　概述 ·· 91
第二节　季节性自回归模型 ·· 91
第三节　典型解集模型 ·· 96
第四节　相关解集模型 ·· 99
习题 ·· 107

第七章　多变量随机模型 ··· 108
第一节　概述 ·· 108
第二节　多变量平稳自回归模型 ·· 108
第三节　多变量季节性自回归模型 ······································· 115
第四节　空间典型解集模型 ·· 117
第五节　空间相关解集模型 ·· 120
第六节　多变量水文序列随机模拟的主站模型 ······················ 124
习题 ·· 129

第八章　新型随机模型 ·· 131
第一节　概述 ·· 131
第二节　门限自回归模型 ·· 131
第三节　基于核密度估计的非参数模型 ·································· 136
第四节　基于核密度估计的非参数解集模型 ··························· 141
第五节　基于小波分析的组合随机模型 ·································· 144
习题 ·· 149

第九章　随机模型在水文学中的应用 ····························· 150
第一节　概述 ·· 150
第二节　随机模型的选择 ·· 150
第三节　随机模型在水文系统分析计算中的应用 ···················· 154
第四节　随机模型在水文系统预测中的应用 ··························· 163

第五节　随机模型在设计洪水过程线法适用性探讨中的应用 ……………………… 170

第六节　随机模型在水文系统频率分析中的应用 …………………………………… 176

第七节　随机模型及其水文模拟序列在实用中的一些问题 ………………………… 181

习题 …………………………………………………………………………………… 187

附录一　赫斯特系数 K 经验分位值（独立 P-Ⅲ型序列）………………………… 188

附录二　[0,1] 上均匀分布的随机数表 ……………………………………………… 189

参考文献 …………………………………………………………………………… 190

第一章 绪 论

第一节 随机水文学

水文现象随时间变化的过程称为水文过程或水文序列。水文现象是一种自然现象，既有确定性变化规律，又有随机性变化规律。这些确定性和随机性变化规律通过水文过程可以直接或间接地展示出来。水文过程的确定性变化规律突出表现在过程中有年、日等周期变化。如日、旬、月径流过程，明显存在以年为周期的变化（图1-1）；逐时气温及蒸发量过程存在以日为周期的变化。这是由于影响水文过程的气候因素存在以年为周期的变化和某些气象因素存在以日为周期的变化之故。水文过程受确定性因素的影响，还表现出随时间的增长，过程出现逐渐上升或下降的趋势或跳跃的变化等现象。如图1-2所示，岷江高场站年平均流量呈现局部增加和降低趋势现象，这可能是由于气候波动和人类活动影响造成的。

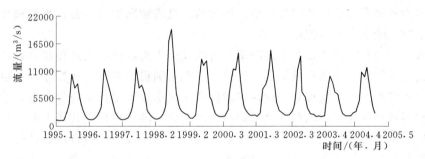

图1-1 金沙江屏山站月平均流量过程

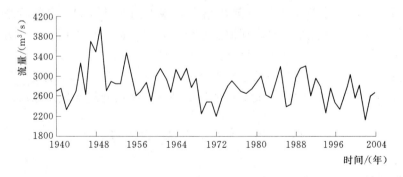

图1-2 岷江高场站年平均流量过程

从图1-1、图1-2同时可以看出，水文过程还表现出随机性变化特征，每一年的月平均流量过程不相同，形状和数量相差较大；水文过程内前后数值之间似乎变化无序，时大时小，但它们之间存在相依（相关）关系，如2月平均流量与1月平均流量有关，后1

年径流量与前 1 年径流量相依，如岷江紫坪铺站相邻年年平均流量之间的相关系数达 0.44。随机性变化特征是水文过程形成和演变中的众多影响因素所致。所有这些影响的无限复杂性和多样性，致使水文过程的变化不断发生着各种各样的情形，表现出随机性变化特征。

水文过程既然表现出随机变化特征，因此，它是一个随机过程，又称为随机水文过程。纯粹确定性水文过程是不存在的。如何通过水文过程来研究水文现象的随机变化特征呢？传统水文学不能回答这个问题。

将随机过程理论和时间序列分析技术引入水文学领域，广泛开展水文过程随机变化特性研究并不断把科学成果用于水文水资源的实际问题，结果逐渐形成了一门重要的学科——随机水文学。随机水文学是以水文过程为研究对象、以随机过程理论和时间序列分析技术为手段的一门学科。水文过程是随机过程，因此应用随机过程的理论和方法研究水文过程是有客观依据的。一个水文过程是依发生的时间先后次序排列的，因此在随机水文学中，水文变量的时间顺序极为重要。

随机水文学填补了确定性水文学（研究确定性过程）和概率性水文学（研究纯随机过程即概率过程）之间的缺口。在确定性水文学中，认为水文现象随时间的变化可由其他变量完全加以说明；在概率性水文学中，问题不牵涉到时间，而只涉及某一事件的概率。随机水文学的研究对象是与时间紧密有关的随机现象，即随机水文过程。描述水文过程的数学模型，称为随机水文模型或随机模型。作为两种极端情况的确定性过程和概率过程，在随机水文学中一般不作专门探讨。

随机水文学的基本任务是在全面随机分析的基础上对随机水文过程建立起反映水文现象主要变化特性的随机模型；根据建立的模型，既可随机模拟大量水文序列，也可作统计预测，以满足水利水电工程规划、设计、运行及水文水资源水环境各种分析、计算和研究的需要。本书重点讲述如何依据观测到的水文序列建立随机模型，如何由随机模型模拟大量序列，如何将模拟序列应用于工程的规划、设计、运行及水文水资源特性分析等。具体而言，就是对水文过程建立合适的随机模型，一方面模拟出水文序列（例如年、月、日径流序列，洪水序列等），依据这些模拟序列并结合工程特性和要求进行水利计算（径流调节、洪水调节、水能计算等），最后计算出指定频率下的各种水利、水能特征值，如保证出力、年电能、水库供水流量、水库坝前洪水位等，供全面分析之用；另一方面依据模型对水文现象进行统计预测，预估未来可能的变化情势。

由此可见，随机水文学的主要任务和水文计算的任务在很大程度上是一样的，但它们之间也有明显的差异。为了加深对随机水文学的理解，下面介绍随机模拟法。

第二节　随　机　模　拟　法

一、基本概念

在现有社会、经济和技术条件下，对水文水资源系统进行真实的物理实验以揭示其结构和功能，反映其随机变化特征，显然是困难的。要了解水文水资源系统各组成要素间的相互关系，预测水资源规划、设计方案可能产生的效果及其对生态的影响，分析系统的发展趋势，当前可行的途径就是统计试验法，又称 Monte Carlo 法。在随机水文学中常被称为随机模拟法（stochastic generation method）。随机模拟法已成为认识、设计和管理复杂水文水资源系统的主要方式之一，一直是随机水文学研究的重要途径。

针对随机水文学，可以这样定义随机模拟法，指根据水文水资源系统观测资料的统计特性和随机变化规律，建立能预估系统未来水文情势的随机模型，由模型通过统计试验获得大量的随机模拟序列（简称模拟序列），再对模拟序列进行分析计算，解决水文水资源系统规划、设计、运行与管理问题的方法。随机模拟法一般包括以下步骤：①分析水文水资源系统各要素及其关系、系统与环境间的关系，定义和描述研究问题；②确定模拟目标和系统状态变量，建立反映水文水资源问题的随机模型；③估计随机模型的参数；④验证随机模型和分析模拟结果，进而解决规划、设计、运行等有关问题。

随机模拟法的核心内容是建立随机模型。

二、随机模拟法的特点

对于水文水资源系统而言，常需要了解它的变化规律，如千年一遇的洪水、保证率为90％的年径流量、多年平均发电量、远期供水可靠度、中等干旱发生频率，等等。传统分析方法有两种：①实测序列法；②设计过程线法。

实测序列法能广泛适应于各种工程（单一或系统工程，发电、灌溉、供水工程）的分析计算需要，而且由实测水文序列估计各种水利指标或水文特征值时概念明确、计算直观。但缺点是：几十年的实测序列只是一个历史样本，未来出现的序列不可能与过去实测序列一样；而且，现有科学水平也不能确定性地预测将会出现怎样的具体序列，只能进行概率性预测，其可能性是多种多样的。因此，依据已有的实测序列计算出的水文特征值或水利指标只是未来可能出现的一种情况，以此进行工程设计存在抽样误差，有时误差可能很大，而且实测序列法无法回答抽样误差的大小问题。

以实测序列法进行设计的新安江水库所出现的问题生动地说明了这一点。新安江水库是一座大型水库，初设时的水文计算是依据罗桐埠站 1930—1956 年实测与插补的年、月径流序列进行的，这 27 年的多年平均流量为 $360 \text{m}^3/\text{s}$。1958 年以后，新安江流域气候条件异常，出现了枯水年组。1958—1968 年的多年平均流量为 $260 \text{m}^3/\text{s}$，较原设计值低27.8％，发电量则较原设计值低得很多。地处我国北方的黄河三门峡段和东北的松花江哈尔滨段也发生过类似现象。这说明实测序列法作为工程规划、设计的依据是存在严重缺陷的。

现行设计过程线法有设计年径流过程线法和设计洪水过程线法。这里以后者为例给予评价。设计洪水过程线法是依据观测的洪水资料，通过分析计算提供设计所需要的一套洪水序列。该法有一个重要假定，那就是设计洪水位的频率等同于设计洪峰和（或）设计时段洪量的频率。这个假定颇有问题。同样的设计洪峰和（或）设计时段洪量，时间过程与空间分配可以相差很大，调节计算后的水库最高洪水位也可能相差很大，而且选取时空分布典型的主观任意性也颇大。也就是说，设计成果具有明显的不确定性。同样，这种方法也不能给出设计水利指标（如水库设计洪水位）的抽样误差。

随机模拟法能克服传统分析方法的不足，有以下显著特点：

（1）随机模型能全面表征水文现象统计变化的特性，不同的模型表征水文现象变化特性的重点有所差异。有重点表征水文现象随时间变化的模型（时间模型），有重点表征水文现象随空间变化的模型（空间模型），有既表征时间变化又表征空间变化的模型（时空模型)。一般而言,随机水文模型将水文现象在时间和空间上的变化有机地结合在一起,即它综合表征水文现象的时空统计变化特性。模拟序列出自模型,大量的模拟序列以直观的方式并和模型等价地表征水文现象的时空统计变化特性。因此,根据模拟序列计算各种水利指标或特征值时,就能够科学地统一考虑水文现象在时空上的变化特性。这样,随机模拟法克服了设计洪水过程线法将完整的洪水现象人为分割成洪量、时间过程和空间分配三个方面而分别孤立考虑和分析计算的弊病。特别是,该法还避免了"最高洪水位的频率等同于洪量和(或)洪峰频率"这个不符合实际的假定。

(2)由随机模型能模拟出大量的水文序列。根据工程特性,模拟序列通过径流调节计算即可得到相应的大量水利指标序列(如坝前洪水位等)。依据长指标序列可以既方便又合理地获得水利指标频率曲线(例如坝前洪水位频率线)和各种特征值,以用于工程的规划和设计。

(3)大量的模拟序列表征着未来水文现象可能出现的各种情况。如前所述,实测序列法以短期实测序列为依据,而短期的实测序列只能表征未来水文现象的一种可能情况。显然,在工程设计时不能只考虑一种情况,而必须考虑工程运行期内可能出现的各种情况,并据此对水利指标的抽样误差做出估计,使设计更加合理、可靠。

总之,随机模拟法是在现行水文分析计算法基础上发展起来的一种先进方法。它一方面对现行方法所存在的问题进行了重大的改进;另一方面,它更全面、客观,适应性也更强。所谓全面,是指这种方法不仅可以提供单站(单点)各种特征水文量的模拟序列(年、月、旬、径流、洪水、雨量等),而且可以提供多站(多点)的模拟序列;所谓客观,是说该方法有一定的原则和规则可供遵循,大大减少了计算过程中的主观性;所谓适应性强,是指该法能适应各种工程的规划、设计和管理的需要。

随着认识的提高和方法的成熟,我国在制定的水利水电工程设计洪水计算规范和水文计算规范时也正式列入随机模拟法,这标志着随机模拟法进入了实用阶段。随机模拟法的关键在于如何根据样本序列建立一个适用的随机模型。这正是本书重点讲述的内容。

第三节 随机水文学的应用

随机水文学的应用十分广泛。本节简略介绍在水文水利计算、水文预报、水文测验站网规划、防洪安全设计、风险分析及其他方面的应用。

一、在水文水利计算方面

1. 在系统分析计算中的应用

水文要素(如年径流量)可按其统计特性建立相应的随机模型;通过随机模型,借助统计试验方法可获得大量的模拟序列;在系统分析中,以模拟序列作为输入,根据系统的特性和设计要求进行各种计算,从而得出系统响应,即输出(供水流量、保证出力、年电能、水库设计洪水位等)。显然,作为输入的模拟序列(如年径流量)是系统分析的基础,而合理可靠的模拟序列必须建立在合理可靠的随机模型基础之上。因此,随机模型在各种系统分析中占有重要地位。例如,黄河上游建有刘家峡、盐锅峡、八盘峡、青铜峡和龙羊峡等水利工程,对于这样复杂的系统,在进行各种分析时(如水库调度分析),作为系统输入的多站径流模拟序列是必不可少的。较短的实测序列用于这样的系统分析存在着一些难以解决的问题，例如连续枯水段考虑的程度、防洪和兴利库容的有效结合、调度图的合理绘制、破坏深度及其相应概率的估计等。大量模拟序列的应用在一定程度上可以解决这一类问题。又如，在对四川省沱江进行规划，特别是进行沱江的环境保护系统分析时，要求以枯水流量序列作为系统输入。对枯水流量建立适当的随机模型，进而获得大量模拟序列，可以满足系统分析的要求。为了研究三峡防洪系统对长江中、下游防洪效益的影响，需要预估入库的洪水过程以及中、下游各防洪控制点的洪水过程。如何预估未来可能出现的各种洪水过程是一个难题。建立多站洪水随机模型模拟出各站的洪水过程可以满足三峡防洪系统的研究需要。

2. 在插补序列中的应用

传统插补延长水文序列只是简单用回归方程而没有考虑随机误差，因而插补变量的方差偏小。对传统插补方法的改进，其关键在于对随机误差建立合适的随机模型。一旦建立了这样的模型，便可随机插补序列。尽管这样的插补不能为插补变量提供确定性的估值，但具有下列优点：

（1）可插补出各种可能的估值，这些数值供水文工作者结合流域的水文气象条件作综合分析。

（2）将插补出的各种可能值用于频率计算，得出多种设计值，便于做出插补值差异对频率计算成果影响的统计评估。

3. 在处理一些特殊问题中的应用

在生产实际中，常常要研究某些水文特征量的统计特性，而这些统计特性很难用概率理论通过分析的方法来获得。在这种情况下，利用随机模型并借助统计试验法加以探讨，虽然得不到精确解，但求得的近似解可以满足生产实际的要求。例如，在研究洪水地区组成时，各控制断面洪水特征量的统计特性及其相互关系可利用随机模型给出的各断面模拟序列加以推求。随机解集模型已被用于嘉陵江北碚站洪水地区组成的研究中，并已得到现行的典型法和同频率法难以获得的成果。又如，通过随机模型得到的模拟序列来研究干旱持续历时特性；通过随机模型估计可能最大洪水；通过随机模型还可以研究人类活动和气候变化对径流的响应。以上仅为几个例子，实际上随机模型结合统计试验法在解决一些水文水资源系统特殊问题上已有多方面的成功应用。

二、在水文预报方面

1. 预报误差的处理

用传统预报模型做出的预报被认为是预报的第一步。第二步则是对第一步的预报结果进行调整，从而获得第二步的预报结果。构造第二步预报的依据在于预报误差的统计结构特征。若预报误差序列是相依的，那么就可利用误差的自相关特性建立合适的随机模型来预报将来的误差，从而提供第二步预报。因此，处理预报误差的实质是寻求合适的误差随机模型。一旦获得这种随机模型，即可在作业预报中处理误差，以提高预报精度。例如，对流域洪水用新安江模型预报后，对其预报误差建立自回归模型再进行改正预报。

2. 随机模型预报

对预报变量直接建立随机模型，即可进行预报。这种类型的统计预报一般给出条件期望值，另附以一定显著性水平的置信限。例如，长江汉口站的各月水位曾用季节性自回归滑动平均求和模型进行预报，用平稳自回归模型预报湖北清江各控制站年径流。又如，用季节性自回归模型预报黄河主要站的过渡期径流量，用门限自回归模型预测月平均地下水位和年径流。此外，20 世纪 70 年代初引入水文学中的卡尔曼（Kalman）滤波实时预报就是基于系统所建立的数学模型。就广义而言，这类模型也属于随机模型的范畴。

三、在水文实验和站网规划方面

近年来，在考虑测验误差和评判测验精度时，用到了随机模拟法。例如，流速及含沙量等要素的脉动现象可看做是一种随机过程。在水文测验中，要估计几次测量值的均值误差。为了正确地估计均值误差，必须考虑单项测次的误差过程，即要考虑各测次误差之间的相关性。又如，在一个流域中，点雨量的观测可被看做是随机场上的抽样。各点的测量值和流域平均值的误差之间可能存在着相关关系。在计算流域平均值时，必须计及这种相关关系。有学者利用随机过程理论推导出测验过程中出现故障的次数和资料缺测长度的随机模型，并利用这一模型来改进测验方法。最近，随机模拟法被用来测算地区上的某种水文要素。例如，为了测算森林区平均积雪深度，可通过小面积的抽样测量来建立一种适用的随机模型，并借助随机模拟法估算出大面积上的平均积雪深度。

近 20 年来，随机模拟技术日益应用于站网规划与布设方面。例如，利用雨量的空间相关结构设计雨量站网。布若斯等学者将回归分析模拟技术用于地表水站网的设计。鲁海宁建立了一种降低方差分析的技术，用于随机场内设计最佳搜集资料的方案。

四、在防洪安全设计和风险分析方面

水库防洪安全设计现行方法具有明显的局限性，其适应性是有条件的。随机模拟法用于水库防洪安全设计的思路是：对入库洪水建立随机模型，由模型模拟出大量洪水过程线，根据水库调洪准则分别调洪演算得到坝前年最高水位系列，点绘坝前年最高水位频率曲线，从频率曲线上可推求相应于设计标准的防洪特征水位。以我国二滩水电站、紫坪铺水电站、溪洛渡水电站等为例，成功地将随机模拟法用于水库防洪安全设计，同时用随机模拟的大量洪水过程线探讨了现行设计洪水过程线法的适用性。研究结果表明，设计洪水过程线法确定的工程实际防洪安全标准具有很大的不确定性，常出现高于或低于指定标准；影响偏离的主要因素为时段洪量设计值的抽样误差和典型洪水过程线的形状。有学者还将随机模拟法用于水库群防洪库容设计中，对入库洪水建立多站典型解集模型，由模拟洪水过程求解防洪库容优化模型。

近 20 年来，随机模拟法不断尝试应用于水文系统风险分析中。如对长江三峡段 7 个站区洪水建立多站随机模型并进行随机模拟，获得三峡水库坝前水位序列，从而探讨了三峡水库的防洪风险问题，证明了三峡工程以 1981 年、1982 年和 1954 年为典型的设计洪水推求的防洪特征水位是偏安全的。又如将马尔柯夫链和随机模拟法结合用于水灾风险管理中。有学者根据年径流随机模型模拟大量的年径流系列，以聚类方法得到模拟的月径流系列，进而分析 Kunene 河的供水风险。有学者把随机模拟方法用于干旱危险性分析中。

五、在其他方面

随着水文工作者的认识水平的提高，随机水文学和随机模拟法在水科学领域得到了越来越多的应用。如将随机模拟法与水库群优化运行结合起来，得到比传统方法更优的调度效果。如对入库径流序列建立随机模型，由模拟序列获得若干个有效库容值及相应的水库运行策略，进一步验证了水库调度的合理性。有文献以黄河上游梯级水电站为例尝试应用径流随机模拟法研究水库群多年运行电能指标的抽样误差。有文献提出用随机模拟法模拟

洪水系列，以防洪工程使用期为一个时间单位，考虑资金的时间价值，对工程的减灾损失进行计算，得到了防洪效益的概率分布模式，结果表明随机模拟法计算的防洪效益更加符合客观实际。

有人提出了各种边际分布的季节性一阶自回归模型并尝试暴雨随机模拟。为克服常规水文计算方法的不足，建议了随机模拟技术与常规水文计算方法相结合的洪水过程模拟途径，并成功应用于太子河流域的库群联合防洪调度中。有人根据随机理论，推导了一个描述污染带变化的概率模型，用随机模拟法求其数值解。有人在大量实测年径流量资料的基础上，分析了作为水文干旱定量指标——负轮长的统计变化特性，并以松花江哈尔滨和黄河陕县站为例，以随机模拟途径探讨了严重干旱出现可能性的定量估计。为模拟灌区灌溉需水量，提出了一个含有趋势分量、季节分量、随机分量的随机模型，同时有人将随机模拟法用于作物灌溉管理中。为探讨土壤水力特性空间变异性，有人建立了随机模型并对一维、二维随机场进行了随机模拟。等等。

第四节　随机水文学的发展

最早的时间序列分析可以上溯到 7000 年前的古埃及。古埃及人把尼罗河涨落的情况逐天记录下来，对这个时间序列长期的观察使他们发现尼罗河的涨落非常有规律。由于掌握了尼罗河泛滥的规律，使得古埃及的农业迅速发展，从而创造了灿烂的埃及史前文明。

随机水文学的萌芽最早可追溯到 20 世纪 20 年代末的 Sudler，他将写有径流值的卡片进行抽样得到 1000 年径流模拟序列。20 世纪 50 年代初期，Hurst 研究了径流和其他地球物理现象的长期实测序列，他的研究对随机水文学的发展产生了很大的影响。直到 1961 年 Britta 将马尔柯夫模型用于年径流模拟，1962 年 Thomas、Fiering 将季节性马尔柯夫模型用于月径流随机模拟和 1972 年 Yevjevich 把随机过程的理论和方法系统地应用于水文过程，标志着随机水文学的成熟。世界各国也正在开展这方面的研究，提出了许多随机模型。我国 20 世纪 80 年代以来，以成都科技大学（今四川大学）、河海大学等为代表开展了大量的随机水文学应用研究工作。

随机水文学的发展史就是随机模型的发展史。目前已形成了各色各样的随机模型，例如自回归滑动平均类求和模型、解集模型、散粒噪声模型、分数高斯噪声模型、快速分数高斯噪声模型、正则展开模型、折线模型、非参数随机模型、小波随机模型、人工神经网络模型等。在建立随机模型时，不少水文学者致力于对水文过程进行概化，或者提出了一些有一定物理基础的随机模型，或者对已有模型作出物理解释。这样的工作加深了人们对随机模型的认识，有助于对模型进行合理性分析。为了尽可能利用各种信息，以提高模型的可靠性，应用贝叶斯方法和卡尔曼滤波方法来估计模型参数。

目前技术成熟、应用广泛的随机模型主要有：

（1）回归类模型。这类模型结构简单，概念清晰，参数不多，易于实现。其代表为单、多变量平稳和非平稳自回归滑动平均模型。近来对自回归类模型作了进一步改进工作，如考虑到日流量过程自相关结构在年内各分期内（汛前过渡期、汛期、汛后过渡期、枯期）是相对平稳的，提出了一种分期平稳自回归模型。又如考虑年、月径流分类的模糊性建立了多站径流随机模拟的模糊自回归模型。为了使模型除反映水文过程的相依特性外，尚能反映水文变量边际分布的统计特性（如皮尔逊Ⅲ型分布，简称 P‑Ⅲ型分布），在广泛应用的线性正态模型基础上提出了多种非线性偏态模型。

（2）解集类模型。解集模型的特点是能同时保持总量和分量的统计特性和协方差结构，且分量之和等于总量。解集模型可分为单站典型解集模型、空间典型解集模型、单站相关解集模型、空间相关解集模型。近年来，对典型解集模型中的典型选择问题提出了一些行之有效的改进，如聚类、模糊分类、最近邻判别等方式，取得了较好的模拟效果。相关解集模型存在模型参数太多和自相关结构不一致问题，为此提出了压缩式解集模型、动态解集模型、分步式解集模型、基于准确修正的简单解集模型、非参数解集模型等。

另外，近 10 多年来，水文学者开展了大量的随机模型研究工作，取得了有效的成果，其进展包括以下几个方面：

（1）非线性随机模型研究。传统的随机模型一般都是线性的，而水文水资源系统是非线性系统。为客观描述水文序列的非线性特征，有必要研究非线性随机模型。水文学者尝试将门限自回归模型、双线性模型、人工神经网络模型、指数自回归模型等非线性随机模型应用到日流量过程、洪水过程随机模拟和预测中。研究表明，这些非线性随机模型能表征水文序列的非线性特性。在此基础上，建议了演化算法（遗传算法、蚁群算法）估计非线性随机模型参数，这为模型方便应用提供了重要的技术支撑。

（2）非参数随机模型研究。常规随机模型是对水文序列的概率分布（正态分布、P‑Ⅲ型分布）和相依形式（线性或非线性）作了适当简化和假定，因而有其自身的缺陷。为此，提出了非参数随机模型途径。非参数模型避免了序列相依结构和概率密度函数形式的人为假定，随机模拟效果较好。对独立时间序列，主要有 Bootstrap 和 Jacknife 两种非参数模型，最近有学者提出了非参数贝叶斯随机模型。对相依水文序列，水文学者提出了最近邻抽样随机模型、单变量核密度估计随机模型、多变量核密度估计模型、非参数解集模型等模型。以年、月、日平均流量序列为例建立了多种非参数随机模型，统计试验表明该类模型能保持研究对象的线性或非线性相依结构，统计特性也保持得很好。与此同时，进一步对非参数随机模型进行了改进，提出了最近邻抽样扰动随机模型和改进的非参数解集模型。

（3）其他随机模型的研究。20 世纪 80 年代初兴起的小波分析（wavelet analysis）具有时频多分辨率功能，能充分挖掘水文序列中的信息。近 10 多年来，开展了基于小波分析的水文随机模型研究。为模拟日流量过程，提出了基于小波变换的组合随机模型，该模型模拟出的日流量过程能反映其真实变化特性。考虑年径流的多时间尺度特征，将小波分析与自回归模型结合建立了年径流随机模拟的组合模型。有学者将小波分析与人工神经网络模型结合提出了小波网络模型，并在径流随机模拟和预测中得到了成功应用。最近有学者将小波分析与非参数解集模型结合并应用于月径流随机模拟中，取得了较好的成果。

有学者基于 Copula 函数构建了洪峰和洪量的联合分布，提出了基于联合分布的随机模拟方法，模拟的洪水过程能保持实测洪水的变化特性。

近 10 年来随机水文学获得快速发展，其显著特点是：①我国社会经济和水利水电事业蓬勃发展，对工程规划、设计、建设、管理提出了更高和更多的要求，为了适应新形势，满足新要求，随机模拟法和模拟序列不断获得了应用，这种日益增多的实际应用无疑促进了随机水文学的发展；②在科技进展日新月异的当代，新理论、技术和方法不断涌现出来，新理论、技术和方法从多方面被引入随机水文学中，其结果丰富了随机水文学内容，推动了随机水文学的发展；③生产、科研和教学单位和人员的有机结合，共同承担与随机水文学有关的工作，取得了丰硕成果，不仅充实、完善原有内容和技术，而且提出了新技术和新方法，为随机水文学的发展奠定了坚实基础。总而言之，随着随机水文学在各方面的应用和理论研究的不断深入，它必将有更大、更快的发展。

习　　题

1. 随机水文学的研究对象与传统水文频率分析的研究对象有何异同？
2. 试简述随机模拟法与传统水文计算方法的异同点。
3. 试叙述随机水文学的应用特点。
4. 试简述随机水文学的发展趋势。

第二章　随机水文学的基本理论

随机水文学以随机水文过程为研究对象。随机过程理论及分析方法是随机水文学的基本理论和方法。在本章，结合实际随机水文过程，有选择地介绍随机过程基本理论，其分析方法将在第三章予以介绍。

第一节　随机过程的概念

以如下两个实际水文过程为例引出随机过程的基本概念。

【例 2-1】　某水文站每年由自记水位计连续记录每个时刻的水位形成每一年的瞬时水位过程。如果水文站以上流域影响水位的诸因素各年不变（或相对稳定），可把各年观测到的水位过程作为相同条件下进行随机试验的结果。一次（一年）试验的结果是时间 t 的某种函数（并非某一确定的函数），而且事先无法确切地进行预测。由于水位变化的随机性，每次（每年）试验的结果是不相同的。每年观测的水位过程将反映出水位与时间 t 的不同函数形式。显然，可以用观测到的一族水位与时间的函数来描述和研究多年水位变化过程（图 2-1 所示）。

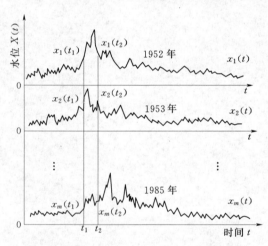

图 2-1　某水文站多年瞬时水位过程

【例 2-2】　某水文站一年的日平均流量过程也为一次随机试验的结果，n 年试验的结果就是 n 条日平均流量过程。一年试验的结果就是日平均流量随时间 t 变化的某种函数。由这一族函数就可以反映 n 年日平均流量过程的变化规律。

一般而言，在相同的试验条件下，独立地重复多次随机试验，每一次试验结果是时间 t 的某种函数，而且其函数形式各次不同，且事先无法确定。我们称这族随时间 t 变化的函数为随机函数。每次试验结果，即族中的某一个函数称为随机函数的一个现实（realization）或样本函数。可见，随机函数就是所有现实或样本函数的集合。

当随机函数随时间 t 连续地取有限区间内的值时，称之为随机过程。当随机函数随时间 t 取离散值时，则称为随机序列或时间序列（time series）。时间序列随时间变化是一些离散点（或柱状图），但为了方便，常常将离散点用线连接起来表示时间序列。

按照上述定义，【例 2-1】中的年内瞬时水位过程是一个随机水文过程，特定年水位与时间 t 的函数就是随机过程的一个现实或一个样本函数，它是一个普通的函数。【例 2-2】

中的年内日平均流量过程是一个时间序列，特定年日平均流量与时间 t 的关系表示成一串普通数列。水文现象既受确定性因素影响，又受到随机性因素影响，它的观察值随时间 t 变化，是一个不确定的函数关系，因而水文过程是典型的随机过程，如金沙江石鼓站月平均流量序列（图 2-2）。

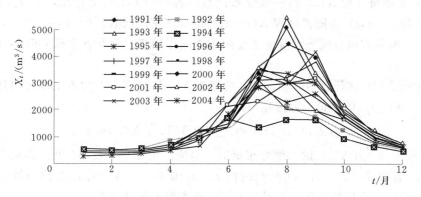

图 2-2 金沙江石鼓站月平均流量序列

一般，随机过程用 $X(t)$ 表示，各个现实用 $x_i(t)(i=1,2,\cdots)$ 表示。随机序列用 $X_t(t=1,2,\cdots)$ 表示，各个现实用 $x_{it}(i=1,2,\cdots)$ 表示。图 2-1 表示的是一个水位随机过程 $X(t)$，第 i 年观测的瞬时水位随时间 t 变化的函数即为第 i 个现实 $x_i(t)$。图 2-2 表示的是一个月平均流量随机序列 $X_t(t=1,2,\cdots,12)$，第 i 年观测的月平均流量随时间 t 变化的函数即为第 i 个现实 x_{it}。

对于每一个固定时刻，如 $t=t_1$，$X(t_1)$ 为一个随机变量。图 2-1 中的 $x_1(t_1)$，$x_2(t_1)$，$\cdots$，$x_m(t_1)$ 是随机变量 $X(t_1)$ 在 m 次（年）试验中的取值。当 t 取不同值时，就有一串随机变量 $X(t_1)$，$X(t_2)$，$\cdots$。习惯上称随机变量 $X(t_1)$ 是随机过程 $X(t)$ 在时刻 $t=t_1$ 的截口或称为随机过程在 $t=t_1$ 时的状态（state）。因而，随机过程是由随机变量 $X(t_1)$，$X(t_2)$，$\cdots$ 所构成的。或者说，随机过程 $X(t)$ 是依赖于时间 t 的一族随机变量。

必须说明的是：①随机过程 $X(t)$ 或时间序列 X_t 中的 t 通常表示时间，但也可以表示空间、长度等其他非时间变量；②随机过程和时间序列在许多方面存在相互平行的理论，但两者不完全相同，在实际工作中有时没有加以严格区分；③不管是随机过程还是时间序列，它的一个显著特征是观测值前后的相依性，因此，数据的时间顺序十分重要；④一个随机变量 X 与它的一个样本值 x，两者是不同意义的量。前者是对某一具体的随机现象（或随机试验结果）的总称，后者仅是对这个随机现象所取得的一个观测值（或试验值）。随机过程 $X(t)$ 是对随机试验得到的所有试验结果随时间 t 变化的函数总称；样本函数 $x_i(t)$ 则是随机试验的某一具休的观测值随时间 t 而变化的函数。对任意固定 t，随机试验的观测值，即为随机变量取得的一个观测值（应用时各种符号并不严格加以区分）。

第二节　随机过程的分布函数

一个随机变量的统计特性完全由随机变量的概率分布函数所确定，n 个随机变量的统计特性完全由它们的联合分布函数所确定。随机过程在任意一时刻的状态是随机变量，因此随机过程的统计特性也完全由它的概率分布函数来确定。

$X(t)$ 是一个随机过程，对任一固定 t，$X(t)$ 是一个随机变量，其分布函数记为

$$F_1(x,t) = P[X(t) \leqslant x] \tag{2-1}$$

称 $F_1(x,t)$ 为随机过程 $X(t)$ 的一维分布函数。若 $\partial F_1(x,t)/\partial x$ 存在，记 $f_1(x,t) = \partial F_1(x,t)/\partial x$，称 $f_1(x,t)$ 为随机过程 $X(t)$ 的一维概率密度函数。$F_1(x,t)$ 和 $f_1(x,t)$ 与时间 t 有关。一维分布函数或一维概率密度函数描述了随机过程在各个孤立时刻（状态）的统计特性。

随机过程 $X(t)$ 在任意两时刻 t_1、t_2 的状态 $X(t_1)$ 与 $X(t_2)$ 之间的联系可用二维随机变量 $(X(t_1), X(t_2))$ 的分布函数描述，即

$$F_2(x_1,x_2;t_1,t_2) = P[X(t_1) \leqslant x_1, X(t_2) \leqslant x_2] \tag{2-2}$$

称 $F_2(x_1,x_2;t_1,t_2)$ 为 $X(t)$ 的二维分布函数。对应二维分布函数，存在二维概率密度函数 $f_2(x_1,x_2;t_1,t_2)$。$F_2(x_1,x_2;t_1,t_2)$ 与时间 t_1、t_2 有关。二维分布函数比一维分布函数包含了更多的信息，它反映了任意两时刻 t_1、t_2 状态间的统计关系。

同样可引入随机过程 $X(t)$ 的 n 维分布函数

$$F_n(x_1,x_2,\cdots,x_n;t_1,t_2,\cdots,t_n) = P[X(t_1) \leqslant x_1, X(t_2) \leqslant x_2, \cdots, X(t_n) \leqslant x_n] \tag{2-3}$$

同理存在 n 维概率密度函数。n 维分布函数能够近似地描述随机过程 $X(t)$ 的统计特性。显然，n 越大，随机过程的统计特性的描述也越趋完善。

一般而言，分布函数族 $(F_1, F_2, \cdots)$ 完全地确定了随机过程的全部统计特性。例如，要描述年内日平均流量序列的统计特性，它的一维分布函数描述了 365 日各日平均流量截口的统计特性；二维分布函数描述了任意两个日平均流量截口之间的联系；$n(n \leqslant 365)$ 维分布函数则描述了任意 n 个日平均流量截口之间的联系。一维、二维、$\cdots$、n 维日流量分布函数族就完全描述了年内日平均流量序列的全部统计特性。

第三节　随机过程的数字特征

虽然随机过程的分布函数族 $(F_1, F_2, \cdots)$ 能完全地描述随机过程的统计特性，但要具体分析确定它，往往是困难的，甚至是不可能的，而且有时在实际工作中也不需要确定。通常在实际应用中仅需掌握随机过程的一些数字特征就足够了。这些数字特征既便于刻画随机过程的重要统计特征，又便于进行实际计算。随机过程的主要数字特征如下。

一、数学期望函数

对于某固定时刻 t，随机过程 $X(t)$ 为一个随机变量，因此，可以按定义随机变量数学期望的方法定义随机过程的数学期望，即

$$\mu(t) = E[X(t)] = \int_{-\infty}^{\infty} x f_1(x,t) \mathrm{d}x \tag{2-4}$$

从式（2-4）可以看出，$\mu(t)$ 依赖于 t，是 t 的确定性函数。因此，称 $\mu(t)$ 为随机过程 $X(t)$ 的数学期望函数，有时也称为均值函数。

$\mu(t)$ 刻画了随机过程 $X(t)$ 在不同时刻的理论均值，表示了随机过程在不同时刻的摆动中心（图 2-3 中的粗线）。需指出，$\mu(t)$ 是统计平均（又称集平均、截口平均），与后

面将引入的时间平均概念不同。

二、方差函数

对于某固定时刻 t，随机过程 $X(t)$ 为随机变量，其二阶中心矩为

$$D(t) = E[X(t) - \mu(t)]^2$$

$$= \int_{-\infty}^{\infty} [x(t) - \mu(t)]^2 f_1(x,t)\mathrm{d}x \quad (2-5)$$

$D(t)$ 是随时间 t 而变的函数，因此称 $D(t)$ 为随机过程 $X(t)$ 的方差函数。方差函数的平方根

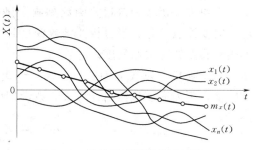

图 2-3　随机过程围绕均值函数起伏变化的情况

$$\sigma(t) = \sqrt{D(t)} \quad (2-6)$$

称为随机过程 $X(t)$ 的标准差（均方差）函数。

$D(t)$ 和 $\sigma(t)$ 是 t 的普通函数，描述了随机过程对于数学期望 $\mu(t)$ 的绝对偏离程度。

三、变差系数函数

随机过程 $X(t)$ 的变差系数函数为

$$C_v(t) = \frac{\sigma(t)}{\mu(t)} \quad (2-7)$$

$C_v(t)$ 是 t 的普通函数，描述了随机过程对于数学期望 $\mu(t)$ 的相对偏离程度。

四、偏态系数函数

随机过程 $X(t)$ 的三阶中心矩 $C_s(t)$ 被称为随机过程 $X(t)$ 的偏态系数函数，即

$$C_s(t) = \frac{E[X(t) - \mu(t)]^3}{\sigma^3(t)} = \frac{\int_{-\infty}^{\infty} [x(t) - \mu(t)]^3 f_1(x,t)\mathrm{d}x}{\sigma^3(t)} \quad (2-8)$$

它也是随时间 t 变化的函数。

数学期望函数、方差函数、变差系数函数和偏态系数函数描述了随机过程 $X(t)$ 在各个孤立时刻 t 的统计特性。

五、自协方差函数

若 $X(t_1)$ 和 $X(t_2)$ 为随机过程 $X(t)$ 在任意两个时刻 t_1、t_2 的两个截口，$f_2(x_1,x_2;t_1,t_2)$ 是相应的二维概率密度函数，则称二阶中心相关矩

$$Cov(t_1,t_2) = E\{[X(t_1) - \mu(t_1)][X(t_2) - \mu(t_2)]\}$$

$$= \int_{-\infty}^{\infty}\int_{-\infty}^{\infty} [X(t_1) - \mu(t_1)][X(t_2) - \mu(t_2)]f_2(x_1,x_2;t_1,t_2)\mathrm{d}x_1\mathrm{d}x_2 \quad (2-9)$$

为随机过程 $X(t)$ 的自协方差函数（协方差函数），它刻画了随机过程 $X(t)$ 在时刻 t_1 与 t_2 之间的统计联系。

六、自相关函数

随机过程 $X(t)$ 的自协方差函数是一个绝对的相关量，将其标准化得自相关函数（自相关系数）

$$\rho(t_1,t_2) = \frac{Cov(t_1,t_2)}{\sigma(t_1)\sigma(t_2)} \quad (2-10)$$

也称随机过程 $X(t)$ 的标准化协方差函数。

自协方差函数和自相关函数刻画了随机过程在任意两个不同截口之间的线性相关程度。需要注意的是，当自相关函数较小时只能说明两个不同截口之间线性关系弱，但是并不表明其非线性关系程度。

对于随机序列 X_t，对式（2-4）～式（2-10）中的连续变量离散化后即可计算其数字特征，下面简要地给出计算式。数学期望函数为

$$\mu(t) = E[X_t] = \frac{1}{m} \sum_{i=1}^{m} x_{it} \tag{2-11}$$

式中：m 为试验次数（现实个数）。

方差函数为

$$D(t) = E[X_t - \mu(t)]^2 = \frac{1}{m} \sum_{i=1}^{m} [x_{it} - \mu(t)]^2 \tag{2-12}$$

偏态系数函数为

$$C_s(t) = \frac{\sum_{i=1}^{m} [x_{it} - \mu(t)]^3}{m\sigma^3(t)} \tag{2-13}$$

自协方差函数为

$$Cov(t_1, t_2) = \frac{1}{m} \sum_{i=1}^{m} [x_{it_1} - \mu(t_1)][x_{it_2} - \mu(t_2)] \tag{2-14}$$

表 2-1 给出了金沙江屏山站 65 年（1940—2004 年）月平均流量序列的数字特征。可以看出，这些数字特征是随时间 t 变化的。

表 2-1　　　　　　　　　　屏山站月平均流量序列及其数字特征　　　　　　　流量单位：m^3/s

月份\年份	1 (t_1)	2 (t_2)	3 (t_3)	4 (t_4)	5 (t_5)	6 (t_6)	7 (t_7)	8 (t_8)	9 (t_9)	10 (t_{10})	11 (t_{11})	12 (t_{12})
1940	1760	1540	1520	1590	2430	4630	7370	9520	12000	5560	2990	1970
1941	1440	1250	1220	1510	2330	6450	8700	10900	10000	6180	3420	2150
1942	1600	1310	1300	1420	2070	3470	6240	6670	7790	4050	2780	1690
1943	1310	1170	1120	1180	1400	4590	9080	6670	9120	5650	2700	1730
…	…	…	…	…	…	…	…	…	…	…	…	…
1971	1750	1490	1310	1430	2110	5200	7240	9470	7510	5960	3390	2060
1972	1600	1340	1280	1420	2440	4390	7240	8810	6690	4520	2540	1770
1973	1400	1240	1210	1350	2110	4900	5910	8540	9120	4950	3420	2100
1974	1490	1260	1210	1610	2580	6880	13400	13500	15300	6900	3670	2380
…	…	…	…	…	…	…	…	…	…	…	…	…
2001	1940	1960	1960	1800	2320	7110	8000	10500	14900	8430	4410	2850
2002	2300	1920	1870	1940	2530	4830	10700	13700	6410	5500	3130	2030
2003	2010	1690	1700	1580	1820	6110	9810	8520	6370	6160	3340	2240
2004	1830	1800	1810	2360	2700	4540	10500	9280	11300	7050	3360	2180

续表

月份 年份	1 (t_1)	2 (t_2)	3 (t_3)	4 (t_4)	5 (t_5)	6 (t_6)	7 (t_7)	8 (t_8)	9 (t_9)	10 (t_{10})	11 (t_{11})	12 (t_{12})
U	1660	1440	1360	1530	2250	4950	9560	10200	9910	6590	3480	2190
σ	226	204	185	251	441	1340	2580	3160	2720	1590	623	314
C_v	0.14	0.14	0.14	0.16	0.2	0.27	0.27	0.31	0.27	0.24	0.18	0.14
C_s	0.88	1.52	1.66	1.67	0.47	0.86	0.52	1.08	0.07	0.88	0.80	0.68
$\rho(t_{i-1},t_i)$	0.908	0.940	0.850	0.701	0.474	0.508	0.382	0.526	0.458	0.457	0.699	0.908
$\rho(t_{i-2},t_i)$	0.787	0.807	0.793	0.519	0.306	0.230	0.136	0.226	0.227	0.357	0.460	0.746

注 $i=1,2,\cdots,12$，其中 $t_0=t_{12}$，$t_{-1}=t_{11}$。

第四节 随机过程的分类

按不同性质，随机过程有不同的分类。按是否相依可分为相关随机过程和独立随机过程；按变量的多少可分为多变量随机过程和单变量随机过程；按统计特征参数是否随时间而变可分为平稳随机过程（stationary stochastic process）和非平稳随机过程。上述分类，只考虑某一特性，因此互有交叉。

根据随机过程的分布函数的不同性质，随机过程可分为：独立随机过程、马尔柯夫过程（Markov process）、独立增量过程和平稳随机过程等。其中平稳随机过程和马尔柯夫过程是理论上成熟的、实际应用较多的随机过程，后面分节加以论述。

一、独立随机过程

独立随机过程是指随机过程任意时刻的截口与其他时刻的截口之间互不影响，也就是说，n 个时刻的截口 $X(t_1)$，$X(t_2)$，$\cdots$，$X(t_n)$ 是相互独立的，即

$$\rho(t_i,t_j)=\begin{cases}0 & (i\neq j)\\1 & (i=j)\end{cases}$$

数学上可如下定义：如果随机过程 $X(t)$ 的 n 维分布函数满足

$$F_n(x_1,x_2,\cdots,x_n;t_1,t_2,\cdots,t_n)=\prod_{k=1}^{n}F_1(x_k,t_k) \quad (n\geqslant 2) \qquad (2-15)$$

则称 $X(t)$ 为独立随机过程。由式（2-15）可知，独立随机过程的一维分布函数包含了该过程的全部统计信息。如为离散的，则称为独立随机序列。

独立随机过程又称白噪声过程或纯随机过程，是一种无"记忆"随机过程，即 t 时刻取值和任何时刻取值无关。水文过程中的年最大日雨量序列、年最大流量序列、年最大 3 日洪量序列、每日 8 点水位序列等，可看作是独立随机序列。现行的水文频率计算都是把所有的水文序列看作为独立随机序列。

二、独立增量随机过程

独立增量过程是指在任意时间间隔上过程状态的改变并不影响未来任一时间间隔上过程状态的改变。设有随机过程 $X(t)$，记 $X(t+\Delta t,t)=X(t+\Delta t)-X(t)$（$\Delta t$ 为时间间隔），称为增量随机过程。若 $X(t+\Delta t,t)$ 为独立随机过程，则 $X(t)$ 为独立增量随机过程。

在水文学中，常需研究某一时间间隔内某种水文现象发生的次数，如某月降水次数，

就用到一个独立增量随机过程——泊松过程。具体可参见有关概率统计书。

第五节 平稳随机过程

平稳随机过程在水文水资源分析计算中最为常用。

一、平稳随机过程的概念

一个随机过程 $X(t)$，若对任何 n 与 k，$X(t)$ 的 n 维分布函数满足

$$F_n(x_1,x_2,\cdots,x_n;t_1,t_2,\cdots,t_n)=F_n(x_1,x_2,\cdots,x_n;t_1+k,t_2+k,\cdots,t_n+k) \qquad (2-16)$$

则 $X(t)$ 被称为平稳随机过程（简称平稳过程），否则被称为非平稳随机过程。

从式（2-16）可以看出，平稳随机过程的 n 维分布函数不因所选开始时刻的改变而不同，即平稳随机过程的统计特性与所选取的时间起点无关。也就是说，平稳随机过程的统计特性不随时间 t 的变化而改变。例如，在河流同一断面上，利用 1900 年开始的相当长的年径流系列计算得到的年径流量 n 维分布函数与利用任一年（如 1913 年）开始的相当长的年径流系列计算得出的 n 维分布函数是相等的。这种现象的解释是：若产生随机过程的主要物理条件在时间进程中没有变化，则该随机过程的统计特性也不会随时间而变化。如果产生年径流的气候条件与下垫面条件都没有重大变化，则年径流的统计特性也不会随时间而变化，因而不同开始时刻的年径流 n 维分布函数也不会有变化。由于平稳随机过程的这个特点，可使问题的分析计算大为简化。它具有一系列简单的特性，因而这类随机过程在实际工作中得到了广泛应用。

二、平稳随机过程的数字特征

平稳过程的数字特征具有以下特点。

1. 均值平稳

根据平稳过程的定义，当 $n=1$ 时，对任意 τ 有

$$F_1(x,t)=F_1(x,t+\tau)$$

当 $\tau=-t$ 时，则有

$$F_1(x,t)=F_1(x,t-t)=F_1(x,0)=F_1(x) \qquad (2-17)$$

同样有

$$f_1(x,t)=f_1(x,t-t)=f_1(x,0)=f_1(x) \qquad (2-18)$$

即平稳过程 $X(t)$ 的一维分布函数及一维概率密度都与时间 t 无关。那么

$$E[X(t)]=\int_{-\infty}^{\infty}xf_1(x,t)\mathrm{d}x=\int_{-\infty}^{\infty}xf_1(x)\mathrm{d}x=\mu \qquad (2-19)$$

从式（2-19）看出，平稳随机过程 $X(t)$ 的均值函数与时间 t 无关，即其均值函数 μ 为常数。也就是说，平稳随机过程的均值平稳，又称一阶平稳。

2. 方差平稳

由前面有

$$D(t)=\int_{-\infty}^{\infty}[x-\mu(t)]^2f_1(x,t)\mathrm{d}x=\int_{-\infty}^{\infty}(x-\mu)^2f_1(x)\mathrm{d}x=\sigma^2 \qquad (2-20)$$

因此，平稳随机过程 $X(t)$ 的方差函数 σ^2 是常数，不随时间 t 而变，称为方差平稳或二阶平稳。当然，标准差也是平稳的。

3．偏态系数平稳

$$C_s(t) = \frac{\int_{-\infty}^{\infty} [x - \mu(t)]^3 f_1(x,t) \mathrm{d}x}{\sigma^3(t)} = \frac{\int_{-\infty}^{\infty} (x - \mu)^3 f_1(x) \mathrm{d}x}{\sigma^3} = C_s \qquad (2-21)$$

可见，平稳随机过程 $X(t)$ 的偏态系数是常数，不随时间 t 而变，称为偏态系数平稳。

4．协方差平稳

根据平稳过程的定义，当 $n=2$ 时，对任意 k 有

$$f_2(x_1, x_2; t_1, t_2) = f_2(x_1, x_2; t_1 + k, t_2 + k)$$

令 $k = -t_1$，$t_2 - t_1 = \tau$（时间间隔），则

$$f_2(x_1, x_2; t_1, t_2) = f_2(x_1, x_2; 0, \tau) = f_2(x_1, x_2; \tau) \qquad (2-22)$$

可见，平稳过程的二维分布函数与具体时间位置无关，只与时间间隔 τ（又称滞时）有关。自协方差函数为

$$Cov(t_1, t_2) = \int_{-\infty}^{\infty} \int_{-\infty}^{\infty} [x_1 - \mu(t_1)][x_2 - \mu(t_2)] f_2(x_1, x_2; t_1, t_2) \mathrm{d}x_1 \mathrm{d}x_2$$

$$= \int_{-\infty}^{\infty} \int_{-\infty}^{\infty} (x_1 - \mu)(x_2 - \mu) f_2(x_1, x_2; \tau) \mathrm{d}x_1 \mathrm{d}x_2 = Cov(\tau) \qquad (2-23)$$

因此，平稳随机过程 $X(t)$ 的自协方差函数只与时间间隔 τ 有关，称为自协方差平稳，它属于二阶平稳范畴。

5．自相关函数平稳

$$\rho(t_1, t_2) = \frac{Cov(t_1, t_2)}{\sigma(t_1)\sigma(t_2)} = \frac{Cov(\tau)}{\sigma^2} = \rho(\tau) \qquad (2-24)$$

式（2-24）说明平稳过程的自相关函数与具体时间位置无关，只与时间间隔 τ 有关，即平稳随机过程的自相关函数平稳。

现用表 2-2 进一步说明。在某河流断面上，年径流量的总体若以 n 年为一组，客观上存在着多组样本（N 组）。所有可能出现的样本 $x_1(t)$，$x_2(t)$，$x_3(t)$，…的集合构成了随机过程 $X(t)$。对于特定的时间 t_1，$X_1 = X(t_1)$ 是一个随机变量。同样，$X_2 = X(t_2)$，$X_3 = X(t_3)$，…，$X_n = X(t_n)$ 都是随机变量。计算随机过程的数字特征，见表 2-2 最后几行。

若 $X(t)$ 是平稳随机过程，则 $\mu_1 = \mu_2 = \cdots = \mu_n$，$D_1 = D_2 = \cdots = D_n$，协方差 $Cov(t_i, t_j)$、自相关系数 $\rho(t_i, t_j)$ 只与时间间隔 $t_j - t_i$ 有关。而表 2-1 的月平均流量序列的数字特征随截口（月份）变化，表明月平均流量序列是非平稳过程。

表 2-2　　　　　　　　　　　　随机序列及其数字特征

t	t_1	t_2	t_3	…	t_{n-2}	t_{n-1}	t_n
第 1 个样本 $x_1(t)$	$x_{1,1}$	$x_{1,2}$	$x_{1,3}$	…	$x_{1,n-2}$	$x_{1,n-1}$	$x_{1,n}$
第 2 个样本 $x_2(t)$	$x_{2,1}$	$x_{2,2}$	$x_{2,3}$	…	$x_{2,n-2}$	$x_{2,n-1}$	$x_{2,n}$
…	…	…	…	…	…	…	…
第 N 个样本 $x_N(t)$	$x_{N,1}$	$x_{N,2}$	$x_{N,3}$	…	$x_{N,n-2}$	$x_{N,n-1}$	$x_{N,n}$
随机变量	X_1	X_2	X_3	…	X_{n-2}	X_{n-1}	X_n

t	t_1	t_2	t_3	...	t_{n-2}	t_{n-1}	t_n
数学期望	μ_1	μ_2	μ_3	...	μ_{n-2}	μ_{n-1}	μ_n
方差	D_1	D_2	D_3	...	D_{n-2}	D_{n-1}	D_n
协方差	Cov	\multicolumn{6}{c}{$Cov(t_i,t_j)\ i\neq j$，如 $Cov(t_2,t_3)$，$Cov(t_{n-4},t_{n-1})$，$Cov(t_{n-2},t_n)$}
自相关系数	ρ	\multicolumn{6}{c}{$\rho(t_i,t_j)\ i\neq j$，如 $\rho(t_2,t_3)$，$\rho(t_{n-4},t_{n-1})$，$\rho(t_{n-2},t_n)$}

三、平稳随机过程的分类

平稳随机过程可分为两类，一是严平稳随机过程，即满足定义［式（2-16）］的平稳随机过程，又称狭义平稳过程或高阶平稳过程，这样的平稳过程在现实中是没有的；二是宽平稳随机过程，即均值和协方差平稳的过程，也称广义平稳过程或二阶平稳过程。在现实世界中宽平稳过程还是存在的，一般平稳过程如没加特别指明外都是指宽平稳过程。在水文水资源系统中，当影响它的主要因素（气候、下垫面及人类活动等）相对稳定时，以年为时间尺度的水文序列可近似作为平稳随机序列，如年降水量序列、年径流序列、年蒸发量序列等。

这里以水流脉动现象为例进一步给予说明。见表2-3，在某河流某断面上定点连续观测了 N 次，每次观测 n 分钟（N 和 n 都比较大）。设整个观测期内水流条件基本不变。从表2-3可以看出，各截口的均值和均方差都没有显著性差异，各截口时间间隔 $\tau=1$、2 的自相关系数 $\rho(1)$、$\rho(2)$ 都很小，与0无显著差异。可见，水流脉动现象为一宽平稳过程。

表 2-3　　　　　　　某河段某点水流脉动流速及其统计特征值（一）　　　　流速单位：m/s

时间	1	2	3	...	$n-1$	n
测次 1	0.862	0.852	0.966	...	0.834	0.844
测次 2	0.841	0.844	0.848	...	0.863	0.852
测次 3	0.834	0.832	0.834	...	0.848	0.839
测次 4	0.839	0.869	0.858	...	0.851	0.841
...	...	...	...	...	...	...
测次 N	0.868	0.855	0.852	...	0.853	0.850
均值	0.850	0.841	0.865	...	0.856	0.646
均方差	0.261	0.258	0.264	...	0.256	0.262
$\rho(1)$	0.01	−0.02	0.08	...	−0.04	0.09
$\rho(2)$	−0.01	0.02	0.01	...	0.08	−0.05

四、平稳随机过程的各态历经性

前述的各截口数字特征是通过大量的样本函数计算而得的。这样计算的数字特征能真实反映随机过程的统计特性。

在水文学中，往往难以获取大量的样本函数 $x_1(t)$，$x_2(t)$，$x_3(t)$，…，如以年为时间尺度的水文序列（年径流序列、年降水量序列等），而实际上仅仅有其中一个样本函数如 $x_1(t)$。在这种情况下，能否用一个样本函数来分析随机过程的统计特性呢？

1. 各态历经性

理论证明，在一定条件下，平稳随机过程的一个相当长的样本资料（一个现实）可以用来分析计算平稳随机过程的统计特性。这样的随机过程被称为具备各态历经性或遍历性，并称为各态历经过程。

平稳过程各态历经性或遍历性，可以理解为在样本容量很大的情况下，各个样本函数都同样经历了平稳过程的各种可能状态，或者说每一个样本函数能够代表过程的所有可能样本函数，因而任何一个样本函数都可以代表平稳过程的统计特性，则可由任何一个样本函数估计平稳过程的统计特征。图 2-4 给出的平稳过程就具有各态历经性。若任选一个现实并把它的观测时间延长，则它就能很好地代表平稳过程 $X_1(t)$。

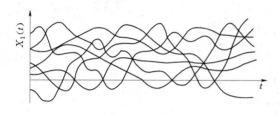

图 2-4　各态历经平稳过程

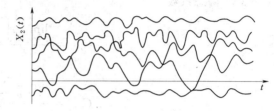

图 2-5　非各态历经平稳过程

下面以水流脉动现象为例进行说明。表 2-4 右边统计参数是由各样本函数分别估计出来的。从表 2-4 中任取一个现实，如第 4 个现实，得均值为 0.859、均方差为 0.268，这和各截口的均值和均方差甚为接近，统计上没有区别，也就是说，它们是相等的，即可以用一个现实的统计参数代替随机过程的统计参数。从前面知，水流脉动过程是平稳过程。因此，这个实例印证了上述结论。显然，非平稳随机过程不具备这样的性质。

表 2-4　　　　某河段某点水流脉动流速及其统计特征值（二）　　　流速单位：m/s

时间	1	2	3	…	$n-1$	n	均值	均方差	$\rho(1)$	$\rho(2)$
测次 1	0.862	0.852	0.966	…	0.834	0.844	0.832	0.251	0.03	0.06
测次 2	0.841	0.844	0.848	…	0.863	0.852	0.861	0.262	−0.02	−0.03
测次 3	0.834	0.832	0.834	…	0.848	0.839	0.846	0.254	0.04	0.04
测次 4	0.839	0.869	0.858	…	0.851	0.841	0.859	0.268	0.06	−0.02
…	…	…	…	…	…	…	…	…	…	…
测次 N	0.868	0.855	0.852	…	0.853	0.850	0.848	0.255	−0.07	−0.06

需要说明的是，并不是所有的平稳随机过程都具备各态历经性，如图 2-5 所示，任选一个现实并把它的观测时间延长，它都无法代表平稳过程 $X_2(t)$。对于水文水资源系统而言，一般常常假定平稳随机过程具有各态历经性。

2. 基于时间域的数字特征计算

设平稳随机过程 $X(t)$ 的任意一个样本函数 $x(t)$（$0 \leqslant t \leqslant T$），其数字特征计算如下。

（1）均值。

$$\bar{\mu} = E[X(t)] = \lim_{T \to \infty} \frac{1}{T} \int_0^T x(t) \mathrm{d}t \tag{2-25}$$

若为离散序列 $x_1, x_2, \cdots, x_n$ 时，则

$$\bar{\mu} = E[X(t)] = \lim_{n \to \infty} \frac{1}{n} \sum_{i=1}^{n} x_i \qquad (2-26)$$

根据平稳过程的各态历经性，当 T 或 n 足够长时，$\bar{\mu} = \mu$。

（2）方差。

$$\sigma_*^2 = \lim_{T \to \infty} \frac{1}{T} \int_0^T [x(t) - \bar{\mu}]^2 \mathrm{d}t \qquad (2-27)$$

$$\sigma_*^2 = \lim_{n \to \infty} \frac{1}{n} \sum_{i=1}^{n} (x_i - \bar{\mu})^2 \qquad (2-28)$$

当 T 或 n 足够长时，$\sigma_*^2 = \sigma^2$。

（3）偏态系数。

$$C_{s*} = \frac{\lim\limits_{T \to \infty} \frac{1}{T} \int_0^T [x(t) - \bar{\mu}]^3 \mathrm{d}t}{\sigma_*^3}$$

$$C_{s*} = \frac{\lim\limits_{n \to \infty} \frac{1}{n} \sum\limits_{i=1}^{n} (x_i - \bar{\mu})^3}{\sigma_*^3}$$

当 t 或 n 足够长时，$C_{s*} = C_s$。

（4）自协方差。

$$Cov_*(\tau) = \lim_{T \to \infty} \frac{1}{T - \tau} \int_0^{T-\tau} [x(t) - \bar{\mu}][x(t+\tau) - \bar{\mu}] \mathrm{d}t \qquad (2-29)$$

$$Cov_*(\tau) = \lim_{n \to \infty} \frac{1}{n - \tau} \sum_{i=1}^{n-\tau} (x_i - \bar{\mu})(x_{i+\tau} - \bar{\mu}) \qquad (2-30)$$

当 T 或 n 足够长时，$Cov_*(\tau) = Cov(\tau)$。

（5）自相关系数。

$$\rho_*(\tau) = \frac{Cov_*(\tau)}{\sigma_*^2} \qquad (2-31)$$

当 T 或 n 足够长时，$\rho_*(\tau) = \rho(\tau)$。

这样计算出来的数字特征，称为时间平均。对于平稳过程，当 T 或 n 足够长时，时间平均等于统计平均。

第六节　马尔柯夫过程

一、马尔柯夫过程的定义及特征

若随机过程 $X(t)$ 满足

$$F(X_{n+k}; t_{n+k} | X_n, X_{n-1}, \cdots, X_1; t_n, t_{n-1}, \cdots, t_1) = F(X_{n+k}; t_{n+k} | X_n; t_n) \quad (k > 0) \quad (2-32)$$

则 $X(t)$ 被称为马尔柯夫过程（马氏过程）。式（2-32）右端的条件分布函数

$$F(X_{n+k}; t_{n+k} | X_n; t_n) = P[X(t_{n+k}) = X_{n+k} | X(t_n) = X_n] \qquad (2-33)$$

称为马尔柯夫过程从时刻 t_n 状态 X_n 转移到时刻 t_{n+k} 状态 X_{n+k} 的概率，简称"转移概率"。

从定义知，在 t_n 时刻所处的状态已知的条件下，马尔柯夫过程在时刻 $t_{n+k}(k > 0)$ 所处的状态只与其在 t_n 时刻所处的状态有关，而与其在 t_n 时刻以前所处的状态无关。这种

特性称为马尔柯夫过程的无后效性（马氏性）。也就是说，过程"现在"的状态已知，其"将来"的状态与"过去"的状态无关。另外，可以证明，马尔柯夫过程的统计特性完全由它的初始分布和转移概率确定。因此，要研究马尔柯夫过程，只需确定其初始分布和转移概率就行了。

马尔柯夫过程可分三类：①时间和状态都连续的马尔柯夫过程，如维纳过程（Weiner过程）；②时间连续、状态离散的马尔柯夫过程，如散粒噪声过程（shot noise）；③时间和状态都离散的马尔柯夫过程，一般称马尔柯夫链（Markov chain）。马尔柯夫链是最简单的马氏过程，在水文学中广为应用。

二、马尔柯夫链

设马尔柯夫链有 m 个状态 $a_1, a_2, \cdots, a_m$（如径流的特丰、丰、中、枯、特枯），记转移时刻为 $t_1, t_2, \cdots, t_n, \cdots$。某一转移时刻的状态为 m 个状态之一。据式（2-32）有

$$P(X_{n+k} = a_{n+k} | X_n = a_n, X_{n-1} = a_{n-1}, \cdots, X_1 = a_1) = P(X_{n+k} = a_{n+k} | X_n = a_n) \quad (2-34)$$

式中：a_{n+k} 为 t_{n+k} 时刻的状态，其余符号含义类推。

这里要求式（2-34）左端有意义，即大于 0。记

$$P_{ij}(n, k) = P(X_{n+k} = a_j | X_n = a_i) \quad (i, j = 1, 2, \cdots, m; n, k \text{ 为正整数}) \quad (2-35)$$

为过程从时刻 t_n 状态 a_i 经 k 步转移到状态 a_j 的概率。一般而言，$P_{ij}(n, k)$ 与 i，j，k 和 n 有关。当 $P_{ij}(n, k)$ 与 n 无关（与初始时刻无关）时，则称为齐次马尔柯夫链。

在实际工作中，一般考虑齐次马尔柯夫链。取 $k=1$，则式（2-35）变为

$$P_{ij} = P(X_{n+1} = a_j | X_n = a_i) \quad (2-36)$$

式中：P_{ij} 为一步转移概率。

由一步转移概率可构成一步转移概率矩阵

$$\mathbf{P}^{(1)} = \begin{bmatrix} P_{11} & P_{12} & \cdots & P_{1m} \\ P_{21} & P_{22} & \cdots & P_{2m} \\ \cdots & \cdots & \cdots & \cdots \\ P_{m1} & P_{m2} & \cdots & P_{mm} \end{bmatrix} \quad (2-37)$$

式中，$0 \leqslant P_{ij} \leqslant 1$，$\sum_{j=1}^{m} P_{ij} = 1$。当 $k \geqslant 2$ 时就变成多步转移概率矩阵。可以证明，一步转移概率矩阵与 k 步转移概率矩阵存在以下关系

$$\mathbf{P}^{(k)} = [\mathbf{P}^{(1)}]^k \quad (2-38)$$

令时刻 t 的无条件概率分布或边际概率分布为 $\mathbf{P}_t = [p_t(1), p_t(2), \cdots, p_t(m)]$，其中 $p_t(j)$ 是概率 $P[X(t) = j]$。若时刻 t 已发生，则 P_t 已知。那么，$t+1$ 时刻的条件分布为

$$\mathbf{P}_{t+1} = P_t \mathbf{P}^{(1)} \quad (2-39)$$

依此类推，有

$$\mathbf{P}_{t+1} = P_0 [\mathbf{P}^{(1)}]^{t+1} \quad (2-40)$$

式中：P_0 为开始时刻的无条件概率分布。

【例 2-3】 表 2-5 收集了桂江流域中游控制站平乐站 48 年（1952—1999 年）径流资料。将年径流划分为 5 个状态（$m=5$）：枯、偏枯、平、偏丰、丰分别用 1，2，3，4，5 表示。状态划分标准采用均值标准差法，即枯、偏枯、平、偏丰、丰分别对应 $[0, \overline{x}-1.0s]$、$(\overline{x}-1.0s, \overline{x}-0.5s]$、$(\overline{x}-0.5s, \overline{x}+0.5s]$、$(\overline{x}+0.5s, \overline{x}+1.0s]$、$(\overline{x}+1.0s, +\infty)$，其

中年径流样本均值 $\bar{x}=402\text{m}^3/\text{s}$，样本标准差 $s=96.2\text{m}^3/\text{s}$。分类结果见表 2-5。

表 2-5　　　　　　　　　　**平乐站年径流及其状态**　　　　　　径流单位：m^3/s

年份	1952	1953	1954	1955	1956	1957	1958	1959	1960	1961	1962	1963
年径流	540	478	466	273	378	422	251	508	307	465	375	190
状态	5	4	4	1	3	3	1	5	2	4	3	1
年份	1964	1965	1966	1967	1968	1969	1970	1971	1972	1973	1974	1975
年径流	404	279	336	351	570	280	528	374	329	515	356	432
状态	3	1	2	2	5	1	5	3	2	5	3	3
年份	1976	1977	1978	1979	1980	1981	1982	1983	1984	1985	1986	1987
年径流	466	499	386	395	386	445	434	480	314	335	303	382
状态	4	4	3	3	3	3	3	4	2	2	1	3
年份	1988	1989	1990	1991	1992	1993	1994	1995	1996	1997	1998	1999
年径流	301	282	352	260	418	568	633	405	455	500	518	411
状态	1	1	2	1	3	5	5	3	4	4	5	3

由表 2-5 统计得一步转移频数矩阵

$$\boldsymbol{F}=(f_{ij})_{m\times m}=\begin{bmatrix} 1 & 2 & 4 & 0 & 2 \\ 2 & 2 & 0 & 1 & 2 \\ 4 & 1 & 6 & 3 & 1 \\ 1 & 1 & 2 & 3 & 1 \\ 1 & 1 & 4 & 1 & 1 \end{bmatrix}$$

式中：f_{ij} 为第 i 状态经一步转移为第 j 状态的频数。

转移概率为

$$P_{ij}=\frac{f_{ij}}{\sum\limits_{j=1}^{m}f_{ij}} \tag{2-41}$$

故一步转移矩阵为

$$\boldsymbol{P}^{(1)}=\begin{bmatrix} 0.111 & 0.222 & 0.445 & 0.000 & 0.222 \\ 0.286 & 0.286 & 0.000 & 0.142 & 0.286 \\ 0.267 & 0.067 & 0.400 & 0.200 & 0.066 \\ 0.125 & 0.125 & 0.250 & 0.375 & 0.125 \\ 0.125 & 0.125 & 0.500 & 0.125 & 0.125 \end{bmatrix}$$

1999 年径流为平水年，则其无条件概率分布为 $P_{1999}=[0,0,1,0,0]$。由式（2-39）有，2000 年径流的条件概率分布为 $P_{2000}=[0.267,0.067,0.400,0.200,0.066]$，即 2000 年径流处于 5 种状态的概率。由式（2-40）可得 2001 年径流的条件概率分布。

需要说明的是，应用马尔柯夫进行概率分析的必要前提是研究的随机过程满足马氏性。对于马尔柯夫链的马氏性，可用 χ^2 检验法检验。当样本容量足够大时，统计量

$$\chi^2 = 2 \sum_{i=1}^{m} \sum_{j=1}^{m} f_{ij} \left| \log \frac{P_{ij}}{P_{\cdot j}} \right| \tag{2-42}$$

服从自由度为 $(m-1)^2$ 的 χ^2 分布。给定显著性水平 α，若 $\chi^2 > \chi_\alpha^2[(m-1)^2]$，则满足马氏性。式（2-42）中的 $p_{\cdot j}$ 为边际概率

$$P_{\cdot j} = \frac{\sum_{i=1}^{m} f_{ij}}{\sum_{i=1}^{m} \sum_{j=1}^{m} f_{ij}} \tag{2-43}$$

对于［例 2-3］的平乐站年径流序列的 χ^2 统计值为 34.2，给定显著性水平 $\alpha=0.05$，查表可得分位点 $\chi_\alpha^2(16)=26.3$。由于 $\chi^2 > \chi_\alpha^2[(m-1)^2]$，故该站年径流序列满足马氏性。

可见，对于马尔柯夫链，可以根据 t 时刻的状态推求 $t+1$ 时刻的状态概率分布。基于这一思想，马尔柯夫链不仅可用于天气预报、水文水资源、地震和经济预测问题，而且还可以用于管理决策、遗传学研究等领域。

习   题

1. 名词解释：确定性过程；随机性过程；平稳过程；非平稳过程；马尔柯夫链。

2. 若流域下垫面和气候条件稳定，该流域的年径流过程、月径流过程、年最大 15 日洪水过程均为水文过程，试指出哪些是平稳过程？哪些是非平稳过程？

3. 某河年平均流量资料见表 2-6。当 $Q < 535 \text{m}^3/\text{s}$ 时，为少水年；当 $535 \text{m}^3/\text{s} \leqslant Q < 775 \text{m}^3/\text{s}$ 时，为中水年；当 $Q \geqslant 775 \text{m}^3/\text{s}$ 时，为丰水年。试估算 2005 年径流为丰、中、枯状态的概率。

表 2-6   某河年平均流量资料   流量单位：m^3/s

年份	1969	1970	1971	1972	1973	1974	1975	1976	1977	1978	1979	1980
平均流量 Q	662	656	542	576	446	719	644	650	635	544	701	776
年份	1981	1982	1983	1984	1985	1986	1987	1988	1989	1990	1991	1992
平均流量 Q	677	737	533	500	773	480	681	582	777	779	672	583
年份	1993	1994	1995	1996	1997	1998	1999	2000	2001	2002	2003	2004
平均流量 Q	876	471	569	662	533	760	774	880	713	453	830	737

第三章 水文序列分析方法

第一节 水文序列及其组成

一、水文序列

水文现象随时间的变化一般是连续的。然而，连续过程有一个缺点，就是不易在数字计算机上进行处理。为了研究和计算的方便，常常将连续水文过程离散化处理得到水文序列。通常有如下 3 种离散化处理方法。

1. 取时间区间上的统计值

取时间区间上的总量或平均值，这是应用最多的一种情况。水文序列的应用背景非常广泛，依据不同的应用，数据收集可以到逐小时、逐日、逐旬、逐月、逐季、逐年等，如月平均流量序列、日平均水位序列、季水量序列。当随机过程的离散间隔越短，时间前后相依性就越强。例如，顺序的日流量之间的相依性大于月（年）流量之间的相依性。

2. 按某种规则选择特征值

视研究问题不同而采用不同的规则，如按年（月、季等）内最大规则选择年（月、季等）最大流量，组成年（月、季等）最大流量序列；又如按年（月、季等）内最小规则选择年（月、季等）最小流量，组成年（月、季等）最小流量序列；历年某月降水天数组成的序列；超过某一门限（threshold）的变量值组成的序列等。

3. 在离散时刻上取样

如每日定时实测水位组成定时水位序列，河流某断面 8：00 溶解氧组成的序列等。

上述获取的水文序列可进一步分类。依据变量的个数可分为以下两类：①单变量水文序列（single time series），即给定地点一个变量的水文序列，如流域某雨量站降水量时间序列，某河流断面流量时间序列；②多变量水文序列（multiple time series），即两个或两个以上时间序列所组成的集合，如一个站上几个变量（降雨量、径流、蒸发等）时间序列的集合，一个流域 4 个站年径流时间序列的集合等。

按是否相依可分为相依水文序列（correlated time series）和不相依水文序列（uncorrelated time series）。按是否平稳可分为平稳水文序列和非平稳水文序列。水文序列还可以分为等时间间隔序列（regularly spaced time series）和不等时间间隔序列（irregularly spaced time series）；在水文学中，一般前者多见。

二、水文序列的组成

水文序列 X_t 一般由确定成分和随机成分组成。确定成分具有一定的物理概念，包含周期的和非周期的成分；随机成分由不规则的振荡和随机影响造成。水文序列常用线性叠加的形式表示：

$$X_t = N_t + P_t + S_t \tag{3-1}$$

式中：N_t 为确定性的非周期成分（包括趋势、跳跃、突变）；P_t 为确定性的周期成分，包括简单周期、复合周期和近似周期；S_t 为随机成分，包括平稳的和非平稳的两种情况。

水文序列组成如图 3-1 所示。

在少数情况下 X_t 也可表达为上述三者的乘积形式。

水文序列是一定自然条件和气候条件下的产物，周期成分、非周期成分、随机成分是其主要成分，但三者并不一定同时存在。

当 $P_t + N_t = 0$ 时，$X_t = S_t$，为随机成分序列；当 $S_t = 0$ 时，$X_t = P_t + N_t$，为近似确定性序列；当 $N_t = 0$ 时，$X_t = P_t + S_t$，为周期随机序列，如图 1-1 所示的月平均流量序列。

这里的"成分"与"序列"具有相同的含义，如确定性成分也可以称成确定性序列，在以后章节里不加以区别。

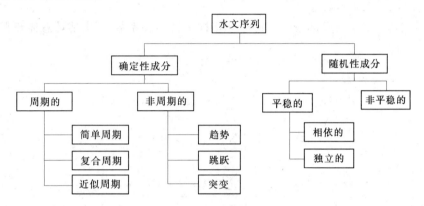

图 3-1　水文序列组成图

水文序列是否具有周期成分和非周期成分？水文序列是否相依的？相依程度如何？这需要采用一定的方法和技术进行分析和识别。水文序列是否相依，一般可通过相关分析方法统计推断。为了统计推断周期成分，通常采用谱分析技术。非周期成分常采用成因分析法和统计推断技术相结合的途径进行识别。下面将分节介绍。

第二节　水文序列相关分析

判断水文序列是否相依，相依程度如何，一个常用的方法是相关分析。研究单变量水文序列自身内部间的线性关系时用自相关分析。研究多变量水文序列间的线性关系时用互相关分析。

一、自相关分析

这里以平稳随机过程（序列）为例进行说明。由前面知，对于连续平稳随机过程 $X(t)$ 的一个样本函数 $x(t)$，其自相关系数为

$$\rho(\tau) = \frac{Cov(\tau)}{\sigma^2} \tag{3-2}$$

式中：各符号意义同前。

类似地，对于平稳随机序列 X_t 的一个相当长的样本 $x_1, x_2, \cdots, x_n$，其自相关系数为

$$\rho_k = \frac{Cov(k)}{\sigma^2} \tag{3-3}$$

式中：$k=0,1,\cdots,m$，称为滞时或阶数；式中其他项见第二章，现分列如下：

$$Cov(k) = \lim_{n \to \infty} \frac{1}{n-k} \sum_{t=1}^{n-k} (x_{t+k} - u)(x_t - u)$$

$$u = \lim_{n \to \infty} \frac{1}{n} \sum_{t=1}^{n} x_t$$

$$\sigma^2 = \lim_{n \to \infty} \frac{1}{n} \sum_{t=1}^{n} (x_t - u)^2$$

ρ_k 称为滞时为 k 的总体自相关系数（population autocorrelation coefficient），相应的图形称为总体自相关图（population autocorrelogram）。对所有的 k，有 $\rho_k = -\rho_k$（即自相关图关于 ρ_k 对称），$\rho_0 = 1$，$-1 \leqslant \rho_k \leqslant 1$。

在实际工作中，n 一般都较小。此时，用样本自相关系数 r_k 来估计总体自相关系数

$$r_k = \hat{\rho}_k = \frac{Cov(k)}{\hat{\sigma}_t \, \hat{\sigma}_{t+k}} \tag{3-4}$$

其中

$$Cov(k) = \frac{1}{n-k} \sum_{t=1}^{n-k} (x_{t+k} - \overline{x}_{t+k})(x_t - \overline{x}_t)$$

$$\hat{\sigma}_t^2 = \frac{1}{n-k} \sum_{t=1}^{n-k} (x_t - \overline{x}_t)^2$$

$$\hat{\sigma}_{t+k}^2 = \frac{1}{n-k} \sum_{t=1}^{n-k} (x_{t+k} - \overline{x}_{t+k})^2$$

$$\overline{x}_t = \frac{1}{n-k} \sum_{t=1}^{n-k} x_t$$

$$\overline{x}_{t+k} = \frac{1}{n-k} \sum_{t=1}^{n-k} x_{t+k}$$

当 n 很大且 k 较小时，式（3-4）可简化为

$$r_k = \hat{\rho}_k = \frac{\sum_{t=1}^{n-k} (x_{t+k} - \overline{x})(x_t - \overline{x})}{\sum_{t=1}^{n} (x_t - \overline{x})^2} \quad (k = 0, 1, 2, \cdots, m; \; m \ll n) \tag{3-5}$$

其中

$$\overline{x} = \frac{1}{n} \sum_{t=1}^{n} x_t$$

式中，当 $n > 50$ 时，$m < n/4$；当 $n < 50$ 时，$m = n/4$ 或 $n-10$。原则上参加计算的项数 $(n-k)$ 至少 10 项以上。在这里应强调指出，r_k 的方差随 k 的增大而增加，r_m 的估计精度随着 m 的增加而降低，因此 m 应取较小的数值。

r_k 随滞时 k 变化的过程图称为样本自相关图。图 3-2 分别给出了桂江桂林站（1960—2001 年）、岷江高场站（1940—2004 年）和沱江李家湾站（1952—2004 年）年平均流量序列的样本自相关图。

必须说明，式（3-4）和式（3-5）在小样本时均是有偏的，前式的偏离较后式为小，但后式的有效性却较前式为好。目前实际计算时趋向于应用后者。

式（3-4）式（3-5）计算的自相关系数一般是偏小的。对 r_1 可考虑用下式作纠偏修正

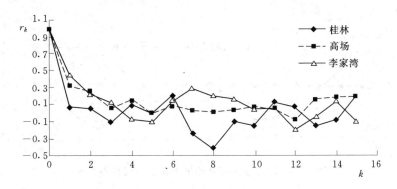

图 3-2　年平均流量序列样本自相关图

$$r_1' = \frac{r_1 n + 1}{n - 4} \tag{3-6}$$

自相关系数是描述水文序列自身内部线性相依程度的指标，一般作如下三种用途：

（1）判断时间序列前后相依程度，$r_k(k=1,2,\cdots)$的绝对值越大，说明研究序列内部线性相依程度越强，反之越弱。

（2）用样本自相关图与一些随机模型的总体自相关图比较，根据其相似程度，找出样本的最佳估计模型，这将在第五章论述。

（3）判断时间序列是否独立。从理论上讲，$r_k(k=1,2,\cdots)=0$时，时间序列是独立的。由于获得的样本序列具有抽样误差，即使从独立序列总体中抽出的样本序列，计算的自相关系数 r_k 也未必等于0，而是在0值上下波动。一般采用假设检验的方法（本书称为自相关分析法）进行推断。其步骤如下：

1）计算样本自相关系数 r_k 并绘制样本自相关图。

2）计算 r_k 的容许限（选择显著性水平 $\alpha=5\%$），即

$$r_k(\alpha=5\%) = \frac{-1 \pm 1.96 \sqrt{n-k-1}}{n-k} \tag{3-7}$$

式中：取"＋"时为容许上限，取"－"时为容许下限。

3）推断，若 r_k 处在上、下容许限之间，则统计推断该序列独立；反之则相依。

图 3-3 给出了沱江李家湾站年平均流量序列的样本自相关图，可以看出，它是一个相依序列。

以年为时间尺度的水文序列因含有趋势、跳跃等成分不平稳时，首先应排除这些成分后（具体方法见本章第四节）再进行相关分析。

另外，当自相关系数随滞时快速衰减到0，如图 3-3 所示，可能表明研究序列具有比较短的持续性（persistence），或称短记忆（short memory）；当自相关系数随滞时衰减较慢，很久以后都不会趋于0，则可能表明研究序列具有比较长的持续性，或称长记忆（long memory）。

季节性水文序列的相关分析将在第六章给予叙述。

二、互相关分析

研究两个水文序列相互关系时，采用互相关分析技术。互相关不仅表示两个序列同时刻间的联系，而且可描述两个序列不同时刻间的相互关系。

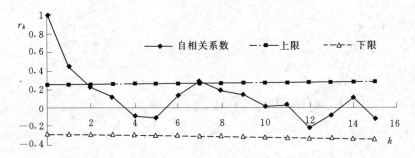

图 3-3 沱江李家湾站年平均流量序列自相关图

设有两个水文序列 X_t，Y_t，其总体互相关系数为

$$\rho_k(X,Y) = \frac{Cov_k(X,Y)}{\sigma_x \sigma_y} \qquad (3-8)$$

$$Cov_k(X,Y) = \lim_{n \to \infty} \frac{1}{n-k} \sum_{t=1}^{n-k} (X_t - u_x)(Y_{t+k} - u_y) \qquad (3-9)$$

式中：σ_x、σ_y 分别为序列 X_t、Y_t 的均方差；$k = 0, \pm 1, \pm 2, \pm m$；$Cov_k(X,Y)$ 为 X_t 与 Y_t 滞时 k 的互协方差；u_x 和 u_y 分别为序列 X_t 和 Y_t 的均值。

$\rho_k(X,Y)$ 表示 X_t 与 Y_t 滞时 k 的互相关程度，$-1 \leqslant \rho_k(X,Y) \leqslant 1$，值越大，互相关（相依）程度越高。$\rho_k(X,Y)$ 与 k 的变化过程，称为总体互相关图（population cross-correlogram）。

设有两个水文序列的实测样本 $x_t, y_t (t = 1, 2, \cdots, n)$。样本互相关系数为

$$r_k(X,Y) = \hat{\rho}_k(X,Y) = \frac{\hat{Cov}_k(X,Y)}{\hat{\sigma}_x \hat{\sigma}_y} \qquad (3-10)$$

$$\hat{Cov}_k(X,Y) = \frac{1}{n-k} \sum_{t=1}^{n-k} (x_t - \bar{x})(y_{t+k} - \bar{y}) \qquad (3-11)$$

式中：$\hat{\sigma}_x$、$\hat{\sigma}_y$ 分别为序列 X_t、Y_t 的样本均方差；$\hat{Cov}_k(X,Y)$ 为 X_t 与 Y_t 滞时 k 的样本互协方差；$\bar{x}$ 和 $\bar{y}$ 分别为序列 X_t 和 Y_t 的样本均值。

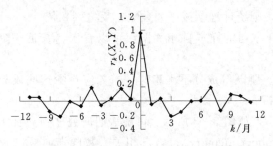

图 3-4 清江流域隔河岩站年平均流量序列与流域年降雨量序列的互相关图

$r_k(X,Y)$ 随 k 变化的图形，称为样本互相关图。图 3-4 为清江流域隔河岩站年平均流量序列与流域年降雨量序列的互相关图。

对 $k = 0$，互相关系数 $r_0(X,Y)$ 是普通相关系数，即通常两个序列相关的情形。互相关图对于 $k = 0$ 并不一定对称，因为 k 与 $-k$ 求出的 $r_k(X,Y)$ 与 $r_{-k}(X,Y)$ 是不一定相同的。序列 Y_t 与 X_t 时移 k 的互相关系数 $r_k(Y,X)$ 等于序列 X_t 与 Y_t 时移 $-k$ 的互相关系数 $r_{-k}(X,Y)$，即 $r_k(Y,X) = r_{-k}(X,Y)$。亦有 $r_k(X,Y) = r_{-k}(Y,X)$。在水文中 $|r_k(X,Y)|$ 的最大值常常不在 $k = 0$ 处，而是移至某一个 k_0 值处。当一个随机变量在时间上先于另一个随机变量时会遇到这种情形，如最大降雨强度先于最大洪峰流量。k_0 越大，

如作为影响因子进行预测，则预见期越长。

通过互相关分析，可以寻求水文变量的主要影响因素。表 3-1 给出了清江隔河岩站日面降雨量与日平均流量不同滞时的互相关系数。可以看出，影响日平均流量 y_t 的主要因素是第 $t-1$、$t-2$、$t-3$ 天的日面降雨量 x_{t-1}、x_{t-2}、x_{t-3}。

表 3-1　　　　　　　隔河岩日面降雨量与日平均流量的互相关系数

滞时 k	0	1	2	3	4	5	6	7
$r_k(X,Y)$	0.271	0.642	0.691	0.475	0.349	0.261	0.223	0.205

当水文序列多于 2 个时，仍然用式（3-10）计算任意两者间的互相关系数。不同滞时 k 的两两互相关可用相关矩阵 $\boldsymbol{M}_k$ 表示

$$\boldsymbol{M}_k = \begin{bmatrix} r_k(1,1) & r_k(1,2) & \cdots & r_k(1,m) \\ r_k(2,1) & r_k(2,2) & \cdots & r_k(2,m) \\ \vdots & \vdots & \vdots & \vdots \\ r_k(m,1) & r_k(m,2) & \cdots & r_k(m,m) \end{bmatrix} \tag{3-12}$$

式中：$r_k(i,j)$ 为第 i 序列与第 j 序列滞时 k 的互相关系数；m 为序列个数。对于多变量平稳和非平稳水文序列，相关矩阵 $\boldsymbol{M}_k$ 的详细介绍见第七章。

从上面的分析和计算可以看出，自相关分析、互相关分析是从时间域上探讨水文时间序列内部线性相依结构的重要技术。

第三节　水文序列的谱分析

判断水文序列是否具有周期成分，可用谱分析技术。谱分析是从频率域上分析水文序列的内部结构。

一个给定的任意函数可用傅里叶（Fourier）级数表示。水文序列是随机函数的一个现实，即样本函数，因此也可以用 Fourier 级数表示，即由不同频率的谐波（正弦波和余弦波组成）叠加而成。显著的谐波即为周期成分，其对应的频率的倒数为周期。这就是谱分析（spectrum analysis）。谱分析能在频率域上研究水文序列的内部结构。

在频率域上分析序列内部结构和有关性质，常用方差线谱（周期图）和方差谱密度以及最大熵谱等指标。这里仅对方差线谱和方差谱密度加以叙述。

一、方差线谱

设有水文序列 $X_t(t=1,2,\cdots,n)$，其 Fourier 级数为

$$X_t = u + \sum_{j=1}^{L}(a_j\cos\omega_j t + b_j\sin\omega_j t) = u + \sum_{j=1}^{L}A_j\cos(\omega_j t + \theta_j) \tag{3-13}$$

$$a_j = \frac{2}{n}\sum_{t=1}^{n}X_t\cos\omega_j t,\ b_j = \frac{2}{n}\sum_{t=1}^{n}X_t\sin\omega_j t,\ A_j = \sqrt{a_j^2 + b_j^2} \tag{3-14}$$

$$\omega_j = 2\pi f_j = \frac{2\pi}{T_j};\ \theta_j = \arctan\left(-\frac{b_j}{a_j}\right)$$

$$T_j = \frac{n}{j}$$

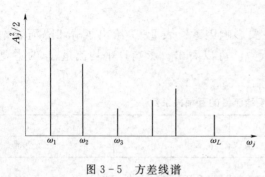

图 3-5 方差线谱

式中：u 为 X_t 的均值；L 为谐波个数［绘制曲线需要 3 个点，若序列的取样间隔为 1 个时间单位，如年、月等，则谐波的最短波长为 2 个时间单位，因此 $L=n/2$；n 为奇数时，$L=(n-1)/2$］；a_j，b_j，A_j 为第 j 个谐波的傅氏系数（振幅）；ω_j 为对应谐波的角频率，$\omega_1=(2\pi/n)$ 为基本频率，ω_j 为 ω_1 的 j 倍；θ_j 为对应谐波的相位；T_j 为频率 f_j 或 ω_j 对应的周期，$T_1=n$ 为基本周期（近似的）。

可以证明：

$$\sigma^2 = \frac{1}{n}\sum_{t=1}^{n}(X_t - u)^2 = \frac{1}{n}\sum_{t=1}^{n}\left[\sum_{j=1}^{L}(a_j\cos\omega_j t + b_j\sin\omega_j t)^2\right]$$

$$= \sum_{j=1}^{L}\frac{1}{2}(a_j^2 + b_j^2) = \sum_{j=1}^{L}\frac{A_j^2}{2} \tag{3-15}$$

从式（3-15）可知，所有谐波振幅平方的一半之和等于该水文序列 X_t 的方差 σ^2。

$A_j/2$ 与 ω_j 一一对应，称它们的关系图为方差线谱或周期图（图 3-5）。通过谐波的振幅随频率的变化过程可以揭示频率的强弱。

方差线谱清楚地表明一个给定的序列中，包含了哪些频率的谐波分量及各分量的方差所占的比重，进而通过假设检验识别出显著周期成分。构造统计量

$$F_j = \frac{0.5A_j^2/2}{(\sigma^2 - 0.5A_j^2)/(n-2-1)} \sim F(2, n-3) \quad (i=1,2,\cdots,L) \tag{3-16}$$

作为检验第 j 个谐波是否显著的度量指标。这里，F_j 服从自由度为（2，$n-3$）的 F 分布。根据各项的显著水平 α，由 F 分布得 F_α。当 $F_j > F_\alpha$，则第 j 个谐波显著，其对应的周期就显著；反之不显著。

对于水文序列 $X_t(t=1,2,\cdots,n)$，如有 d 个显著周期（注意 d 不一定是连续的），则有

$$X_t = u + \sum_{j=1}^{d}(a_j\cos\omega_j t + b_j\sin\omega_j t) + \varepsilon_t \tag{3-17}$$

式中：T_j 为第 j 个周期；a_j、b_j 由式（3-14）计算；ε_t 为剩余序列；其余符号意义同前。

对于季节性水文序列 $X_{t,\tau}(t=1,2,\cdots,n$，$n$ 为年数；$\tau=1,2,\cdots,w$，w 为季节数），则有

$$X_{t,\tau} = u + \sum_{j=1}^{d}(a_j\cos\omega_j\tau + b_j\sin\omega_j\tau) + \varepsilon_{t,\tau} \tag{3-18}$$

$$u = \frac{1}{nw}\sum_{t=1}^{n}\sum_{\tau=1}^{w}x_{t,\tau}, \quad \omega_j = 2\pi/T_j, \quad T_j = w/j$$

式中：u 为整个序列 $X_{t,\tau}$ 的均值；T_j 为第 j 个周期；$\varepsilon_{t,\tau}$ 为剩余序列；d 为显著周期个数（注意不一定是连续的）。

a_j，b_j 估算如下：

$$a_j = \frac{2}{nw} \sum_{t=1}^{n} \sum_{\tau=1}^{w} (X_{t,\tau} - u) \cos \frac{2\pi j}{w} \tau$$

$$b_j = \frac{2}{nw} \sum_{t=1}^{n} \sum_{\tau=1}^{w} (X_{t,\tau} - u) \sin \frac{2\pi j}{w} \tau$$

对于季节性水文序列，同样可绘制方差线谱图，即 $A_j/2$ 与 $\omega_j\left(\frac{2\pi}{w}j\right)$ 的关系图。更为简便地，先计算各季的均值，再对均值按式（3-13）、式（3-14）计算方差线谱图。

可见，用方差线谱研究序列的内部周期结构是十分有用的。常称这种方法为周期图法。周期图不是谱密度的一致性估计，下面介绍方差谱密度。

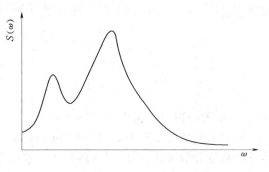

图 3-6 方差谱密度图

二、方差谱密度

令 $\Delta D = A_j^2/2$，定义：

$$\lim_{\Delta\omega \to 0} \frac{\Delta D}{\Delta\omega} = \varphi(\omega)$$

称 $\varphi(\omega)$ 为方差密度，是一个连续谱。令

$$S(\omega) = \frac{2\varphi(\omega)}{\sigma^2}$$

则称 $S(\omega)$ 为方差谱密度函数（简称方差谱密度）。如图 3-6 所示。

可以证明，$S(\omega)$ 与自相关函数 $\rho(\tau)$ 互为 Fourier 变换，即

$$S(\omega) = \frac{1}{\pi} \int_{-\infty}^{+\infty} \rho(\tau) e^{-i\omega\tau} d\tau = \frac{1}{\pi} \int_{-\infty}^{+\infty} \rho(\tau) \cos\omega\tau d\tau \qquad (3-19)$$

$$\rho(\tau) = \frac{1}{2} \int_{-\infty}^{+\infty} S(\omega) e^{i\omega\tau} d\omega = \frac{1}{2} \int_{-\infty}^{+\infty} S(\omega) \cos\omega\tau d\omega \qquad (3-20)$$

这就是著名的维纳-辛钦公式。

从式（3-20）可以看出，当 $\tau = 0$ 时，有

$$\rho(0) = \frac{1}{2} \int_{-\infty}^{+\infty} S(\omega) d\omega = \int_{0}^{+\infty} S(\omega) d\omega = 1$$

即频率 $\omega > 0$ 的方差谱密度函数曲线的下包面积为 1。

在实际工作中频率为负没有实际意义。因此对于水文序列（离散），式（3-19）可改写为

$$S(\omega) = \frac{1}{\pi} \left(1 + 2 \sum_{k=1}^{\infty} \rho_k \cos\omega k \right) \qquad (3-21)$$

式中：ρ_k 为 k 阶总体自相关系数，可由样本自相关系数 r_k 估计；∞ 改为有限值 m（最大滞时）。这样式（3-21）变为样本方差谱密度

$$\hat{S}(\omega_j) = \frac{1}{\pi} \left[1 + 2 \sum_{k=1}^{m} r_k \cos\omega_j k \right] \qquad (3-22)$$

或
$$\hat{S}(f_j) = 2\Big[1 + 2\sum_{k=1}^{m} r_k \cos 2\pi f_j k\Big] \qquad (3-23)$$

其中
$$f_j = j/(2m), \ \omega_j = 2\pi f_j (j = 0, 1, 2, \cdots, m)$$

由于随着滞时 k 的增大，r_k 的抽样误差也增大，为了获得有效、无偏的方差谱密度，需对式（3-22）和式（3-23）进行平滑处理（又称"加窗"），即

$$\hat{S}(\omega_j) = \frac{1}{\pi}\Big[1 + 2\sum_{k=1}^{m} D_k r_k \cos\omega_j k\Big] \qquad (3-24)$$

$$\hat{S}(f_j) = 2\Big[1 + 2\sum_{k=1}^{m} D_k r_k \cos\pi f_j k\Big] \qquad (3-25)$$

式中：D_k 为谱窗（权重因子或窗函数）。

窗函数对谱的分辨力、泄漏有很大影响。因此，只能通过选择适当的窗函数来提高谱估计的精度和分辨力。D_k 有多种形式，水文学中常用 Hamming 窗和 Hanning 窗。

$$D_k = 0.54 + 0.46\cos\Big(\frac{\pi k}{m}\Big)(k = 1, 2, \cdots, m)$$

$$D_k = 0.5 + 0.5\cos\Big(\frac{\pi k}{m}\Big)(k = 1, 2, \cdots, m)$$

点绘 $S(\omega_j)$ 与 ω_j 或 $S(f_j)$ 与 f_j 的关系图，称为方差谱密度图或频谱图。方差谱密度图中急剧上升的峰值说明了节奏性运动，即为周期成分；峰值对应的频率可能为显著周期。正弦曲线（具有完全的周期性）在周期对应频率处形成一根垂线（一种极端）。可见，方差谱密度图可以推断水文序列中的周期成分。图 3-7（a）给出了长江宜昌站年平均流量序列的方差谱密度变化过程。可以看出，宜昌站年平均流量有 15 年和 3 年左右的周期。

对于季节性水文序列 $X_{t,\tau}(t = 1, 2, \cdots, n, n$ 为年数；$\tau = 1, 2, \cdots, w, w$ 为季节数），可以这样计算方差谱密度：

（1）将 $X_{t,\tau}$ 改写成长序列 $Y_i(i = 1, 2, \cdots, n \times w)$。

（2）用式（3-24）、式（3-25）计算 $S(\omega_j)$ 或 $S(f_j)$。

图 3-7（b）给出了岷江紫坪铺站月平均流量序列的方差谱密度变化过程。可见，紫坪铺站月平均流量有 12 个月和 4 个月的周期。

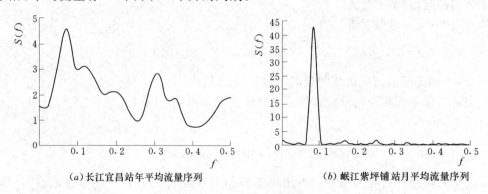

(a) 长江宜昌站年平均流量序列　　　　　(b) 岷江紫坪铺站月平均流量序列

图 3-7　方差谱密度图

以上谱分析是针对单个水文序列进行的。为了探讨两个水文序列在频率域内的相互结

构，可用互谱分析。限于篇幅加之应用较少，本书从略。另外，20 世纪 80 年代初发展起来的小波分析（wavelet analysis）具有时域频域多分辨功能，能展示不同频率成分在时域上的分布特征，通过小波方差图（方差谱密度图类似）可以方便地推断出其周期成分。

第四节　水文序列组成成分识别

由前述知，水文序列可能含有周期成分、非周期成分和随机成分，一般是由两种或两种以上成分合成的。非周期成分包括趋势、跳跃和突变（突变是跳跃的一种特殊情况），水文学中又将非周期成分称为暂态成分。非周期成分常被叠加在其他成分（如随机成分等）之上。实际工作中，人们经常要求水文序列具有一致性，即要求水文序列是在流域气候和下垫面相对稳定的条件下形成的。若序列中呈现趋势或跳跃等成分，就意味相对稳定条件受到破坏。利用这种序列预估未来事件，可能被大大歪曲。如何把水文序列中的各种成分识别出来，这是研究水文序列形成机制的重要内容，也是水文序列随机模拟的前提。一般说来，水文序列的组成成分识别，就是推断序列中存在的各种成分和设法提取这些成分。

一、趋势成分识别

随着时间的增长，对水文序列的各值平均而言，或是增加，或是减少，形成序列在相当长时期内向上或向下缓慢地变动。这种有一定规则的变化称为趋势（trend）。若趋势出现在序列全过程，称为整体趋势（图 3-8）；若只出现在序列中的一段时期，称为局部趋势（图 3-9）。趋势也存在于水文序列的任何参数之中，如均值、方差和自相关系数等。引起趋势的原因或是气候的，或是人为的。例如，中国新疆地区在 1987—2000 年期间，气候发生变化，温度上升，降水量、冰川消融量连续多年增加，径流量也呈增加趋势。由于人类活动影响，流域内灌溉面积不断增加，蒸发量有增大趋势，径流量则有减少趋势。

图 3-8　岷江紫坪铺站年平均流量序列整体下降趋势

对水文序列的变化作物理成因分析和统计检验，查明趋势现象及其产生原因。如果序列中存在趋势成分，则要排除该成分，才能保持序列的一致性。

（一）趋势成分的识别和检验

1. 滑动平均法

序列 $x_1, x_2, \cdots, x_n$ 的几个前期值和后期值取平均，求出新的序列 y_t，使原序列光滑化，这就是滑动平均法。数学式表示为

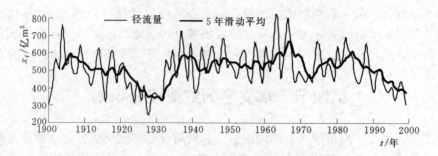

图 3-9　黄河三门峡年径流局部趋势变化曲线

$$y_t = \frac{1}{2k+1}\sum_{i=-k}^{k} x_{t+i} \qquad (3-26)$$

当 $k=2$ 时为 5 点滑动平均，$k=3$ 时为 7 点滑动平均。若 x_t 具有趋势成分，选择合适的 k（不宜太大），y_t 就能把趋势清晰地显示出来。因此，滑动平均法在水文学中得到了广泛的应用。

对黄河三门峡站 1900—2000 年年径流量序列进行 5 点（年）滑动平均处理，如图 3-9 中粗线所示。由图可知，1904—1931 年年径流具有减少的趋势，1932—1938 年呈增加趋势，1983—2000 年又表现出明显的减小趋势。

2. Kendall 秩次相关检验

对序列 $x_1, x_2, \cdots, x_n$，先确定所有对偶值 $(x_i, x_j)(j>i)$ 中 $x_i<x_j$ 的出现个数 k。如果按顺序前进的值全部大于前一个值，这是一种上升趋势，k 为 $(n-1)+(n-2)+\cdots+1$，则其总和为 $n(n-1)/2$；如果全部倒过来，则 $k=0$，即为下降趋势。由此可知，对无趋势的水文序列，k 的数学期望为 $E(k)=n(n-1)/4$。

研究序列有无趋势成分，需进行检验。构造统计量：

$$U = \frac{\tau}{[D(\tau)]^{1/2}} \qquad (3-27)$$

其中

$$\tau = \frac{4k}{n(n-1)} - 1 \;;\; D(\tau) = \frac{2(2n+5)}{9n(n-1)}$$

当 n 增加，U 很快趋于标准正态分布。

假设原序列无趋势（H_0）。给定显著水平 α 后，查算正态分布表得 $U_{\alpha/2}$。当 $|U|<U_{\alpha/2}$ 时，接受原假设，即趋势不显著；反之，拒绝原假设，即趋势显著。

【例 3-1】　表 3-2 给出某流域某水文站 1983—2000 年年径流量变化过程。构造对偶值并计算得：$k=33$，$\tau=-0.568$，$D(\tau)=0.0298$，$U=-3.12$。取显著水平 $\alpha=5\%$，查得 $U_{\alpha/2}=1.96$。由于 $|U|>U_{\alpha/2}$，故该站 1983—2000 年年径流量序列有趋势成分。

表 3-2　　　　　　　　　某水文站 1983—2000 年年径流量资料　　　　　　　　单位：亿 m³

年份	1983	1984	1985	1986	1987	1988	1989	1990	1991
径流量	682.9	611.3	568.3	456	422.1	503.6	645.4	468.7	367.3
年份	1992	1993	1994	1995	1996	1997	1998	1999	2000
径流量	490.5	488	411.1	371.1	395.7	324.9	402	426.3	302.6

3. 趋势回归检验

设水文序列 X_t 由趋势成分 T_t 和随机成分 S_t 组成，即

$$X_t = T_t + S_t \qquad (3-28)$$

趋势成分 T_t 可用多项式来描述：

$$T_t = a + b_1 t + b_2 t^2 + \cdots + b_p t^p \qquad (3-29)$$

式中：a 为常数；$b_1, b_2, \cdots, b_p$ 为回归系数。

实际工作中 T_t 可能是线性的，也可能是非线性的。一般先用图解法进行试配。式 (3-29) 可转化为多元线性回归模型并用最小二乘法估计回归系数。当 $p=1$ 时变为线性趋势，a 和 b_1 的估计公式为

$$\left. \begin{array}{l} \hat{b}_1 = \sum_{t=1}^{n} (t - \bar{t})(X_t - \bar{x}) / \sum_{t=1}^{n} (t - \bar{t})^2 \\[2mm] \hat{a} = \bar{x} - \hat{b}_1 \bar{t} \end{array} \right\} \qquad (3-30)$$

式中：$\bar{x}$ 和 $\bar{t}$ 分别为 X_t 和 t 的均值。

趋势成分是否显著，必须对回归系数 $b_1, b_2, \cdots, b_p$ 和回归方程进行假设检验。有关内容可参考相关文献。这里对线性趋势的回归效果的显著性进行检验。

原假设为 $b_1 = 0$，构造统计量：

$$T = \frac{\hat{b}_1}{s_{\hat{b}_1}} \qquad (3-31)$$

其中

$$s_{\hat{b}_1}^2 = \frac{s^2}{\sum_{t=1}^{n} (t - \bar{t})^2}; \quad s^2 = \frac{\sum_{t=1}^{n} (X_t - \bar{x})^2 - \hat{b}_1^2 \sum_{t=1}^{n} (t - \bar{t})^2}{n - 2}$$

T 服从自由度为 $(n-2)$ 的 t 分布。给定显著水平 α 后，查算 $T_{\alpha/2}$。当 $|T| < T_{\alpha/2}$ 时，接受原假设，即线性趋势不显著；反之，线性趋势显著。

经趋势回归检验知：岷江紫坪铺站 1937—2003 年年径流（图 3-8）具有线性减少趋势，回归方程为：$T_t = -1.833t + 4080$（时间 t 以 1937 年为起点）。

（二）趋势成分的排除

通过上述途径将趋势成分检验出来后，并用适当的数学方程（如回归方程）进行描述，再从原始序列中排除该趋势成分。

二、跳跃成分识别

跳跃（shift or jump）指水文序列从一种状态过渡到另一种状态表现出来的急剧变化形式。图 3-10 给出跳跃成分示意图，其中 τ 为突变点。例如一个流域若突发大面积的森林火灾，则径流会突然变化，形成跳跃成分。具有跳跃成分的水文序列 X_t 可以这样来表达：

$$X_t = \begin{cases} S_t & (t = 1, 2, \cdots, \tau) \\ S_t + \delta & (t = \tau+1, \tau+2, \cdots, n) \end{cases} \qquad (3-32)$$

式中：S_t 为平稳随机序列；δ 为跳跃的大小。

跳跃一般表现在均值、方差、自相关系数等统计特性上，如图 3-10 中 τ 时刻前后的均值 $\bar{x}_1$、$\bar{x}_2$ 显然不同，当然有时方差也不同。一般多在均值上寻找跳跃。

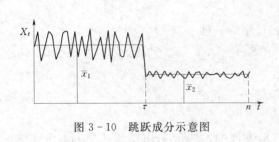

图 3-10　跳跃成分示意图

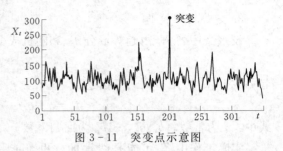

图 3-11　突变点示意图

水文序列中的跳跃是人为的或自然的原因引起的。例如，修筑水库前坝下年最大流量序列与修建水库后经水库调节的年最大流量序列，就是人为引起的跳跃。这种跳跃将引起建库后最大流量序列均值和方差等参数的减少。又如建库后水面面积增大，蒸发量等损失增加，有可能出现跳跃，并反映在年径流序列的均值等参数之中。长江宜昌站在葛洲坝修建前的 80 年中，年均径流量都在 4500 亿 m³ 左右，非常稳定，但在葛洲坝修建后的 33 年中，年均径流量减少为 4300 亿 m³ 左右，约减少 4.5%。尼罗河阿斯旺坝址处年径流在建坝后发生了变化，存在着明显向下的跳跃成分。

美国阿列格赫尼河（Allegheny River）上游的金朱亚大坝（Kinzua Dam），水库上游流域年均降水量在大坝修建前为 894mm，大坝施工期增加到 987mm，增加了 8.2%，运行期增加到 1063mm，增加了 18.9%。存在着明显向上的跳跃成分。

突变是跳跃的一种特殊形式，是瞬间的行为，如图 3-11 所示。突变发生后，水文序列又保持原来的特性，如溃坝、泥石流导致河道堵塞等，这将引起流量的突变，但随着临时水坝的冲毁，又恢复到原来状态。

对水文序列要进行跳跃成分的识别和检验。如果序列中含有跳跃成分，则应排除。

（一）跳跃成分识别和检验

跳跃成分识别和检验分两步，先识别突变点 τ，再检验确定跳跃成分是否显著。

1. 突变点的识别和推断

确定突变点 τ 的方法：一是从成因上（人类大规模活动或自然条件等因素）识别突变发生时间的分析方法；二是时序累计值相关曲线法；三是有序聚类分析法；四是 Mankendall 法。这里简要介绍后面三种方法。

（1）时序累计值相关曲线法。研究序列 $x_1, x_2, \cdots, x_n$，参证序列 $y_1, y_2, \cdots, y_n$。分别计算它们的时序累计值：

$$g_j = \sum_{t=1}^{j} x_t \quad (j = 1, 2, \cdots, n) \tag{3-33}$$

$$m_j = \sum_{t=1}^{j} y_t \quad (j = 1, 2, \cdots, n) \tag{3-34}$$

点绘 m_j 与 g_j 的关系图，若研究序列 X_t 跳跃不显著，则 $m_j - g_j$ 为一条通过原点的直线，否则为一折线，转折点即为突变点。该法的关键在于选取合适的参证序列。图 3-12 给出了三皇庙年最小 7 日流量时序累计值 g_j 与涪江桥年最小 7 日流量（参证序列）的时序累计值 m_j 的相关曲线，可推断 1956 年为突变点。

（2）有序聚类分析法。用"物以类聚"来形容聚类分析，可以形象地表达聚类分析的思想。在分类时若不能打乱次序，这样的分类称为有序分类。以有序分类来推估最可能的

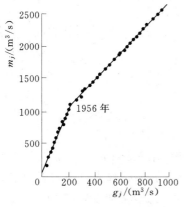

图 3-12　时序累计值相关曲线

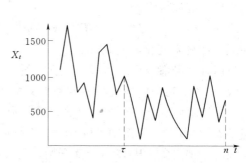

图 3-13　有序聚类分析法示意图

突变点 τ，其实质是寻求最优分割点，使同类之间的离差平方和较小而类与类之间的离差平方和较大。对于水文序列 $x_1, x_2, \cdots, x_n$，最优二分割法的要点如下：

设可能的突变点为 τ（图 3-13），则突变前后的离差平方和分别为

$$V_{\tau} = \sum_{i=1}^{\tau} (x_i - \overline{x}_{\tau})^2 \tag{3-35}$$

$$V_{n-\tau} = \sum_{i=\tau+1}^{n} (x_i - \overline{x}_{n-\tau})^2 \tag{3-36}$$

式中：$\overline{x}_{\tau}$ 和 $\overline{x}_{n-\tau}$ 分别为 τ 前后两部分的均值。

定义目标函数为

$$S = \min_{2 \leqslant \tau \leqslant n-1} S_n(\tau) = \min_{2 \leqslant \tau \leqslant n-1} (V_{\tau} + V_{n-\tau}) \tag{3-37}$$

式中：min 为取极小值。

当式（3-37）中 S 取极小值时对应的 τ 为最优二分割点，可推断为突变点。需要说明的是，式（3-37）这个目标函数还不能完全反映类与类之间的离差平方和较大的原则。

（3）Man-kendall 法。Mann-Kendall 法用于突变点识别理论意义最明显。它是以气候、下垫面一致性为前提，要求序列随机独立且同分布。设有水文序列 $x_1, x_2, \cdots, x_n$，假定序列无变化趋势（H_0），构造统计量：

$$d_k = \sum_{i=1}^{k} m_i \quad (2 \leqslant k \leqslant n) \tag{3-38}$$

式中：m_i 为 $x_i > x_j$（$1 \leqslant j \leqslant i$；$1 \leqslant i \leqslant n$）的累计数。

可以证明，d_k 的数学期望和方差分别为

$$E(d_k) = \frac{k(k-1)}{4} \tag{3-39}$$

$$D(d_k) = \frac{k(k-1)(2k+5)}{72} \tag{3-40}$$

将 d_k 标准化为

$$UF_k = \frac{d_k - E(d_k)}{\sqrt{D(d_k)}} \tag{3-41}$$

式中：$UF_1 = 0$；UF_k 为一条随 k 变化的曲线，当 n 增加时，UF_k 很快趋向于标准正态分布。

假设 H_0 成立。给定显著性水平 α，查算正态分布表得 $U_{\alpha/2}$。当 $|UF_k| < U_{\alpha/2}$ 时，接受

原假设，即趋势不显著；反之，拒绝原假设，即趋势显著。

基于上述思想，将 $x_1, x_2, \cdots, x_n$ 反向，统计 $x_i > x_j (i \leqslant j \leqslant n)$ 的累计数 $\overline{m_i}$。则反序列对应的标准化统计量为

$$UD_k = -UF_{k'}, \quad k' = n+1-k \quad (k, k' = 1, 2, \cdots, n) \tag{3-42}$$

UD_k 也是一条随 k 变化的曲线。

在坐标轴上绘制 UF_k、UD_k 两条曲线，若相交，则交点为突变点。这就是 Mann-Kendall 法。本法在国内外气候参数和水文序列突变分析中应用广泛。

以白龙江武都站 1965—2005 年强降水日数资料为例采用 Mann-Kendall 法进行突变分析，成果如图 3-14 所示。从图中可以看出，武都站从 1974 年开始强降水日数表现为增加趋势，1978 年发生增加突变，从 1993 年又开始表现为减少趋势，减少突变发生在 1995 年。

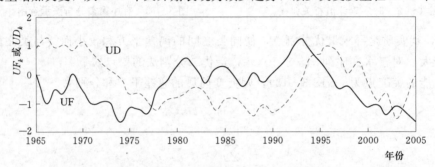

图 3-14　武都站强降水日数 Mann-Kendall 法检验成果

2. 跳跃成分显著性检验

突变点 τ 推断后，需继续检验前后两部分是否具有显著的差异。如有，则具有跳跃成分，否则跳跃成分不显著。检验方法有均值方差齐次性检验、游程检验法、秩和检验法等。这里仅介绍游程检验法、秩和检验法，其余方法可参考有关文献。

（1）游程检验法。设水文序列 $x_1, x_2, \cdots, x_\tau, x_{\tau+1}, x_{\tau+2}, \cdots, x_n$，其突变点为 τ，τ 前后两部分各有 n_1，$n_2 (n = n_1 + n_2)$ 个值。假设跳跃前后两序列的分布函数各为 $F_1(x)$ 和 $F_2(x)$，原假设：$F_1(x) = F_2(x)$，即 τ 前后两个样本来自于同一个总体。

将水文序列突变点 τ 前后两部分分别用不同字母表示，如前面部分计为 A，后面部分计为 B；再将原序列值从小到大排序并用对应符号代替，形成以符号 A 和 B 组成的符号序列。统计游程（running，指连续出现同字母的序列；每个游程的字母数称为游程长）总个数 k。游程检验法的基本思想是：当游程出现个数较期望的游程数为少时，就倾向于拒绝两个样本来自同一分布总体这一假设，因为此时长的游程出现得较多，这就表明个别样本中的元素有较大的密集现象，因此认为这两个总体不服从同一分布。具体检验方法可分为游程总个数检验法和最大游程长度检验法。在此只介绍前者。

当 n_1、$n_2 > 20$ 时，k 趋于正态分布：

$$k \sim N\left(1 + \frac{2n_1 n_2}{n}, \frac{2n_1 n_2 (2n_1 n_2 - n)}{n^2 (n-1)}\right) \tag{3-43}$$

则统计量：

$$U = \frac{k - \left(1 + \dfrac{2n_1 n_2}{n}\right)}{\sqrt{\dfrac{2n_1 n_2 (2n_1 n_2 - n)}{n^2 (n-1)}}} \sim N(0,1) \tag{3-44}$$

给定显著水平 α 后，查算 $U_{\alpha/2}$。当 $|U|<U_{\alpha/2}$ 时，接受原假设；反之，$F_1(x)$ 不等于 $F_2(x)$，即它们来自两个不同的总体，即具有跳跃成分。

当 $n_1,n_2<20$ 时，在显著水平 α 条件下有临界值 k_α。当 $k\leqslant k_\alpha$ 时，则拒绝接受原假设，即来自不同总体。关于临界值 k_α 可查用表 3-3。

表 3-3　　　　　　　　　　　　　　　　　临 界 值 k_α 的 查 算 表

$k_{0.025}$

n_2＼n_1	2	3	4	5	6	7	8	9	10	11	12	13	14	15	16	17	18	19	20
5			2	2															
6		2	2	3	3														
7		2	2	3	3	3													
8		2	3	3	3	4	4												
9		2	3	3	4	4	5	5											
10		2	3	3	4	5	5	5	6										
11		2	3	4	4	5	5	6	6										
12	2	2	3	4	4	5	6	6	7	7									
13	2	2	3	4	5	5	6	6	7	7	8	8							
14	2	2	3	4	5	5	6	7	7	8	8	9	9						
15	2	2	3	4	5	6	6	7	7	8	9	9	10						
16	2	3	4	4	5	6	6	7	8	9	10	10	11						
17	2	3	4	4	5	6	7	7	8	9	10	10	11	11	11				
18	2	3	4	5	6	6	7	8	9	10	10	11	11	12	12				
19	2	3	4	5	6	6	7	8	9	10	10	11	11	12	12	13	13		
20	2	3	4	5	6	6	7	8	9	9	10	11	12	12	13	13	13	14	

$k_{0.05}$

n_2＼n_1	2	3	4	5	6	7	8	9	10	11	12	13	14	15	16	17	18	19	20
4			2																
5		2	2	3															
6		2	3	3	3														
7		2	3	3	4	4													
8	2	2	3	3	4	4	5												
9	2	2	3	4	4	5	5	6											
10	2	3	3	4	5	5	6	6	6										
11	2	3	3	4	5	5	6	6	7	7									
12	2	3	4	4	5	6	6	7	8	8									
13	2	3	4	4	5	6	6	7	8	9	9								
14	2	3	4	5	5	6	7	7	8	8	9	9	10						
15	2	3	4	5	5	6	7	8	8	9	10	10	11						
16	2	3	4	5	6	6	7	8	9	10	10	11	11	11					
17	2	3	4	5	6	7	7	8	9	10	10	11	11	12	12				
18	2	3	4	5	6	7	8	8	9	10	11	11	12	12	13	13			
19	2	3	4	5	6	7	8	9	9	10	11	12	13	13	13	14	14		
20	2	3	4	5	6	7	8	9	10	11	11	12	12	13	13	14	14	15	

【例 3-2】　有序列 x_t：11，9，7，12，14，15，16，10，13。假设 $\tau=4$ 时为突变点，则 $n_1=4$，$n_2=5$。τ 前面的序列用 A 表示，τ 后面的序列用 B 表示。将原始序列从小到大排序：7，9，10，11，12，13，14，15，16；对应的符号序列为 AABAABBBB。统计游程总个数 $k=4$。取显著水平 $\alpha=5\%$，由表 3-3 得 $k_\alpha=2$。由于 $k>k_\alpha$，则它们来自同一总体。

（2）秩和检验法。已知条件同游程检验法。将序列从小到大或从大到小排序并统一编号（从 1 开始），每个数对应的编号定义为该数的"秩"，相同数的秩取编号的平均值（必要时作四舍五入）。记容量小的样本各数值的秩之和为 W。当 n_1，$n_2>10$ 时，W 趋于正态分布

$$W \sim N\left(\frac{n_1(n_1+n_2+1)}{2}, \frac{n_1 n_2(n_1+n_2+1)}{12}\right) \tag{3-45}$$

则统计量

$$U = \frac{W - \left(\dfrac{n_1(n_1+n_2+1)}{2}\right)}{\sqrt{\dfrac{n_1 n_2(n_1+n_2+1)}{12}}} \sim N(0,1) \tag{3-46}$$

式中：n_1 为小样本的容量。

假设 τ 前后两个样本来自于同一个总体，即 $F_1(x) = F_2(x)$。给定显著水平 α 后，查算 $U_{\alpha/2}$。当 $|U| < U_{\alpha/2}$，接受原假设；反之，$F_1(x)$ 不等于 $F_2(x)$，即来自于不同总体，即具有跳跃成分。

当 n_1，$n_2 < 10$ 时，在给定显著水平 α 下，统计量 W 的上限 W_2 和下限 W_1 可查表 3-4。若 $W_1 < W < W_2$，则认为两个样本无显著差异，即跳跃不显著性；若 $W \leqslant W_1$ 或 $W \geqslant W_2$，则认为跳跃显著。

表 3-4　　　　　　　　　秩和检验表 $P(W_1 < W < W_2) = 1-\alpha$

n_1	n_2	$\alpha=0.025$		$\alpha=0.05$	
		W_1	W_2	W_1	W_2
2	4			3	11
	5			3	13
	6	3	15	4	14
	7	3	17	4	16
	8	3	19	4	18
	9	3	21	4	20
	10	4	22	5	21
3	3			6	15
	4	6	18	7	17
	5	6	21	7	20
	6	7	23	8	22
	7	8	25	9	24
	8	8	28	9	27
	9	9	30	10	29
	10	9	33	11	31
4	4	11	25	12	24
	5	12	28	13	27
	6	12	32	14	30
	7	13	35	15	33
	8	14	38	16	36
	9	15	41	17	39
	10	16	44	18	42

n_1	n_2	$\alpha=0.025$		$\alpha=0.05$	
		W_1	W_2	W_1	W_2
5	5	18	37	19	36
	6	19	41	20	40
	7	20	45	22	43
	8	21	49	23	47
	9	22	53	25	50
	10	24	56	26	54
6	6	26	52	28	50
	7	28	56	30	54
	8	29	61	32	58
	9	31	65	33	63
	10	33	69	35	67
7	7	37	68	39	66
	8	39	73	41	71
	9	41	78	43	76
	10	43	83	46	80
8	8	49	87	52	84
	9	51	93	54	90
	10	54	98	57	95
9	9	63	108	66	105
	10	66	114	69	111
10	10	79	131	83	127

【例 3-3】 检验表 3-5 给出的序列是否存在跳跃成分。已知检测出突变点 $\tau=11$，则 $n_1=11$，$n_2=12$。先把样本从小到大排序，统一编号，计算相应的秩，见表 3-5 所示。

表 3-5　　　　　　　　　　秩 和 检 验 法 计 算 表

t	1	2	3	4	5	6	7	8	9	10	11	12
x_t	250	210	230	275	220	245	221	265	247	220	250	205
t	13	14	15	16	17	18	19	20	21	22	23	
x_t	215	231	202	206	209	218	204	209	219	202	214	
编号	1	2	3	4	5	6	7	8	9	10	11	12
从小到大排序	202	202	204	205	206	209	209	210	214	215	218	219
秩	2	2	3	4	5	7	7	8	9	10	11	12
编号	13	14	15	16	17	18	19	20	21	22	23	
从小到大排序	220	220	221	230	231	245	247	250	250	265	275	
秩	14	14	15	16	17	18	19	21	21	22	23	

统计样本容量为 11 的秩和 $W=191$（表 3-5 中下划线数据对应的秩），按式（3-46）计算得 $U=3.63$；对于 $\alpha=5\%$，$U_{\alpha/2}=1.96$，则 $|U|>U_{\alpha/2}$，故序列中跳跃成分显著。

游程检验法、秩和检验法属于非参数检验方法。

（二）跳跃成分的排除

当检验出跳跃成分后，可用适当方法排除。对于以年为时间尺度的水文序列（图 3-10），其跳跃一般表现在均值或方差上。若仅表现在均值上，进行中心化处理即可［图 3-15（a）］；若还表现在方差上，再进行标准化处理［图 3-15（c）］。对于时间尺度小于年的水文序列，其跳跃除表现在均值、方差上，还可能表现在自相关系数上。均值、方差上的跳跃可用标准化方式排除，自相关系数上的跳跃可以通过一定的模型（如 $\varepsilon_{t,\tau}=z_{t,\tau}-r_{1,\tau}z_{t,\tau-1}$，其中 $z_{t,\tau}$ 为标准化序列，$r_{1,\tau}$ 为第 τ 季 1 阶自相关系数）转化为独立序列方式处理。

排除跳跃成分后，剩余序列具有一致性条件。

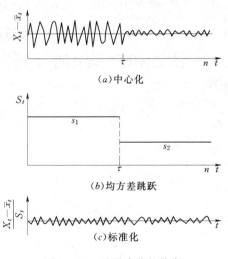

图 3-15　跳跃成分的分离

三、周期成分识别

水文序列中包含的周期成分，主要是由于地球绕太阳旋转（周期为一年）和地球自转（周期为一日）影响而形成。月（或旬、日等）降水量、径流量及蒸发量等水文序列受这种影响，明显存在以 12 个月（或 36 旬或 365 日等）的周期成分。逐时气温及蒸发量等序列中，受日夜不同天气的影响，又存在 24 小时为周期的周期成分。有的水文序列中可能还存在多年变化的周期，如年径流的多年变化，主要取决于气候因素的变化，而气候因素则取决于大气环流的特点，大气环流的变化受太阳活动制约，如长江宜昌站 100 年（1881—1980 年）汛期（6—9 月）流量资料存在 15 年的周期。

以年为时间尺度的水文序列是否具有周期成分很难直观识别，而且它的周期（如果存在）在时域上分布不均匀，是近似的。然而，季节性水文序列 $x_{t,\tau}$（$t=1,2,\cdots,n$，n 为年数；$\tau=1,2,\cdots,w$，w 为季节数）就清晰地显示出以年为周期的特征，但小于年的周期也难以直观识别。水文序列是否具有周期成分呢？其周期长度是多少？就必须进行识别、检验和提取。

（一）周期成分识别

周期成分识别方法有周期图法、功率谱法、累计解释方差图法等。周期图法在前面已做介绍。

1. 功率谱法

设有水文序列 $x_1,x_2,\cdots,x_n$，其功率谱 S_l 估计为

$$S_l = \frac{1}{m}\Big[1 + 2\sum_{k=1}^{m-1} r_k\cos\frac{\pi lk}{m} + r_m\cos(l\pi)\Big]\,(0\leqslant l\leqslant m) \qquad (3-47)$$

式中：$r_k(k=1,2,\cdots,m)$ 为 $x_t(t=1,2,\cdots,n)$ 的 k 阶自相关系数；S_l 为频率 $k/2m$ 上的谱估计值，此时 k 又称为波数，k 对应的周期为 $\frac{2m}{k}$。

S_l 为粗谱估计值，需要加窗平滑处理，一般采用 Tukey-Hanning 窗函数，则式（3-47）变为

$$\hat{S}_l = \frac{\delta_l}{m}\Big[1 + \sum_{k=1}^{m-1}\Big(1+\cos\frac{\pi k}{m}\Big)r_k\cos\frac{\pi lk}{m}\Big]\,(0\leqslant l\leqslant m) \qquad (3-48)$$

其中
$$\delta_k = \begin{cases} 1 & (l\neq 0,m) \\ 0.5 & (l=0,m) \end{cases}$$

式（3-47）可进一步细化为

$$\left.\begin{array}{l} \hat{S}_0 = 0.5S_0 + 0.5S_1 \quad (l\neq 0,m) \\ \hat{S}_l = 0.25S_{l-1} + 0.5S_l + 0.25S_{l+1}\,(l=1,2,\cdots,m-1) \\ \hat{S}_m = 0.5S_{m-1} + 0.5S_m \end{array}\right\} \qquad (3-49)$$

另外，独立随机序列（白噪声序列）的总体谱为

$$S_{0l} = \frac{1}{m+1}\sum_{l=0}^{m}\hat{S}_l \quad (l=0,2,\cdots,m) \qquad (3-50)$$

红噪声序列的总体谱为

$$S_{0l} = \bar{S} \times \frac{1-\rho_1^2}{1+\rho_1^2 - 2\rho_1\cos\dfrac{l\pi}{m}}\,(l=0,1,2,\cdots,m) \qquad (3-51)$$

式中：$\bar{S} = \dfrac{1}{m+1}\sum_{l=0}^{m}\hat{S}_l$；$\rho_1$ 为 x_t 的总体一阶自相关系数，可由 r_1 估计。

所谓红噪声序列，指 1 阶自相关系数 ρ_1 的绝对值显著大于 0 的序列。红噪声序列是由波长无限长的波组成，相当于无任何周期存在的噪声序列。白噪声序列和红噪声序列都是

非周期性随机过程。

假设的原序列 x_t 总体谱为一非周期性随机过程的谱（H_0）。构造统计量

$$F_l = S_{0l} \frac{\chi_a^2}{\nu} \tag{3-52}$$

式中：$\nu = \dfrac{2n - 0.5m}{m}$；$\chi_a^2$ 为 α 对应的 χ^2 分布的分位数，其余符号同前。

给定显著性水平（置信度）α，查算 χ_a^2。当 $F_l > \hat{S}_l$ 时，则拒绝 H_0，即 k 波数对应的周期成分是显著的；反之，原序列无显著周期。

具体识别周期成分时，以波数为横轴（可同时标上对应的周期或频率），$\hat{S}_l$、F_l 为纵坐标作功率谱图。由功率谱图根据上述原理确定分析序列 x_t 是否存在周期及其各个数。限于篇幅，这里不再示例。

2. 累积解释方差图法

由前述知，水文序列 x_t 所有谐波振幅平方的一半之和等于该序列的方差，即

$$\sum_{j=1}^{L} A_j^2 / 2 = s^2 \tag{3-53}$$

$$s^2 = \frac{1}{n-1} \sum_{t=1}^{n} (x_t - \overline{x})^2 \tag{3-54}$$

式中：$A_j^2 / 2 (j = 1, 2, \cdots)$ 为第 j 个谐波的方差；s^2 为 x_t 的样本方差。

$A_j^2 / 2 (j = 1, 2, \cdots)$ 实质为第 j 个谐波对序列 x_t 的方差贡献，即解释方差（explained variance）。解释方差越大，该谐波贡献就越大，其周期就越显著。定义方差贡献率 $c_j = \dfrac{A_j^2 / 2}{s^2}$，将 c_j 从大到小排序为 $c_j' (j = 1, 2, \cdots)$ 并依次累加得

$$B_i = \sum_{j=1}^{i} c_j' \tag{3-55}$$

称 B_i 与 i 的关系图为累积解释方差图。该图分为两部分，开始时随 i 急剧增加，到某一点后缓慢增加，转折点对应 i 即为周期个数。当转折点不明显时，一般可以累积贡献率小于 $90\% \sim 95\%$ 为临界点进行判断。对于无周期成分的序列，累积解释方差图为一条直线。

以屏山站月平均流量各月多年平均值 $u_\tau (\tau = 1, 2, \cdots, w; w = 12)$ 序列为例介绍本法。u_τ 的 Fourier 级数描述为

$$u_\tau = \overline{u} + \sum_{j=1}^{d} \left(a_j \cos \frac{2\pi}{w/j} \tau + b_j \sin \frac{2\pi}{w/j} \tau \right) + \varepsilon_\tau \tag{3-56}$$

式中：$\overline{u}$ 为 u_τ 的均值；ε_τ 为剩余序列；d 同前。

a_j、b_j 分别估计如下

$$a_j = \frac{2}{w} \sum_{\tau=1}^{w} u_\tau \cos \frac{2\pi}{w/j} \tau \tag{3-57}$$

$$b_j = \frac{2}{w} \sum_{\tau=1}^{w} u_\tau \sin \frac{2\pi}{w/j} \tau \tag{3-58}$$

计算结果见表 3-6 所示，表中同时给出了月平均流量各月均方差 s_τ 序列的计算成果。

表 3-6　　　　　　　　均值 u_τ、均方差 s_τ 的 Fourier 系数及方差贡献率

参数	均值 u_τ 序列				均方差 s_τ 序列			
谐波 j	a_j	b_j	解释方差	c_j	a_j	b_j	解释方差	c_j
1	−1729.4	−4177.7	10222001	0.8806	−619.3	−1253.8	977773	0.8536
2	−920.8	1297.6	1265819	0.1090	−319.7	471.3	162166	0.1416
3	153.3	−96.7	16426	0.0014	98.5	−0.2	4851	0.0042
4	10.8	287.2	41300	0.0036	3.6	31.6	506	0.0004
5	196.1	−194	38046	0.0033	7.8	−13.9	127	0.0001
6	−223.3	0	24931	0.0021	14	0	98	0.0001

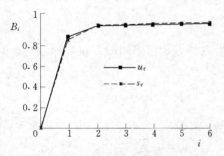

图 3-16　u_τ、s_τ 序列累积解释方差图

将方差贡献率 c_j 从大到小排序，计算累积解释方差率并绘制累积解释方差图，如图 3-16 所示。可以看出，u_τ、s_τ 序列有 2 个主要谐波，其对应的周期为 12 月、6 月。则各序列 Fourier 估计为

$$\hat{u}_\tau = 4592 + \sum_{j=1}^{2}\left(a_j\cos\frac{2\pi}{12/j}\tau + b_j\sin\frac{2\pi}{12/j}\tau\right)$$

$$\hat{s}_\tau = 1136 + \sum_{j=1}^{2}\left(a_j\cos\frac{2\pi}{12/j}\tau + b_j\sin\frac{2\pi}{12/j}\tau\right)$$

式中：$\tau=1,2,\cdots,12$；a_j、b_j 分别见表 3-6。

Fourier 估计与实际序列的对比如图 3-17 所示。可见，两个周期成分就拟合得非常好。进一步看到，在对季节性水文序列建立随机模型时，若要减少参数，可对参数序列（如 u_τ、s_τ、自相关系数等）进行 Fourier 拟合估计。例如上面月平均流量的均值序列 u_τ，共有 12 个；在进行 Fourier 拟合后，变成 5 个参数，即 $\bar{u}$、a_1、b_1、a_2 和 b_2。

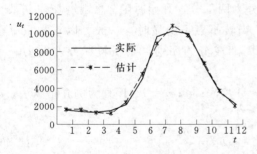
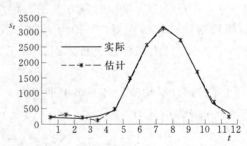

图 3-17　u_τ、s_τ 序列 Fourier 拟合图

（二）周期成分的提取

周期确定后相应的周期成分就识别出来了。从前面可以看出，周期成分用谐波形式表示，如式（3-17）、式（3-56）所示。例如，对黄河陕县站 1919—1981 年实测年径流量序列 X_t 进行分析，发现有 3 年的周期成分，即

$$P_t=502.2-19.3\cos\frac{2\pi}{3}t+53.0\sin\frac{2\pi}{3}t$$

识别出周期成分后便可把它从原始序列中分离出来。

对于季节性水文序列［图 3-18（a）］，其周期成分可能表现在均值、均方差和自相关系数［图 3-18（b）、图 3-18（d）、图 3-18（f）］上。因此可采用中心化 $x_{t,\tau}-\overline{x}_\tau$［图 3-18（c）］、标准化 $z_{t,\tau}=(x_{t,\tau}-\overline{x}_\tau)/s_\tau$［图 3-18（e）］等形式排除周期成分。自相关系数上的周期成分可通过一定的模型（如 $\varepsilon_{t,\tau}=z_{t,\tau}-r_{1,\tau}z_{t,\tau-1}$，其中 $z_{t,\tau}$ 为标准化序列）转化为独立序列 $\varepsilon_{t,\tau}$［图 3-18（g）］。这种排除周期的方法把它称为参数法，以区别于前面的方法。

四、平稳随机成分识别

水文序列中除去周期成分 P_t、非周期成分 N_t 的剩余部分 $S_t=X_t-N_t-P_t$ 一般为平稳随机序列。

对于平稳随机序列，主要任务是判断其是独立的还是相依的。若 S_t 是独立的，称为独立平稳随机序列（纯随机序列）。例如年最大流量序列，年最大 3 日暴雨量序列等。在随机水文学中常用正态分布型、对数正态分布型、P-Ⅲ型等概率模型描述纯随机序列。

若 S_t 是相依的，称为相依平稳随机序列。水文序列中常存在着一种持续变化现象，如许多河流径流年际变化就存在持续丰水年组与枯水年组交替出现的现象。这种持续变化现象，表明序列存在着相依性。年径流序列的相依性，除了因气候因素造成的原因外，主要与流域的地表和地下水库对径流的调蓄能力有关，如流域有融雪稳定补给，湖沼度和植被度大，岩性和土壤有利下渗和持水等。因此，在地表和地下径流均有较强调蓄的情况下，径流年际之间可能有较好的相依关系，自相关系数就较大。

本章第二节中已介绍了利用样本序列自相关图推断该序列为独立或相依的统计方法（自相关分析法）。还有一种方法是综合自相关系数检验法，详情见第五章。

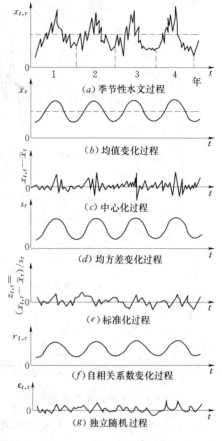

(a) 季节性水文过程

(b) 均值变化过程

(c) 中心化过程

(d) 均方差变化过程

(e) 标准化过程

(f) 自相关系数变化过程

(g) 独立随机过程

图 3-18　周期成分的分离

第五节　水文序列极差分析和轮次分析

由于水文现象在时间上的相依性，水文序列中的数值，常常出现成组的现象，即高于均值的一组数值后面紧接着出现低于均值的一组数值，并且交替发生。以年径流为例来说，丰水年组后面跟随着枯水年组，以后又发生丰水年组，如此交替演变下去，如图 3-19 所示。若序列的相依性越强，成组的持续时间会越长；反之，成组的持续时间越短。显然，这种成组现象的持续时间（例如某个枯水年组持续历时）和序列的相关结构紧密有关。序列的自相关系数随滞时的增加较快地衰减为 0，则认为序列具有短持续相关结构；水文序列的自相关系数随滞时的增加非常缓慢地衰减，则认为序列具有长持续相关结构。

水文序列的成组现象特性（相关结构），在建立随机水文模型时是不能不考虑的，如

图3-20所示。

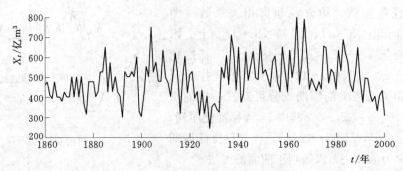

图 3-19 黄河三门峡 1811—2000 年径流量变化过程

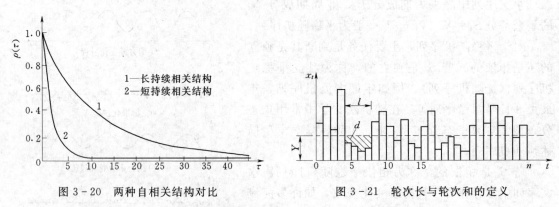

图 3-20 两种自相关结构对比　　　　　图 3-21 轮次长与轮次和的定义

　　水文序列成组现象，是水文要素在时序变化上的一个重要统计特性，并且与许多生产实际问题紧密相关。例如，当设计多年调节水库时，在供水量一定的情况下，设计库容的大小在很大程度上取决于枯水年组的总水量和持续时间。

　　水文序列中出现的这种成组特性可用极差和轮次进行分析，同时极差和轮次本身也是表征水文序列特性的两个重要参数。就一般性而言，极差分析和轮次分析是研究水文序列统计变化特性十分有用的技术。

一、轮次分析

　　现有某水文序列 $x_t(t=1,2,\cdots,n)$ 和一给定的切割水平 Y（图3-21），当 x_t 在一个或多个时段内连续小于（或大于等于）Y 值，则出现负（正）轮次，相应各轮次的时段和称为轮次长，如图 3-21 中负轮长 l，相应各轮次时段内的 $|x_t-Y|$ 之和称为轮次和，如图 3-21 中的 d。一般重点研究负轮次，它和许多实际问题相关，例如干旱事件的研究。

　　轮次长与轮次和是时间序列轮次的重要特征量。一般对于给定的水文样本序列和切割水平 Y，就可得到 M 个轮次长，即 $l_1,l_2,\cdots,l_M$，同样就有 M 个轮次和与之相对应，即 $d_1,d_2,\cdots,d_M$。称这两个序列为轮次序列。由这 2 个轮次序列可计算如下统计特征，对于轮次长有

$$\bar{l}_n = \frac{1}{M}\sum_{j=1}^{M} l_j \tag{3-59}$$

$$s_n(l) = \left[\frac{1}{M-1}\sum_{j=1}^{M}(l_j-\bar{l}_N)^2\right]^{1/2} \tag{3-60}$$

$$l_n^* = \max(l_1, l_2, \cdots, l_M) \tag{3-61}$$

式中：$\overline{l}_n$、$s_n(l)$ 和 l_n^* 分别称为轮次长的均值、标准差和最大轮次长。

类似地，对于轮次和有

$$\overline{d}_n = \frac{1}{M} \sum_{j=1}^{M} d_j \tag{3-62}$$

$$s_n(d) = \left[\frac{1}{M-1} \sum_{j=1}^{M} (d_j - \overline{d}_n)^2 \right]^{1/2} \tag{3-63}$$

$$d_n^* = \max(d_1, d_2, \cdots, d_M) \tag{3-64}$$

式中：$\overline{d}_n$、$s_n(d)$ 和 d_n^* 分别称为轮次和的均值、标准差和最大轮次和。

轮次长、轮次和的均值、标准差和最大值是描述水文序列轮次统计性质的重要特征。随着实际问题的差别，对轮次研究的重点有所不同。例如，若实际问题涉及到历时，则重点在于轮次长；若涉及到缺水量，则重点在于轮次和。

显然，上述轮次的统计特征随样本序列、切割水平和样本容量的变化而变化。例如，对 $n=50$ 的样本序列，若切割水平 $Y=0.8\overline{x}$（$\overline{x}$ 为该序列的均值），算得 $l_{50}^*=6$。这并不意味着对于同样容量的另一个样本，当用相同的切割水平时，l_{50}^* 将仍旧是 6。这就是说，由于样本的随机性，由样本算得的各种轮次特征无疑也是随机的。

独立随机序列的轮次特性和相依随机序列的轮次特性有显著的不同。对于独立同分布的序列 $x_t(t=1,2,\cdots,n)$，令 $F(x)$ 表示 x_t 序列的分布函数，同时令 $q = F(Y) = F(x \leqslant Y)$（其中 Y 是切割水平）及 $p = 1-q$，可以证明：

$$E(l) = \frac{1}{p} \tag{3-65}$$

$$s(l) = \frac{\sqrt{q}}{p} \tag{3-66}$$

式中：$E(l)$ 为负轮次长的数学期望；$s(l)$ 为负轮次长的标准差。

对于切割水平为中位数的情况，即 $p=q=1/2$，则 $E(l)=2$，$s(l)=\sqrt{2}$。这表明，对独立随机序列取中值作切割水平，负轮次长的数学期望等于 2。

对于相依随机序列，显然负轮次长的数学期望较 2 为大。对一阶自回归正态模型，曾求得如图 3-22 所示的结果。从图 3-22 中看出，自相关系数越大，$E(l)$

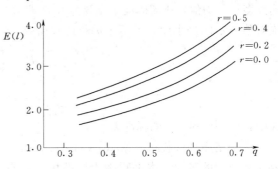

图 3-22　一阶自回归正态模型平均负轮长和自相关系数的关系

亦越大。$E(l)$ 在某种程度上可以反映该序列的相依性。因此，可用轮次特征参数来研究随机模型的特性。举例来说，若以样本序列计算的负轮次平均长度 $\overline{l}_n$ 接近于 2，这表明该序列可能是独立的。反之，若 $\overline{l}_n$ 大于 2，则可能是相依的，而且数值越大，相依程度可能越高。这在模型识别中有一定的参考价值。

上述轮次的定义、概念和分析方法，可适用于各种水文序列，具体参见表 3-7。总之，轮次分析在随机水文学中有着广泛的应用，有兴趣者可以参考相关文献。

表 3-7 轮次分析在水文分析中的应用举例

水 文 序 列	切 割 水 平	负 轮 次 长
年径流量	多年平均年径流量	连续枯水年持续的年数
月流量	年调节水库下泄流量	水库连续供水的月数
日流量	污染控制所要求的最小流量	不允许排污的连续日数
水位	满足通航要求的最低水位	连续不能通航的历时

二、极差分析

1. 极差与赫斯特系数

极差是水文序列的另一个重要特征参数。它与序列相依性相联系，特别是与水库的调蓄库容密切有关，在水文序列分析中经常应用。

设水文序列 $x_t(t=1,2,\cdots,n)$。该序列的累积离差为

$$\left. \begin{aligned} s_1 &= 0 \\ s_i &= s_{i-1} + x_i - \overline{x}_n \, (i=2,3,\cdots,n) \end{aligned} \right\} \qquad (3-67)$$

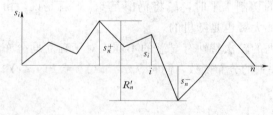

图 3-23 极差的定义

式中：均值 $\overline{x}_n = \sum_{i=1}^{n} x_i / n$。

由式（3-67）绘制成图 3-23。为了形象地说明该图的性质，现假定 x_1，x_2，$\cdots$，x_n 为一实测年水量序列，并将其看作入库水量，而年水量的多年平均值 $\overline{x}_n$ 看作水库的固定泄水量（调节水量）。这样，s_n^+ 为最大的过剩水量，即 $\max\limits_{1\leqslant i\leqslant n} s_i$；而 s_n^- 为最大不足水量，即 $\min\limits_{1\leqslant i\leqslant n} s_i$。为了达到调节水量（即达到多年平均值）所需的最小库容为 R_n'，即 $R_n' = s_n^+ - s_n^-$。各条河的水量大小不同，以 R_n' 的绝对值表示的最小库容不便于进行比较研究，通常以相对值表示，即

$$R_n = \frac{R_n'}{V_n} \qquad (3-68)$$

$$V_n = \left[\sum_{i=1}^{n} (x_i - \overline{x}_n)^2 / (n-1) \right]^{0.5} \qquad (3-69)$$

式中：V_n 为序列 x_t 的标准差。

在水文序列分析中，给 R_n 一个专门术语，在国外称为调整的重新标定的极差，在国内尚无公认的名词，本书暂称为标准极差，有时简称为极差。这是表示水文序列"持续"特性的另一个非常重要的参数。

显然，极差 R_n 与样本容量 n 有关。赫斯特（Hurst）建立起二者的关系：

$$R_n = \left(\frac{n}{2} \right)^K \qquad (3-70)$$

指数 K 称为赫斯特系数。一般 K 随 n 而变化。赫斯特利用式（3-59）对 800 个时间序列（河川径流、季候泥、树木年轮、降水和气温等）分别计算了系数 K，发现 $0.5 < K < 1.0$，平均值为 0.73。

对于纯随机序列、自回归滑动平均模型（ARMA 序列，后面介绍），当 n 很大时，

$K \rightarrow 0.5$。这和赫斯特的计算值不一致,出现了矛盾现象。称这种矛盾现象为 Hurst 现象。目前对出现赫斯特现象的缘由倾向于这样的看法:

(1)序列自相关的存在。由于存在着自相关,ARMA 模型表示的时间序列在 n 不很大时(例如 $n=3000$),其 K 仍然大于 0.5。只有 n 很大时,K 才趋近于渐近值 0.5,赫斯特所研究的样本容量 $n<2000$。因此,像 ARMA 模型的相关结构在 $n<2000$ 的情况下导致 $K>0.5$。这就是说 $K>0.5$ 是 ARMA 模型渐近期前的一种现象。

(2)序列具有很长的自相关结构。就是说这种序列的自相关函数随滞时的衰减非常缓慢,并且当滞时很大时,尽管自相关系数较小,但却不可忽略。由于自相关结构上的这一特性,序列的赫斯特系数 $K>0.5$。

2. 水文序列持续性的推断

赫斯特系数在水文序列分析中占有十分重要的地位,因为它是表示水文序列持续性(即模型相关结构)的一个非常明显的指标。事实上,在水文序列较短的情况下如何推断其持续性呢?下面以统计试验的方法给出偏态水文序列的赫斯特系数分位点,以检验水文序列是否具有长持续性。

假定水文序列为独立 P-Ⅲ 型(一般是可行的),在给定的总体分布参数下,对应于每一个序列长度 n(取不同值),分别模拟出 10000 个随机序列,然后求出这 10000 个序列的赫斯特系数 K 的分位数值,结果列于附录一,其中 α 为显著水平,C_s 为偏态系数。在使用中允许插算。当 $C_s<0.5$ 时,可使用表中 $C_s=0.5$ 的分位值。

给定显著性水平取 α,由样本容量 n 和偏态系数 C_s 在附录一中查算分位点 K_α,若计算的 $K>K_\alpha$,则该序列具有长持续性;反之,不具有长持续性。

【例 3-4】 表 3-8 中给出了中国 9 条河流洪峰观测序列的 3 个统计参数、1 阶～6 阶自相关系数和赫斯特系数。

表 3-8 洪峰序列的统计特性

河流	站名	年数	统计参数			K	自 相 关 系 数					
			均值	C_v	C_s		r_1	r_2	r_3	r_4	r_5	r_6
潮白河	密云	59	1504	1.07	2.44	0.51	-0.06	-0.06	-0.09	-0.13	0.00	0.05
嫩江	布西	57	2360	0.65	1.24	0.73	0.22	0.05	0.11	0.10	-0.04	-0.04
沅水	五强溪	50	17800	0.36	0.81	0.61	-0.16	-0.09	-0.06	0.22	-0.08	-0.09
岷江	铜街子	43	6140	0.24	1.08	0.74	0.28	0.07	-0.01	0.15	0.00	-0.09
黄河	陕县	54	8880	0.41	0.54	0.61	0.01	-0.02	0.04	-0.01	-0.03	0.29
汉江	安康	49	12300	0.49	0.48	0.68	0.06	0.07	0.16	-0.02	0.10	0.03
金沙江	屏山	53	16900	0.24	0.90	0.68	-0.03	0.06	-0.06	0.17	0.13	-0.01
长江	宜昌	109	51500	0.17	0.17	0.62	0.10	0.13	-0.09	0.02	-0.13	0.08
浔江	梧州	86	28800	0.25	0.17	0.72	0.07	-0.05	0.06	-0.01	-0.03	-0.14
平均值						0.66	0.05	0.00	-0.02	0.05	-0.02	0.00

从表 3-8 看出:①1 阶～6 阶自相关系数变化范围为 -0.19～0.28,各阶自相关系数的均值数变化范围为 -0.02～0.05,在显著水平 $\alpha=5\%$ 的条件下,各阶自相关系数与 0 无显著差异,可统计推断各洪峰序列为短相关结构序列;②9 大河流的赫斯特系数 K 变化范

围为从 $0.51\sim0.74$，均值为 0.66。在显著水平 $\alpha=5\%$ 的条件下，对 9 条河流洪峰序列 K 值进行了显著性检验。结果表明，除布西、铜街子和梧州的 K 略接近于 K_α 外，其余各站的 K 均小于 K_α。因而可以推断 9 条河流的洪峰序列基本上无显著的长滞时相关结构特性。

习　题

1. 试述水文序列自相关分析法和谱分析法的异同点和主要应用。
2. 给定某河年平均流量序列见表 3-9。

表 3-9　　　　　　　　河年平均流量序列　　　　　　　单位：m^3/s

序号	1	2	3	4	5	6	7	8	9	10	11	12	13
流量	209	187	259	218	209	231	211	153	197	243	218	262	169
序号	14	15	16	17	18	19	20	21	22	23	24	25	26
流量	239	219	204	253	209	164	194	225	154	228	140	181	187

试计算自相关系数并检验该序列是否相依（显著性水平 $\alpha=5\%$）。

3. 给定某河月平均流量序列见表 3-10。

表 3-10　　　　　　　　某河月平均流量序列　　　　　　单位：m^3/s

月份 年份	1	2	3	4	5	6	7	8	9	10	11	12
1971	155	144	153	210	336	352	1120	680	440	597	338	187
1972	149	133	148	310	527	519	1830	425	522	265	207	149
1973	123	116	121	271	605	676	1040	576	1930	1210	356	218
1974	166	145	141	241	369	287	407	710	1520	807	421	241
1975	165	141	186	213	707	578	1110	683	2460	1740	790	321
1976	211	176	192	403	476	782	771	2550	1160	593	362	253
1977	201	182	203	382	657	532	2040	534	625	276	332	196
1978	153	159	185	230	404	520	1190	694	2050	543	384	233
1979	191	178	183	229	302	263	1300	907	679	516	280	206
1980	150	134	210	281	657	1170	1830	946	974	486	337	229
1981	163	151	178	234	224	467	2690	3830	2760	768	416	272
1982	196	191	251	429	540	423	524	572	1710	614	404	246
1983	178	149	162	438	1140	801	1130	1400	1770	1420	552	304
1984	233	199	224	302	491	1320	2700	2040	1450	779	435	290
1985	207	206	245	305	689	741	1010	950	1840	603	368	227
1986	200	174	205	240	474	757	908	433	535	256	232	189
1987	152	147	132	159	304	975	1280	515	497	309	225	144
1988	127	105	156	295	464	505	1890	1710	928	945	423	236

月份 年份	1	2	3	4	5	6	7	8	9	10	11	12
1989	193	175	249	571	751	1300	1370	1360	1760	516	391	245
1990	210	193	270	383	647	684	2370	1210	1830	891	454	270
1991	224	183	204	301	738	755	485	354	365	416	255	162
1992	142	117	144	289	514	892	1790	1620	967	861	410	245
1993	181	207	205	343	514	749	1680	1200	598	591	366	225
1994	202	151	212	366	382	677	798	339	647	615	325	242
1995	176	136	136	282	322	366	788	981	1110	512	262	186
1996	154	150	124	183	385	472	523	610	672	298	232	122
1997	143	102	189	380	566	298	523	482	177	150	133	179
1998	143	112	140	182	478	442	1370	1780	1070	304	245	209
1999	255	240	246	169	339	691	1420	689	494	872	379	265
2000	246	239	344	361	303	339	399	560	549	946	334	249
2001	238	184	257	336	361	280	353	448	2140	810	369	287
2002	298	161	210	444	443	697	300	333	263	163	69.1	130
2003	118	68	106	147	456	241	540	1090	1060	887	401	233
2004	279	327	275	293	318	249	300	394	432	452	285	216

试绘制年、月平均流量序列的方差谱密度图并识别各序列的周期成分。

4. 给定某河年平均流量序列见表 3 - 11。

表 3 - 11　　　　　　　某河年平均流量序列　　　　　　单位：m^3/s

年份	1970	1971	1972	1973	1974	1975	1976	1977	1978	1979	1980	1981
流量	572	395	434	606	455	759	663	517	562	439	619	1013
年份	1982	1983	1984	1985	1986	1987	1988	1989	1990	1991	1992	1993
流量	508	791	875	622	385	404	735	741	789	371	669	575
年份	1994	1995	1996	1997	1998	1999	2000	2001	2002	2003	2004	
流量	414	440	327	279	544	507	407	505	293	448	318	

试分析该序列是否存在趋势成分。

5. 利用题 4 中的数据，试分析该序列是否存在突变点。

第四章 随机模拟技术

第一节 概 述

受自然因素和人类活动影响呈现出随机性的水文现象一般称为随机变量或随机过程。这些随机过程（随机变量）变化复杂，实测序列较短，难以用分析方法进行求解，或者说根本没有解析解。在20世纪40年代中期提出了一种以概率统计理论为指导的一类数值计算方法——统计试验法［又称蒙特卡洛（Monte-Carlo）法］，其实质是使用随机数来解决复杂计算的方法，基本思想是：当所求解问题是某随机事件出现概率或者某随机变量的期望值时，通过对随机变量或过程进行抽样，并由得到的样本估计相应参数值，作为所求问题的解。统计试验法包括两部分工作，一是确定随机变量（过程）概率模型（随机模型），二是通过抽样获得样本，利用样本推估问题的数值解。因此，统计试验法的关键在于获得一定数量的样本。这个样本不同于真实样本，常称为模拟序列。

统计试验法简单，能有效解决复杂计算问题，因此被广泛用于水文学分析和计算中。通过统计试验，可以仿真水文系统，掌握其随机变化特性。在随机水文学中，习惯称统计试验法为随机模拟法。获取模拟序列的技术，称为随机模拟技术。

水文现象最终以水文序列的形式展示。水文序列一般由确定成分和随机成分组成，后者又包括相依成分和纯随机成分。欲模拟水文序列，需先随机模拟序列中的纯随机成分（序列），再依时序将其叠加在相依成分、周期成分和趋势成分等之上，即得模拟的水文序列。

纯随机成分的模拟是水文序列随机模拟的基础。这是因为水文序列之所以能随机模拟，就在于序列中包括纯随机成分。

关于纯随机序列的随机模拟，先研究一个例子。随机模拟某站符合 P - Ⅲ 型分布的年最大流量 Q_m 序列（即纯随机序列）的方法如下：

（1）由实测（包括调查历史洪水）年最大流量序列，并考虑其他信息（如地区洪水规律），按常规水文计算方法确定其频率曲线 $Q_m \sim p$（即为估计的随机模型）。

（2）用适当方法随机地模拟频率 $p_i(i = 1, 2, \cdots)$，再由 p_i 通过频率曲线查出年最大流量 Q_{mi}，这就是纯随机序列的随机模拟。

由此例看出，纯随机序列的随机模拟就是要解决如何模拟 p_i 以及由 p_i 如何转换为指定分布序列这两个问题。前者就是模拟 $[0,1]$ 区间上的均匀随机数序列的问题，后者就是将均匀随机数序列转化为指定分布的纯随机序列。下面将分别给予阐述。

随机模拟序列的提法很多，诸如人工生成序列、人造序列、生成水文资料、综合序列、统计试验序列等。在数学上又称随机变量的抽样等。本书中统一采用随机模拟序列（模拟序列）这一术语。

第二节 均匀随机数的模拟

从理论上讲，只要有了任何一个连续分布的随机数，就可以通过多种方法模拟其他任何分布的随机数。由于 [0,1] 区间上的均匀分布是最简单、最基本的连续分布，所以通常使用 [0,1] 区间上均匀分布的随机数（简称均匀随机数）。下面以 $u_i(i=1,2,\cdots)$ 表示 [0,1] 区间上的均匀随机数。

一、均匀随机数的模拟方法

均匀随机数有很多方法可模拟，如随机数表法、物理随机数发生器法、乘同余法等。这里介绍随机数表法、乘同余法。

1. 随机数表法

随机数表法就是从 0，1，2，…，9 中以等概率（0.1）抽取一个数（称为随机数字），由若干个随机数字组成的序列称为随机数，将随机数整理成表称作随机数表。许多随机数表采用五位数，见附录二所示。由给定的随机数表可以得到任意位数的随机数。如 4 位数字的随机数，由附录二得 8651，5907，9566，1556，6434，…，然后在数值前加上小数点即可，即 0.8651，0.5907，0.9566，0.1556，0.6434，…。同理，可以得到 3 位数字的随机数，如 0.865，0.159，0.079，0.566，0.155，0.664，…。这就是均匀随机数序列。这种通过随机数表得到任意位数的均匀随机数序列的方法称为随机数表法。需要注意的是，每次取值不能重复。

该方法适合于所需均匀随机数较少的情况。

2. 乘同余法

目前模拟均匀随机数序列多采用乘同余法，即

$$\left.\begin{aligned} x_i &= \mathrm{mod}(\lambda x_{i-1}, M) \\ u_i &= \frac{x_i}{M} \\ i &= 1,2,\cdots \end{aligned}\right\} \tag{4-1}$$

式中：乘子 λ、模 M 和初始值 x_0 为选定的常数；mod( ) 为取余函数，$\mathrm{mod}(\lambda x_{i-1}, M)$ 意为用 M 除 λx_{i-1} 后得到的余数为 x_i；u_i 为 [0,1] 区间上的均匀随机数。

λ、M 和 x_0 一经确定，用递推公式（4-1）得到的均匀随机数的质量决定于 λ、M 和 x_0 的取值。例如，λ、M 和 x_0 分别取 7、5 和 3，则得到的均匀随机数为 $u_1 = 1/5$，$u_2 = 2/5$，$u_3 = 4/5$，$u_4 = 3/5$，$u_5 = 1/5$，$u_6 = 2/5$，…。可以发现，从第 5 个随机数值开始产生循环。发生循环后的序列 u_i 显然不能作为均匀随机数。分析表明，乘同余法产生的随机数会出现循环，其循环周期为 $L(L \leqslant M)$，所以它是一种伪随机数，而不是真正的均匀随机数。为此，在实际工程应用中，λ、M 和 x_0 必须选取适当，以使由乘同余法产生的伪随机数的周期 L 对实际工程应用而言足够大，并且在同一周期内的伪随机数能通过均匀随机数的参数检验、独立性检验和均匀性（频率）检验。目前计算机上一般都装有产生 [0,1] 区间上的均匀随机数的标准函数，在实际应用前仍应对其产生的随机数进行检验，检验通过后方可使用。

λ、M 和 x_0 如何选取呢？这里有一些原则。模 M 与随机数的周期 L 有关，M 越大，

周期 L 越长。选择 M 有两条原则：一是其周期尽可能长，二是计算简便。在一台尾部字长为 k 的二进制计算机上，取 $M=2^k$ 可满足这两个原则。

要保证有最大周期，x_0 需取奇数，通常取 1 或 3。为了获得长的周期和较好的统计性质，乘子 λ 的作用也十分重要。经验表明，可取 $\lambda=5^{2s+1}$，其中正整数 s 满足

$$5^{2s+1}<2^k<5^{2s+3} \tag{4-2}$$

式中：当 $31<k<34$ 时，$s=6$；当 $35<k<39$ 时，$s=7$；当 $40<k<44$ 时，$s=8$；当 $45<k<48$ 时，$s=9$。

表 4-1 给出了几种经检验的乘同余法参数取值，以供参考、使用。

表 4-1　乘同余法参数常用取值

M	λ	x_0	L
2^{32}	5^{13}	1	10^9
2^{36}	5^{13}	1	2×10^{10}
2^{42}	5^{17}	1	10^{12}

图 4-1 就是用 FORTRAN 语言编制的乘同余法源程序，其中乘数 $\lambda=30517578125$，模 $M=8589934592$，初始值 $x_0=3$。由该程序产生 $[0,1]$ 区间上容量为 100000 的均匀随机数序列，统计成果表明：均值为 0.500021，标准差为 0.288656，前 100 阶自相关系数的绝对值均小于 0.0055，该序列落在子区间 $[0,0.1)$、$[0.1,0.2)$、$[0.2,0.3)$、$[0.3,0.4)$、$[0.4,0.5)$、$[0.5,0.6)$、$[0.6,0.7)$、$[0.7,0.8)$、$[0.8,0.9)$、$[0.9,1.0]$ 的频率分别为 0.1000、0.0999、0.1000、0.1000、0.1002、0.1001、0.0999、0.0999、0.1000、0.1001，而真正的均匀随机数序列的均值为 0.500000，标准差为 0.288675，前 100 阶自相关系数均为 0.0000，落在这些子区间的频率均为 0.1000。这说明，该程序所产生的均匀随机数的精度可满足实际工程计算的要求。

用图 4-1 程序产生的相邻 500 对均匀随机数 (u_i, u_{i+1}) 的散点分布如图 4-2 所示，可见相邻随机数之间不存在明显的相关性。

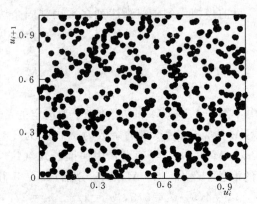

```
    function ranu(x)
    double precision x1,c
    data x1/3. d0/
5   c=30517578125. d0*x1
    x1=dmod(c,8589934592. d0)
    if(x1. ge. 1. d0)goto 6
    x1=1. d0
    goto 5
6   ranu=x1/8589934592.0
    return
    end
```

图 4-1　产生 $[0,1]$ 区间上的均匀随机数
　　　　序列的 FORTRAN 源程序

图 4-2　相邻随机数的散点分布

有了 $[0,1]$ 区间的均匀随机数 u_i，就可以用下式

$$u_i'=a+(b-a)u_i \tag{4-3}$$

变换为 $[a,b]$ 区间上的均匀随机数 u_i'。

二、均匀随机数的检验

均匀随机数是随机模拟技术（统计试验）的基础，是统计试验成果可靠性的前提。也

就是说，要求随机数满足均匀性。为此，需对由数学法生成的随机数进行检验。

[0,1] 上的随机数 $u_i(i=1,2,\cdots,n)$ 是否满足均匀性需检验以下三方面的内容。

1. 统计参数检验

记 U 为均匀随机变量，如 U 服从 [0,1] 均匀分布，则 U 的均值 $\overline{U}$、二阶矩 $\overline{U^2}$ 和方差 S^2 为

$$
\left.
\begin{aligned}
\overline{U} &= \frac{1}{n}\sum_{i=1}^{n} u_i \\
\overline{U^2} &= \frac{1}{n}\sum_{i=1}^{n} u_i^2 \\
S^2 &= \frac{1}{n}\sum_{i=1}^{n}(u_i-0.5)^2 = \overline{U^2}-\overline{U}+\frac{1}{4}
\end{aligned}
\right\}
\tag{4-4}
$$

它们的数学期望和方差满足下述关系：

$$
\left.
\begin{aligned}
E(\overline{U}) &= \frac{1}{2} & D(\overline{U}) &= \frac{1}{12n} \\
E(\overline{U^2}) &= \frac{1}{3} & D(\overline{U^2}) &= \frac{4}{45n} \\
E(S^2) &= \frac{1}{12} & D(S^2) &= \frac{1}{180n}
\end{aligned}
\right\}
\tag{4-5}
$$

根据大数定律，可知

$$
\left.
\begin{aligned}
Y_1 &= \frac{\overline{U}-E(\overline{U})}{\sqrt{D(\overline{U})}} = \sqrt{12n}\left(\overline{U}-\frac{1}{2}\right) \\
Y_2 &= \frac{\overline{U^2}-E(\overline{U^2})}{\sqrt{D(\overline{U^2})}} = \frac{1}{2}\sqrt{45n}\left(\overline{U^2}-\frac{1}{3}\right) \\
Y_3 &= \frac{S^2-E(S^2)}{\sqrt{D(S^2)}} = \sqrt{180n}\left(S^2-\frac{1}{12}\right)
\end{aligned}
\right\}
\tag{4-6}
$$

式中：Y_1，Y_2，Y_3 渐近服从 $N(0,1)$ 分布。

给定显著性水平 α，若 $|y_i|>u_{\alpha/2}$，则表示拒绝 U 为 [0,1] 上的均匀分布。

2. 独立性检验

若 U 满足均匀性，则 $u_i(i=1,2,\cdots,n)$ 是独立的。

独立性检验可用自相关分析法和综合自相关系数检验法进行推断。自相关分析法具体见第三章第二节。综合自相关系数检验法具体步骤如下：

（1）由式（3-5）计算 $u_i(i=1,2,\cdots,n)$ 的自相关系数 $r_k,(k=1,2,\cdots,m;\ m$ 取值可考虑 $n/4$ 左右）。

（2）构造统计量：

$$
Q = n\sum_{k=1}^{m} r_k^2
\tag{4-7}
$$

若 U 为独立随机变量，则 Q 渐近服从自由度为 m 的 χ^2 分布。

（3）给定显著水平 α（常取 0.05 或 0.01），查 χ^2 分布表，得 χ_α^2。

（4）判断：若 $Q\leqslant\chi_\alpha^2$，则 U 是独立的；反之不独立。

3. 均匀性检验

所谓均匀性，指落入各个区间的概率是相等的，所以均匀性检验又称为频率检验。频率检验的目的是检验 $u_i (i=1,2,\cdots,n)$ 的经验频率与理论频率的差异是否显著。

把 $[0,1]$ 区间分为互不相交的 k 个等区间，则有 n_j 个随机数 u_i 属于第 j 组，即

$$\frac{j-1}{k} < u_i \leqslant \frac{j}{k} \qquad (4-8)$$

假设 U 为 $[0,1]$ 上的均匀分布，则 u_i 落在每个小区间的概率为 $P_j = 1/k$。根据 χ^2 的定义和性质可知

$$\chi^2 = \sum_{j=1}^{k} \frac{\left(n_j - \frac{n}{k}\right)^2}{\frac{n}{k}} = \frac{k}{n} \sum_{j=1}^{k} \left(n_j - \frac{n}{k}\right)^2 \qquad (4-9)$$

渐近服从于 $\chi^2(k-1)$ 分布。给定显著性水平 α，若 $\chi^2 \leqslant \chi_\alpha^2$，则频率上满足均匀；反之不满足。

需要注意，一般要求样本容量 $n \gg 30$ 且 $\frac{n}{k} > 5$。

第三节 指定分布的纯随机序列的模拟

得到均匀随机数之后，通过下列方法可模拟指定分布的纯随机序列。在水文学中一般较多关注正态分布、对数正态分布、Gamma 分布、P-Ⅲ型分布等。

一、服从正态分布的纯随机序列的模拟

1. 变换法

对均匀随机数 u_1 和 u_2 做下列变换

$$\left. \begin{array}{l} \xi_1 = \sqrt{-2\ln u_1}\cos 2\pi u_2 \\ \xi_2 = \sqrt{-2\ln u_1}\sin 2\pi u_2 \end{array} \right\} \qquad (4-10)$$

则 ξ_1、ξ_2 为相互独立的标准正态分布纯随机序列，即 $\xi \sim N(0,1)$。由大量的 u_t 可得到大量的 ξ_t。由 ξ_t 可转换为一般正态分布纯随机序列

$$x_t = \bar{x} + \sigma \xi_t \qquad (4-11)$$

式中：$\bar{x}$ 和 σ 分别为正态分布纯随机序列 x_t 的均值和标准差。

此法计算工作量小，精度较高，在计算机上运算方便，应用效果良好，常被采用。

2. 随机数之和法

根据中心极限定理，当 $n \to \infty$，均匀随机数之和服从正态分布，即 $\frac{1}{n}\sum_{k=1}^{n} u_k$ 服从均值为 $1/2$ 及方差 $\frac{1}{12n}$ 的正态分布。由式（4-12）可得到标准正态分布纯随机序列，即

$$\xi_t = \sqrt{\frac{12}{n}} \left(\sum_{k=1}^{n} u_{tk} - \frac{n}{2} \right) \qquad (4-12)$$

一般取 $n=12$，即由 12 个均匀随机数 u 模拟出一个 ξ。显然耗费随机数较多，因此该法没

有像变换法那样获得广泛应用。

二、服从对数正态分布的纯随机序列的模拟

假定 x_t 服从对数正态分布，即 $\mathrm{LN}(\overline{x}, C_v, C_s)$。通过对数变换

$$y_t = \ln(x_t - a) \tag{4-13}$$

则 y_t 服从于正态分布，即 $y_t - N(u_y, \sigma_y^2)$。

由于 y_t 服从于正态分布，一般先利用变换法模拟出 ξ_t，再通过式（4-11）便可模拟出 y_t。由式（4-13）的逆变换：

$$x_t = a + \exp(y_t) = a + \exp(u_y + \sigma_y \xi_t) \tag{4-14}$$

可随机模拟 x_t。ξ_t 为标准正态分布的随机序列，则 x_t 为服从对数正态分布的纯随机序列。式中各参数满足如下关系：

$$\left.\begin{array}{l} a = \overline{x}\left(1 - \dfrac{C_v}{\eta}\right) \\[2mm] \sigma_y = \left[\ln(1 + \eta^2)\right]^{1/2} \\[2mm] u_y = \ln(\overline{x} - a) - \dfrac{1}{2}\ln(1 + \eta^2) \\[2mm] \eta = \left(\dfrac{\sqrt{C_s^2 + 4} + C_s}{2}\right)^{1/3} - \left(\dfrac{\sqrt{C_s^2 + 4} - C_s}{2}\right)^{1/3} \end{array}\right\} \tag{4-15}$$

三、服从 Gamma 分布的纯随机序列的模拟

设随机变量 X 服从 Gamma 分布，其概率密度函数为

$$f(x) = \frac{1}{\Gamma(\eta)} x^{\eta-1} \mathrm{e}^{-x} \quad (0 < \eta < 1) \tag{4-16}$$

Whittaker 提出采用舍选法模拟服从 Gamma 分布的纯随机序列 x_t，即

$$x_t = -B_t \times \ln u_{3t} \tag{4-17}$$

其中

$$B_t = \frac{u_{1t}^{1/\eta}}{u_{1t}^{1/\eta} + u_{2t}^{1/\eta}} \tag{4-18}$$

式中：u_{1t}、u_{2t} 和 u_{3t} 为 $[0,1]$ 区间上均匀随机数。采用 B_t 时必须满足一个条件：式（4-18）中的分母小于或等于 1。若不满足该条件，则舍去 u_{1t} 和 u_{2t}，重新取一对 u_{1t} 和 u_{2t} 计算，直到满足该条件为止。因此，本法称为舍选法。舍选法灵活，计算简便，使用方便，且具有较高的精度，因而被广泛应用。

四、服从 P-Ⅲ型分布的纯随机序列的模拟

假定 x_t 服从 P-Ⅲ型分布，即 $x_t - \mathrm{P}\text{-}\mathrm{Ⅲ}(\overline{x}, C_v, C_s)$。常用下面两种方法进行随机模拟。

1. W-H 变换法

W-H 变换法由 Wilson 和 Hifenty 提出，即

$$\Phi_t = \frac{2}{C_s}\left(1 + \frac{C_s \xi_t}{6} - \frac{C_s^2}{36}\right)^3 - \frac{2}{C_s} \tag{4-19}$$

则 Φ_t 为标准 P-Ⅲ型纯随机序列，其中 ξ_t 为标准正态分布的随机序列。由 Φ_t 通过下式

$$x_t = \overline{x} + \sigma \Phi_t = \overline{x}(1 + C_v \Phi_t) \tag{4-20}$$

得到的 x_t 为服从 P-Ⅲ型分布的纯随机序列。

当 $C_s < 0.5$ 时，采用该法具有较高的精度。

2. 舍选法

通过下式

$$x_t = a_0 + \frac{1}{\beta}\left(-\sum_{k=1}^{a'}\ln u_k - B_t\ln u_t\right) \qquad (4-21)$$

得到的 x_t 为服从 P-Ⅲ型分布的纯随机序列。式中各符号如下：

$$\left. \begin{array}{l} \alpha' = \mathrm{INT}\left(\dfrac{4}{C_s^2}\right) \quad （当 \alpha' < 1 时，\alpha' = 0） \\[3mm] \beta = \dfrac{2}{\overline{x}C_v C_s} \\[3mm] a_0 = \overline{x}\left(1 - \dfrac{2C_v}{C_s}\right) \end{array} \right\} \qquad (4-22)$$

$$B_t = \frac{u_1^{1/r}}{u_1^{1/r} + u_2^{1/s}} \qquad (4-23)$$

式（4-23）中，u_1 和 u_2 为 $[0,1]$ 区间上均匀随机数；$r = \alpha - \alpha'$，$s = 1 - r$。采用 B_t 时必须满足一个条件：式（4-23）中的分母小于或等于1。若不满足该条件，则舍去 u_1 和 u_2，重新取一对 u_1 和 u_2 计算，直到满足该条件为止。因此称为舍选法。舍选法具有较高的精度，但当 $C_s < 0.5$ 时需要更多的随机数。

一般，可联合适用 W-H 变法和舍选法，即当 $C_s < 0.5$ 时用 W-H 变法，当 $C_s \geqslant 0.5$ 时采用舍选法。

另外，还可以利用"P-Ⅲ型分布 Φ 值表"来模拟 P-Ⅲ型分布纯随机序列。在已知 C_s 时，由均匀随机数 u_t（相当于表中的频率 p_t）查出对应的 Φ_t，再经过式（4-20）变换为 P-Ⅲ型分布的纯随机序 x_t。利用 Φ 值表进行模拟需向计算机输入大量数据，占用较多内存空间。使用时，插值也会引起一定误差，一般实际应用较少。

五、其他分布的纯随机序列的模拟

1. 连续型随机变量情形

对任意一个连续分布函数 $F(x)$ 的纯随机序列的模拟，最常用的方法就是逆变换法，即

$$x_i = F^{-1}(u_i) \quad (i = 1, 2, \cdots, n) \qquad (4-24)$$

式中：n 为试验次数；$F^{-1}(X)$ 为随机变量 X 的分布函数 $F(x)$ 的逆函数；u_i 为 $[0,1]$ 区间上的均匀随机数。式（4-24）就是分布函数为 $F(x)$ 的纯随机序列的模拟模型。

通过计算机程序先产生 $[0,1]$ 区间上的一系列均匀随机数 u_1、u_2、$\cdots$、u_n，将这些随机数作为模拟模型［式（4-24）］的输入，从而得到随机变量 X 的大量模拟样本系列。

例如，产生指数概率分布 $f(x) = \lambda \mathrm{e}^{-\lambda x} (x \geqslant 0)$ 的纯随机序列的模拟方法为

$$P(X \leqslant x_i) = \int_0^{x_i} \lambda \mathrm{e}^{-\lambda x} \mathrm{d}x = 1 - \mathrm{e}^{-\lambda x_i} = u_i$$

则

$$x_i = -\frac{1}{\lambda}\ln(1 - u_i)$$

可见，某种分布的纯随机序列模拟的关键问题就是建立如式（4-24）所示的均匀随

机数 u 与所研究的随机变量值 x 之间的关系式，根据这一关系将模拟的均匀随机数序列转换为所研究的随机变量的模拟序列。这种关系式，可能是显式函数，如式（4-10）的用变换法模拟正态分布的纯随机序列，也可能是隐式函数，如式（4-21）的用舍选法模拟 P-Ⅲ 型分布的纯随机序列，但它们都可用简短的计算机程序来表示这种关系式，因此实现纯随机序列的模拟十分方便。

对于比较简单的分布函数 $F(x)$，$F^{-1}(X)$ 有解析式，可以直接进行模拟；有些分布函数的逆函数难以直接求解，此时可根据前述一些方法（变换法、舍选法）建立相应的模拟公式。表 4-2 给出部分连续随机变量的模拟公式，以供选用。

表 4-2 部分连续分布的模拟公式表

分布名称	密度函数	x 的模拟公式	x 取值区间
$\sin(x)$	$\cos(x)$	$\arcsin(u)$	$(0, \pi/2)$
$\dfrac{x-b}{a}$	$\dfrac{1}{\lvert a \rvert}$	$au+b$	$a>0$ 时，$(b,b+a)$ $a<0$ 时，$(b+a,a)$
$\dfrac{1}{x}\arcsin(x)$	$\dfrac{2}{\pi(1-x^2)^{1/2}}$	$\sin(\pi u)$	$(0,1)$
Bata 分布 α,β 为整数	$\dfrac{\Gamma(\alpha+\beta)}{\Gamma(\alpha)\Gamma(\beta)}x^{a-1}(1-x)^{\beta-1}$	$\displaystyle\sum_{i=1}^{2\alpha}\xi_i^2 \Big/ \Big(\sum_{i=1}^{2\alpha}\xi_i^2 + \sum_{i=2\alpha+1}^{2\alpha+2\beta}\xi_i^2\Big)$	>0
Poisson 分布	$\lambda^x e^{-x}/x!$	k,k 是满足 $\Big(\displaystyle\sum_{i=1}^{k+1}-\ln u_i/\lambda\Big)>1$ 的最小整数	
t 分布	$\dfrac{\Gamma\left(\dfrac{n+1}{2}\right)}{\sqrt{n x}\,\Gamma\left(\dfrac{n}{2}\right)}\left(1+\dfrac{x^2}{n}\right)^{-\frac{n+1}{2}}$	$\dfrac{\xi}{\sqrt{\displaystyle\sum_{i=1}^{n}\xi_i^2}}$	
$F(n_1,n_2)$ 分布	—	$\dfrac{\displaystyle\sum_{i=1}^{n_1}\xi_i^2/n_1}{\displaystyle\sum_{i=1}^{n_2}\xi_i^2/n_2}$	

2. 离散型随机变量情形

对任意一个离散型随机变量 X 取 x_i 值的概率为 $p_i(i=1,2,\cdots,n)$，它的累积概率为

$$F_i=\sum_{k=1}^{i}P_k, \quad i=1,2,\cdots,n \qquad (4-25)$$

则累积概率序列 $F_i(i=1,2,\cdots,n)$ 把 $[0,1]$ 区间分成 n 个子区间，这些子区间与 n 个 x_i 值一一对应。任意生成一个 $[0,1]$ 区间上的均匀随机数 u_k，若

$$u_k\in(F_{i-1},F_i] \qquad (4-26)$$

则 x_i 值被选中。其中令 $F_0=0$。这种利用 $[0,1]$ 区间上的均匀随机数序列产生已知任意分布的离散型随机变量序列的方法，具有通用性，它不需要对随机变量 X 的取值序列 $x_i(i=1,2,\cdots,n)$ 作排序处理，甚至对取值序列 $x_i(i=1,2,\cdots,n)$ 为一符号序列如二进制码序列也适用，因此这种方法在遗传算法的选择操作算子等设计中具有广泛的应用价值。

习 题

1. 试述统计试验法的概念、特点及实质。

2. 采用乘同余法模拟 2000 个随机数，并检验这些随机数的均匀性。

3. 给定统计参数 $\bar{x}=120$，$C_v=0.2$ 和 $C_s=0.40$，试模拟服从 P-Ⅲ型分布的纯随机序列 $x_t(t=1,2,\cdots,500)$。对模拟序列计算这 3 个统计参数并与相应的原统计参数做对比分析。

第五章　自回归滑动平均模型

第一节　基本概念

一、线性平稳模型

一个非平稳的随机序列，当排除了确定性的非周期成分和周期成分之后，剩余的序列即为平稳随机序列。或者随机序列本身就是平稳随机序列。对这类序列，可采用较为广泛应用的线性平稳随机模型描述。

为大家熟悉的多元线性回归模型可以写成如下形式

$$y_t = a_0 + a_1 x_{1,t} + a_2 x_{2,t} + \cdots + a_p x_{p,t} + \varepsilon_t \tag{5-1}$$

式中：$a_0, a_1, a_2, \cdots, a_p$ 为回归参数。

式（5-1）表示因变量 y_t 对自变量 $x_{1,t}, x_{2,t}, \cdots, x_{p,t}$ 的相依性。它为一种数学模型，有两大特点：

（1）$x_{i,t}(i = 1, 2, \cdots, p)$ 为一般变量且相互独立，ε_t 为随机变量。

（2）y_t 为一般变量和随机变量的线性组合。

一般假定 ε_t 为独立随机序列（白噪声序列），且假定其服从均值为 0、方差为 σ_ε^2 的正态分布。在这种情况下，式（5-1）所表示的 y_t 为一独立随机序列。

现在来研究相依水文序列的情况，先举一例。如图 5-1 所示为金沙江屏山至宜宾的区间年平均流量过程图。由该区间年平均流量序列资料点绘 x_{t-1} 和 x_t 及 x_{t-2} 和 x_t 的相关图，图形表明年平均流量序列前后之间存在着一定的关系。

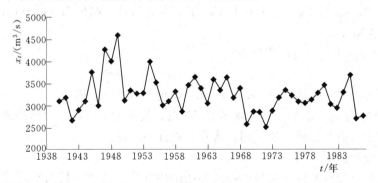

图 5-1　金沙江屏山至宜宾区间年平均流量过程线

既然 x_t 与 x_{t-1}、x_{t-2} 有一定的关系，那就可以考虑建立类似于式（5-1）的模型。例如，对图 4-1 中的年平均流量 x_t 建立下列模型

$$x_t = u + \varphi_1 (x_{t-1} - u) + \varphi_2 (x_{t-2} - u) + \varepsilon_t \tag{5-2}$$

式中：u 为 x_t 的均值；ε_t 为随机变量，且与 x_{t-1} 和 x_{t-2} 无关；φ_1 和 φ_2 为系数。

式（5-2）表明，x_t 既取决于 x_{t-1} 和 x_{t-2}，又受制于 ε_t。这样，式（5-2）所表示的

水文序列 x_t 相互之间就不独立了。当式（5-2）所表示的这类模型的参数在一定范围时，水文序列 x_t 的统计特性将不随绝对时间而变，即具有平稳性。另外，由于 x_t 是 x_{t-1} 和 x_{t-2} 的线性组合，所以人们习惯上称式（5-2）这类模型为线性平稳随机模型。

现在将式（5-2）写成一般形式

$$x_t = u + \varphi_1(x_{t-1} - u) + \varphi_2(x_{t-2} - u) + \cdots + \varphi_p(x_{t-p} - u) + \varepsilon_t \tag{5-3}$$

式中：$\varphi_1, \varphi_2, \cdots, \varphi_p$ 为参数；p 为模型阶数。

式（5-1）和式（5-3）的形式非常相似，但二者有着本质的区别。前者所表示的 y_t 序列为一独立随机序列，后者所描述的 x_t 为相依随机序列。除此以外，前者是一种静态模型，因纯随机变量 ε_t 仅对 y_t 发生影响，而对下一时刻的变量 y_{t+1} 却无任何影响；后者是一种动态模型，因纯随机变量 ε_t 不仅对 x_t 发生影响，而且对以后时刻的变量 x_{t+1}、x_{t+2} 等也发生间接影响。由于式（5-3）所描述的 x_t 具有上述统计特性，故我们可用这类线性平稳模型来描述平稳随机水文序列的随机变化特性。在一些实际问题中，式（5-3）中的 ε_t 可能不是白噪声。在这种情况下，将式（5-3）修改为：

$$x_t = u + \varphi_1(x_{t-1} - u) + \varphi_2(x_{t-2} - u) + \cdots + \varphi_p(x_{t-p} - u) + \varepsilon_t - \theta_1\varepsilon_{t-1} - \cdots - \theta_q\varepsilon_{t-q}$$

$$\tag{5-4}$$

当式（5-4）中各参数在满足一定条件时，称为自回归滑动平均模型（autoregressive moving average model），记为 ARMA(p, q) 模型。其中：参数 $\varphi_1, \varphi_2, \cdots, \varphi_p$ 为自回归系数，p 为自回归阶数；参数 $\theta_1, \theta_2, \cdots, \theta_q$ 为滑动平均系数，q 为滑动平均阶数。

以后的讨论将会表明，大量的平稳随机水文序列可用式（5-4）所表示的模型来概括。也就是说，这样的模型可用来表征平稳水文序列的统计变化特性。实际平稳水文序列的变化虽然错综复杂，但是像式（5-4）这样的自回归滑动平均模型至少能反映平稳序列的一些主要统计特性。因此本章重点介绍这类模型。

在实际应用中，通常并不采取像式（5-4）这样最一般的形式，而是依据研究对象的统计特性，采用一些简化的特殊形式。有两种主要的特殊形式：

（1）当 $q=0$，式（5-4）简化为式（5-3），称此为自回归模型（autoregressive model），记为 AR(p) 模型。

（2）当 $p=0$，式（5-4）简化为

$$x_t = u + \varepsilon_t - \theta_1\varepsilon_{t-1} - \theta_2\varepsilon_{t-2} - \cdots - \theta_q\varepsilon_{t-q} \tag{5-5}$$

称此为滑动平均模型（moving average model），记为 MA(q) 模型。

关于 ARMA(p, q) 模型及其特殊形式 AR(p) 模型和 MA(q) 模型的统计特性、参数估计以及在水文水资源领域中的应用，将在后面逐一叙述。

二、长持续性模型

第三章的轮次和极差特征都与序列的相依结构有关。当负轮长的平均值大于 2 时，说明序列具有相依结构，值越大，相依结构越长。时间序列的 Hurst 系数大于 0.5，表明序列具有相依结构；当序列样本容量增大，其 Hurst 系数较快趋近于 0.5，则序列具有短持续相关结构；若 Hurst 系数慢慢趋近于 0.5，则认为序列具有长持续相关结构。

ARMA(p, q) 模型是描述平稳随机水文序列的一类最主要的线性平稳模型。一般情况下，这类模型的自相关函数随滞时的增加而急剧下降并趋于 0，在滞时不太长时即可忽略。因此，称这类模型为短持续性模型（短程相关模型）。除此以外，还有一类线性平稳

模型，该类模型的自相关函数随滞时的增加而缓慢下降，在滞时很大时，仍不可忽略，通常称为长持续性模型（长程相关模型），如折线模型、分数高斯噪声模型等，这里简要介绍分数高斯噪声模型，折线模型可参考相关文献。

对于白噪声，Hurst 系数 $K=0.5$，即方差谱密度函数 $S(f)$ 与频率 f 无关。而分数高斯噪声的方差谱密度函数 $S(f)$ 具有 f^{1-2K} 的形式，且 $0<K<1$，$K \neq 0.5$，即它的 K 是变动的且为分数值。因此，为侧重说明它不是一般的白噪声，特在前面加上"分数"（fractional）一词。

分数高斯噪声模型的近似数学表达式为

$$x_t = (K-0.5) \sum_{u=t-M}^{t-1} (t-u)^{K-1.5} \varepsilon_u \qquad (5-6)$$

式中：x_t 为长持续相依随机变量；M 为记忆长度（相关结构长度）；ε_u 为独立标准正态随机变量。

一旦 K 和 M 确定，即可通过式（5-6）随机模拟 x_t。若要模拟的序列具有很长的持续性，M 的取值必须很大。这样，模拟序列需要的时间就很多。因此，产生了快速分数高斯噪声模型。

分数高斯噪声模型的自协方差函数为

$$Cov(k,K) = \frac{1}{2} (|k+1|^{2K} + |k-1|^{2K} - 2|k|^{2K}) \qquad (5-7)$$

式中：k 为滞时。

现在的问题是要寻求一种数学模型，使其自协方差函数和式（5-7）接近，且模拟序列所需时间又较少。假定 x_t 可分解成两部分

$$x(t) = x_l(t) + x_h(t) \qquad (5-8)$$

式中：$x_l(t)$ 为低频率项；$x_h(t)$ 为高频率项。

对于低频率项，可表示为

$$x_l(t) = \sum_{i=1}^{N} \omega_i x(t, r_i) \qquad (5-9)$$

式中：ω_i 为比重因素；$x(t, r_i)$ 是均值为零，方差为 1，自相关函数为 r_i 的 AR(1) 序列。

$x_l(t)$ 的实质在于以加权累加 N 个具有不同 r_i 的 AR(1) 序列来表示长持续相关结构（低频）。

对于高频项，直接以 AR(1) 模型来表示，即

$$x_h(t) = r_h x_h(t-1) + \sigma_h \sqrt{1-r_h^2 \varepsilon_t} \qquad (5-10)$$

这样，关键的问题是选择适当的 ω_i、r_i、σ_h（高频项的标准差）和 r_h（高频项自相关函数），使式（5-8）中的 $x(t)$ 所表示的自协方差函数 $Cov(k,K)$ 和式（5-7）的 $Cov(k,K)$ 接近。一旦选定各种参数，即可由式（5-8）模拟序列。

为了考虑偏态特性，对式（5-10）中的独立随机项 ε_t 加以变换，即由正态分布变换为偏态分布，其处理的具体方法与自回归模型类似（具体见本章后续内容）。

快速分数高斯噪声模型首先要进行高低频分解。另外，模型关键还在于式（5-9）和式（5-10）中的参数的合理确定，这实际上非常困难。当前分数高斯噪声模型的物理意义不明显，仅仅是一种运算模型，因此在实际工作中尚未得到普遍应用。

第二节　自回归滑动平均模型的物理基础

ARMA(p,q) 模型是水文水资源学中应用极为广泛的模型。这类模型之所以得到广泛应用，除了其能反映平稳随机水文序列的一些主要统计特性外，它们还有一定的物理基础。所谓物理基础，主要是指从水文现象物理过程的分析和概化来建立随机模型，其中的参数有一定的物理意义。这和建立概念性水文模型有类似之处。实际上，在建立水文序列随机模型时，常常将统计上的推论和物理上的合理性分析有机地结合起来。早在 20 世纪 60 年代，叶菲耶维奇（Yevjevich）教授在假定水文年度流量的消退规律为简单的指数函数的条件下，就推演出年径流量序列统计变化规律遵循 AR(1) 模型。随后不少学者致力于水文序列随机模型物理基础的研究。下面对自回归模型、滑动平均模型和自回归滑动平均模型的物理基础分别予以说明。

一、自回归模型

现将一个流域概化为一座大型水库。如图 5-2（a）所示：净雨 ε'_t 作为输入，径流 x'_t 作为输出，s'_t 为流域蓄水量。

（a）一个线性水库　　　　　　　　　（b）两个线性水库

图 5-2　流域概化图

由水量平衡得

$$\varepsilon'_t - x'_t = s'_t - s'_{t-1} \tag{5-11}$$

假定流域为线性水库，则有

$$s'_t = K x'_t \tag{5-12}$$

式中：K 为流域调蓄系数。

将式（5-12）代入式（5-11）可得

$$x'_t = \frac{K}{K+1} x'_{t-1} + \frac{1}{K+1} \varepsilon'_t \tag{5-13}$$

令 $\varphi = \dfrac{K}{K+1}$，则式（5-13）变为

$$x'_t = \varphi x'_{t-1} + (1-\varphi)\varepsilon'_t$$

考虑中心化变量，即 $x_t = x'_t - u_x$，$\varepsilon_t = \varepsilon'_t - u_\varepsilon$，则有

$$x_t = \varphi x_{t-1} + (1-\varphi)\varepsilon_t \tag{5-14}$$

若净雨量是独立随机变量，而且和前时刻的径流无关，那么式（5-14）就是典型的 AR(1) 模型，其中参数 φ 取决于表示流域调节性能的参数 K。流域调节的性能越好，即 K 越大，则 φ 越大。这表明径流在时序上的相依关系越密切。以上是就整个流域概化成一个线性水库所作的讨论。若将流域概化成两个串联的线性水库，如图 5-2（b）所示，那么类似于概化成一个线性水库的推演办法，可以得到如下模型：

$$x_t = (\varphi_1 + \varphi_2) x_{t-1} - \varphi_1 \varphi_2 x_{t-2} + (1-\varphi_1)(1-\varphi_2)\varepsilon_t \qquad (5-15)$$

$$\varphi_1 = \frac{K_1}{K_1+1}; \quad \varphi_2 = \frac{K_2}{K_2+1}; \quad x_t = x_t' - u_x; \quad \varepsilon_t = \varepsilon_t' - u_\varepsilon$$

式中：K_1 和 K_2 分别为第一和第二水库的调节性能参数。

式（5-15）为典型 AR(2) 模型。对流域做不同概化会得出不同的模型。若将流域概化成 p 个串联线性水库就可推演出 AR(p) 模型。显然，若概化越接近流域的实际水文情况，则模型越能反映该流域径流的随机变化特性。

二、滑动平均模型

在上面讨论的基础上，对滑动平均模型的物理基础做一些分析。在流域概化成一个线性水库的情况下，式（5-14）可以写成

$$x_{t-1} = \varphi x_{t-2} + (1-\varphi)\varepsilon_{t-1} \qquad (5-16)$$

将式（5-16）代入式（5-14）并做类似的依次连续代入，最后可推得

$$x_t = (1-\varphi)\varepsilon_t + (1-\varphi)\varphi\varepsilon_{t-1} + (1-\varphi)\varphi^2\varepsilon_{t-2} + \cdots + (1-\varphi)\varphi^{j+1}\varepsilon_{t-j-1} \qquad (5-17)$$

因 $0 < \varphi < 1$，当 $j \to \infty$，$\varphi^{j+1}\varepsilon_{t-j-1} \to 0$，故式（5-17）变为

$$x_t = \sum_{j=0}^{\infty} G_j \varepsilon_{t-j} \qquad (5-18)$$

式中：G_j 为格林函数，$G_j = (1-\varphi)\varphi^j$。

式（5-18）可以看成 ∞ 阶的滑动平均模型，即 MA(∞) 模型。从这里看出，在一定条件下自回归模型与滑动平均模型是等价的。

一般考虑 $t < 0$ 时无净雨输入，故式（5-18）变为

$$x_t = \sum_{j=0}^{t} G_j \varepsilon_{t-j} \qquad (5-19)$$

式（5-19）表明 t 时刻的径流量是由 t 时刻及其以前的随机净雨加权线性组合而成。这是符合径流形成规律的。另外，式（5-19）还揭示出更深刻的意义。为讨论方便，取下列形式

$$x_t = \sum_{j=0}^{3} G_j \varepsilon_{t-j} = G_0\varepsilon_t + G_1\varepsilon_{t-1} + G_2\varepsilon_{t-2} + G_3\varepsilon_{t-3}$$

这样

$$t=0，\quad x_0 = G_0\varepsilon_0 \quad （因 t<0 时无净雨输入）$$
$$t=1，\quad x_1 = G_0\varepsilon_1 + G_1\varepsilon_0$$
$$t=2，\quad x_2 = G_0\varepsilon_2 + G_1\varepsilon_1 + G_2\varepsilon_0$$
$$t=3，\quad x_3 = G_0\varepsilon_3 + G_1\varepsilon_2 + G_2\varepsilon_1 + G_3\varepsilon_0$$

若只考虑 $t=0$ 时的单位净雨输入 $\varepsilon_0 = 1$，则

$$\left.\begin{aligned} x_0 &= G_0 \\ x_1 &= G_1 \\ x_2 &= G_2 \\ x_3 &= G_3 \end{aligned}\right\} \qquad (5-20)$$

式中：x_0、x_1、x_2、x_3 为单位净雨输入时流域的径流输出，即单位输入的响应函数。它以权重函数 G_0、G_1、G_2、G_3 表示。

这就是说，格林函数 G_j 能反映流域对单位净雨输入的响应特性。

综上所述，流域的天然蓄水特性形成了系统的存储性。正是由于这种特性，作为系统输出的径流可以概化成以净雨作为随机输入的滑动平均模型。

三、自回归滑动平均模型

将净雨考虑为线性水库的输入，其输出径流可以概化成自回归模型或滑动平均模型。下面讨论当流域系统的输入为降雨量时，作为输出的径流量可以概化为自回归滑动平均模型的情况。现在考虑如图 5-3 所示的流域系统，ε_t' 表示 t 年降雨量，$a\varepsilon_t'$ 表示年降水量中经过渗透补给地下水的量，$b\varepsilon_t'$ 表示降水量 ε_t' 中消耗于蒸发的量，因此 $(1-a-b)\varepsilon_t'=d\varepsilon_t'$ 表示进入河槽的地面径流，s_{t-1}' 表示 t 年开始时的地下蓄水量，cs_{t-1}' 表示地下蓄水量对 t 年径流的补给量。显然有下述条件：$0\leqslant a$；$b\leqslant1$；$c\leqslant1$；$d\leqslant1$；$0\leqslant a+b\leqslant1$。

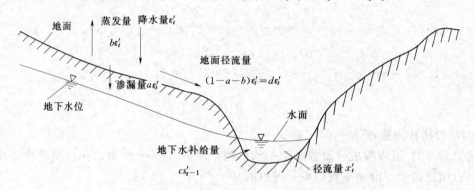

图 5-3　径流形成过程示意图

年径流量 x_t' 由直接地面径流量和地下水的补给量两部分组成，即

$$x_t'=d\varepsilon_t'+cs_{t-1}' \tag{5-21}$$

由水量平衡得

$$s_t'=s_{t-1}'+a\varepsilon_t'-cs_{t-1}'=(1-c)s_{t-1}'+a\varepsilon_t' \tag{5-22}$$

由式（5-21）有

$$s_{t-1}'=\frac{x_t'}{c}-\frac{d}{c}\varepsilon_t'$$

将上式代入式（5-22），有

$$s_t'=(1-c)\left(\frac{x_t'}{c}-\frac{d}{c}\varepsilon_t'\right)+a\varepsilon_t'$$

以 $t-1$ 代替 t，上式可改写成

$$s_{t-1}'=(1-c)\left(\frac{x_{t-1}'}{c}-\frac{d}{c}\varepsilon_{t-1}'\right)+a\varepsilon_{t-1}' \tag{5-23}$$

将式（5-23）代入式（5-21）得

$$x_t'=(1-c)x_{t-1}'+d\varepsilon_t'+[d(1-c)-ac]\varepsilon_{t-1}' \tag{5-24}$$

设年径流量的均值为 u_x，年降水量的均值为 u_ε，则有中心化变量

$$x_t=x_t'-u_x;\ \varepsilon_t=\varepsilon_t'-u_\varepsilon$$

将其代入式（5-24）得

$$x_t=(1-c)x_{t-1}+d\varepsilon_t+[d(1-c)-ac]\varepsilon_{t-1} \tag{5-25}$$

若降水量 ε_t 为一独立随机序列，则式（5-25）表明径流量为 ARMA(1,1) 序列，即径流量的时序随机变化可以用 ARMA(1,1) 模型来表示。用类似的方法可以证明若降水量 ε_t 为 AR(1) 序列，则径流量 x_t 为 ARMA(2,1) 序列；若降水量 ε_t 为 ARMA(1,1) 序列，则径流量 x_t 为 ARMA(2,2) 序列。总之，以上的分析说明，径流量的时序变化属于 ARMA(p,q) 的范畴，其中 p 和 q 取决于降水序列的类型。

值得指出的是，对于水文序列线性平稳模型物理基础的分析，尽管比较粗略，但对水文随机模型的认识、识别、选择、参数合理性分析和应用则大有裨益。

第三节 自 回 归 模 型

从 20 世纪 60 年代初期以来自回归模型就用于水资源规划和设计中。这类模型之所以在水文水资源系统中得到重视和广泛应用，其主要原因是它们具有时间相依的非常直观的形式，同时建立模型简单，具体方便。

一、模型结构

AR(p) 数学表达式为式（5-3），即

$$x_t = u + \varphi_1(x_{t-1}-u) + \varphi_2(x_{t-2}-u) + \cdots + \varphi_p(x_{t-p}-u) + \varepsilon_t$$

式中：x_t 为原始平稳随机水文序列；u 为 x_t 的均值；$\varphi_1, \varphi_2, \cdots, \varphi_p$ 为自回归系数；p 为自回归阶数；ε_t 为均值 0、方差 σ_ε^2（与 x_t 的方差 σ^2 有一定的关系）的独立随机变量，且与 $x_{t-1}, x_{t-2}, \cdots, x_{t-p}$ 无关。

若令 $y_t = x_t - u$，式（5-3）变为

$$y_t = \varphi_1 y_{t-1} + \varphi_2 y_{t-2} + \cdots + \varphi_p y_{t-p} + \varepsilon_t \tag{5-26}$$

这是中心化变量表示的 AR(p) 模型。

若令 $z_t = (x_t - u)/\sigma$，式（5-3）变为

$$z_t = \varphi_1 z_{t-1} + \varphi_2 z_{t-2} + \cdots + \varphi_p z_{t-p} + \varepsilon_t' \tag{5-27}$$

这是标准化变量表示的 AR(p) 模型。其中独立随机变量 ε_t' 和 ε_t 的关系为 $\varepsilon_t' = \varepsilon_t/\sigma$。

上述以原始变量、中心化变量和标准化变量表示的 AR(p) 模型在实际工作中均有所应用。

当 $p=1$ 时，得到一阶自回归模型［AR(1)］

$$x_t = u + \varphi_1(x_{t-1}-u) + \varepsilon_t \tag{5-28}$$

中心化变量表示的 AR(1) 模型为

$$y_t = \varphi_1 y_{t-1} + \varepsilon_t \tag{5-29}$$

标准化变量表示的 AR(1) 模型为

$$z_t = \varphi_1 z_{t-1} + \varepsilon_t' \tag{5-30}$$

当 $p=2$ 时，得到二阶自回归模型［AR(2)］

$$x_t = u + \varphi_1(x_{t-1}-u) + \varphi_2(x_{t-2}-u) + \varepsilon_t \tag{5-31}$$

中心化变量表示的 AR(2) 模型为

$$y_t = \varphi_1 y_{t-1} + \varphi_2 y_{t-2} + \varepsilon_t \tag{5-32}$$

标准化变量表示的 AR(2) 模型为

$$z_t = \varphi_1 z_{t-1} + \varphi_2 z_{t-2} + \varepsilon_t' \tag{5-33}$$

二、模型的主要统计特性

1. AR(p) 序列的自相关函数

由第二章的讨论知，一个序列的相依特性以该序列的自相关函数（自相关系数）来表示。AR(p) 模型所代表的序列，即 AR(p) 序列，为相依平稳序列。为了探讨其时序上的相依特性，显然要研究其自相关函数。

对式（5-27）两边同乘以 z_{t-k} 并取数学期望得

$$E(z_{t-k}z_t)=\varphi_1 E(z_{t-k}z_{t-1})+\varphi_2 E(z_{t-k}z_{t-2})+\cdots+\varphi_p E(z_{t-k}z_{t-p})+E(z_{t-k}\varepsilon_t') \quad (5-34)$$

考虑到

$$E(z_{t-k}\varepsilon_t')=0 \qquad （相互独立）$$
$$E(z_{t-k}z_t)=\rho_k \qquad （k \text{ 阶自相关函数}）$$
$$\vdots$$
$$E(z_{t-k}z_{t-i})=\rho_{k-i} \qquad （k-i \text{ 阶自相关函数}）$$

代入式（5-34）得 AR(p) 序列的自相关函数：

$$\rho_k=\varphi_1\rho_{k-1}+\varphi_2\rho_{k-2}+\cdots+\varphi_p\rho_{k-p} \quad (5-35)$$

令 $k=1,2,\cdots,p$，并考虑 $\rho_0=1$ 和 $\rho_k=\rho_{-k}$，可得到 p 阶线性方程组：

$$\left.\begin{array}{l}\rho_1=\varphi_1+\varphi_2\rho_1+\cdots+\varphi_p\rho_{p-1}\\\rho_2=\varphi_1\rho_1+\varphi_2+\cdots+\varphi_p\rho_{p-2}\\\vdots \quad \vdots \quad \vdots \quad \cdots \quad \vdots\\\rho_p=\varphi_1\rho_{p-1}+\varphi_2\rho_{p-2}+\cdots+\varphi_p\end{array}\right\}$$

$$(5-36)$$

式（5-36）称为尤尔-沃尔克（Yule-Walker）方程。当 AR(p) 模型的参数 $\varphi_1,\varphi_2,\cdots,\varphi_p$ 已知，由尤尔-沃尔克方程可得到 AR(p) 模型的自相关函数。

当 $p=1$ 时，式（5-35）变为

$$\rho_k=\varphi_1\rho_{k-1}$$

通过递归可得

$$\rho_k=\varphi_1^k \quad (5-37)$$

这就是 AR(1) 模型的自相关函数。当 φ_1 为正值时，式（5-37）中的 ρ_k 以指数形式递减。图 5-4 形象地显示了 AR(1) 模型的自相关函数和偏相关函数，图 5-4

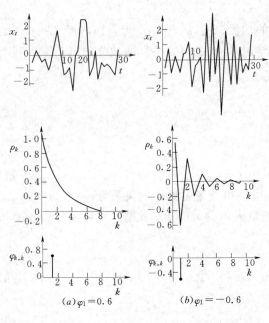

图 5-4 AR(1) 序列 x_t 的自相关和偏相关函数图

（a) 中正相依序列 x_t 的参数 $u=0$，$\varphi_1=0.6$，$\sigma_\varepsilon^2=1$；图 5-4（b) 中负相依序列 x_t 的参数 $u=0$，$\varphi_1=-0.6$，$\sigma_\varepsilon^2=1$。

从图 5-4 可明显看出，AR(1) 模型的自相关函数 ρ_k 在某个 k 值后数值不为 0，具有"拖尾性"。

当 $p=2$ 时，式（5-35）变为

$$\rho_k=\varphi_1\rho_{k-1}+\varphi_2\rho_{k-2} \quad (5-38)$$

取 $k=1$，由式（5-38）得

$$\rho_1 = \frac{\varphi_1}{1-\varphi_2} \qquad\qquad (5-39)$$

取 $k=2$，由式（5-38）和式（5-39）得

$$\rho_2 = \frac{\varphi_1^2}{1-\varphi_2} + \varphi_2$$

这样，利用式（5-38）可递推求出 AR(2) 模型的自相关函数 $\rho_3, \rho_4, \cdots$。例如：$\varphi_1=0.5$，$\varphi_2=0.2$，可计算 $\rho_0=1$，$\rho_1=0.625$，$\rho_2=0.512$，$\cdots$，绘制自相关函数，如图 5-5（a）所示。图 5-5（b）～图 5-5（d）给出了不同情况下 AR(2) 模型的自相关函数变化情况。

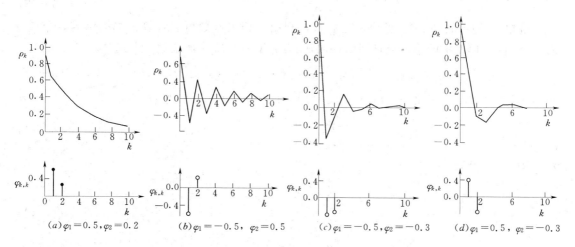

$(a)\varphi_1=0.5, \varphi_2=0.2$ $\qquad$ $(b)\varphi_1=-0.5, \varphi_2=0.5$ $\qquad$ $(c)\varphi_1=-0.5, \varphi_2=-0.3$ $\qquad$ $(d)\varphi_1=0.5, \varphi_2=-0.3$

图 5-5 AR(2) 序列 x_t 的自相关和偏相关函数图

从图 5-5 也可明显看出，AR(2) 模型的自相关函数 ρ_k 在某个 k 值后数值不为 0，具有"拖尾性"。

同理（可以证明），AR(p) 模型的自相关函数 ρ_k 不能在某个 k 值后数值为 0，具有"拖尾"性。

2. AR(p) 序列的偏相关函数

在刻画 AR(p) 序列特性方面，偏自相关函数（以下简称为偏相关函数）有着重要的作用。给定一个平稳随机序列，对各阶自回归模型以下述方式表示。对于 AR(1) 模型，标准化变量的形式为

$$z_t = \varphi_{1,1} z_{t-1} + \varepsilon_t' \qquad\qquad (5-40)$$

式中：$\varphi_{1,1}$ 为 AR(1) 模型的第一个自回归系数。

对于 AR(2) 模型，有

$$z_t = \varphi_{2,1} z_{t-1} + \varphi_{2,2} z_{t-2} + \varepsilon_t' \qquad\qquad (5-41)$$

式中：$\varphi_{2,1}$ 为 AR(2) 模型的第一个自回归系数；$\varphi_{2,2}$ 为 AR(2) 模型的第二个自回归系数。

依此类推，对于 AR(p) 模型有

$$z_t = \varphi_{p,1} z_{t-1} + \varphi_{p,2} z_{t-2} + \cdots + \varphi_{p,p} z_{t-p} + \varepsilon_t' \qquad\qquad (5-42)$$

式中：$\varphi_{p,1}$ 为 AR(p) 模型的第一个自回归系数；$\varphi_{p,p}$ 为 AR(p) 模型的第 p 个自回归系数。

这样 1 至 p 阶自回归模型的最后一个自回归系数 $\varphi_{1,1}, \varphi_{2,2}, \cdots, \varphi_{p,p}$ 便组成 AR(p) 序列的偏相关函数。就其本质而言，偏相关函数 $\varphi_{p,p}$ 是反映消除 $(p-1)$ 阶自相关影响后所剩余的自相关程度，也就是在给定 $z_{t-1}, z_{t-2}, \cdots, z_{t-p+1}$ 的条件下，z_t 和 z_{t-p} 的条件自相关系数。对于 AR(p) 序列，当 $k > p$ 时，偏相关函数 $\varphi_{k,k}$ 在理论上应当为零，因为这样的序列自相关性仅到 p 阶，超过 p 阶相互之间便没有直接关系了。例如，对 AR(1) 序列，$\varphi_{2,2}$ 在理论上应为零，如图 5-4 所示；对 AR(2) 序列，$\varphi_{3,3}$ 在理论上应为零，如图 5-5 所示。偏相关函数的这种特性非常重要，特称为截尾性。就是说，对于 AR(p) 序列而言，偏相关函数 $\varphi_{k,k}$ 是 p 步截尾的，即有

$$\varphi_{k,k} = 0 \ (k > p) \tag{5-43}$$

偏相关函数和自相关函数有一定联系，利用自相关函数可以计算偏相关函数。令 $\varphi_{k,j}$ 表示 AR(k) 模型中的第 j 个自回归系数，$\varphi_{k,k}$ 为模型最后一个系数。由式（5-35）可得

$$\rho_j = \varphi_{k,1}\rho_{j-1} + \varphi_{k,2}\rho_{j-2} + \cdots + \varphi_{k,k}\rho_{j-k} \quad (j = 1, 2, \cdots, k) \tag{5-44}$$

利用式（5-44），可求得 $\varphi_{k,j}(j = 1, 2, \cdots, k)$。例如对 AR(1) 模型有

$$\left.\begin{aligned} \varphi_{1,1} &= \rho_1 \\ \varphi_{k,k} &= 0 \ (k > 1) \end{aligned}\right\} \tag{5-45}$$

对 AR(2) 模型有

$$\left.\begin{aligned} \varphi_{1,1} &= \rho_1 \\ \varphi_{2,2} &= \frac{\rho_2 - \rho_1^2}{1 - \rho_1^2} \\ \varphi_{k,k} &= 0 \ (k > 2) \end{aligned}\right\} \tag{5-46}$$

对于高阶自回归模型，由式（5-44）获得如下递推公式求解偏相关函数

$$\left.\begin{aligned} \varphi_{1,1} &= \rho_1 \\ \varphi_{k+1,k+1} &= \left(\rho_{k+1} - \sum_{j=1}^{k}\rho_{k+1-j}\varphi_{k,j}\right)\left(1 - \sum_{j=1}^{k}\rho_j\varphi_{k,j}\right)^{-1} \\ \varphi_{k+1,j} &= \varphi_{k,j} - \varphi_{k+1,k+1}\varphi_{k,k+1-j} \ (j = 1, 2, \cdots, k) \end{aligned}\right\} \tag{5-47}$$

3. AR(p) 序列的平稳性

随机序列的平稳性在前面已作介绍。平稳随机序列或近似平稳随机序列是最为广泛的一类序列。为了使 AR(p) 序列达到平稳，AR(p) 模型中的参数 $\varphi_i(i = 1, 2, \cdots, p)$ 必须满足平稳性条件，即要求特征方程

$$V^p - \varphi_1 V^{p-1} - \varphi_2 V^{p-2} - \cdots - \varphi_p = 0 \tag{5-48}$$

的根必须在单位圆内。也就是说，方程的根 V_i 满足 $|V_i| < 1(i = 1, 2, \cdots, p; \parallel$ 表示模)。

由式（5-48）可得 AR(1) 序列的平稳性条件为 $-1 < \varphi_1 < 1$，AR(2) 序列的平稳性条件为

$$\left.\begin{aligned} \varphi_1 + \varphi_2 &< 1 \\ \varphi_2 - \varphi_1 &< 1 \\ -1 < \varphi_2 &< 1 \end{aligned}\right\} \tag{5-49}$$

式（5-49）可等价地表示为

$$\left.\begin{array}{c} -1<\rho_1<1 \\ -1<\rho_2<1 \\ \rho_1^2<\dfrac{1+\rho_2}{2} \end{array}\right\} \qquad (5-50)$$

式（5-49）、式（5-50）的容许域如图5-6所示。

4. AR(p) 序列的频谱特性

序列在频率域上的特性以频谱（方差谱密度函数）表示。AR(p) 序列的频谱为

$$S(f)=\frac{2\sigma_\epsilon^2}{\sigma^2\,|\,1-\varphi_1\mathrm{e}^{-i2\pi f}-\varphi_2\mathrm{e}^{-i4\pi f}-\cdots-\varphi_p\mathrm{e}^{-i2\pi pf}\,|^2}$$

$$(0\leqslant f\leqslant 0.5) \qquad (5-51)$$

式中：i 为虚数。

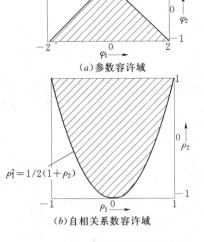

(a) 参数容许域

$\rho_1^2=1/2(1+\rho_2)$

(b) 自相关系数容许域

图5-6 AR(2) 序列的参数容许域

对于 AR(1) 序列，由式（5-51）有

$$S(f)=\frac{2\sigma_\epsilon^2}{\sigma^2\,|\,1-\varphi_1\mathrm{e}^{-i2\pi f}\,|^2}=\frac{2(1-\varphi_1^2)}{1+\varphi_1^2-2\varphi_1\cos 2\pi f}(0\leqslant f\leqslant 0.5) \qquad (5-52)$$

取不同的 φ_1，AR(1) 序列的频谱特性如图5-7所示。从图5-7可以看出，对于 AR(1) 序列，φ_1 越大（自相关系数越大），低频谐波对该序列的变化起主导作用。

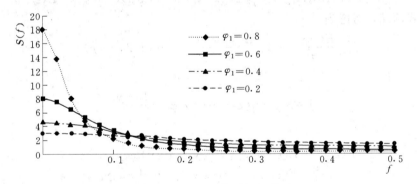

图5-7 AR(1) 序列的频谱图

对于 AR(2) 序列，由式（5-51）有

$$S(f)=\frac{2\sigma_\epsilon^2}{\sigma^2\,|\,1-\varphi_1\mathrm{e}^{-i2\pi f}-\varphi_2\mathrm{e}^{-i4\pi f}\,|^2}$$

$$=\frac{2(1+\varphi_2)(1-\varphi_1^2+\varphi_2^2-2\varphi_2)}{(1-\varphi_2)[1+\varphi_1^2+\varphi_2^2-2\varphi_1(1-\varphi_2)\cos 2\pi f-2\varphi_2\cos 4\pi f]}(0\leqslant f\leqslant 0.5)$$

$$(5-53)$$

取不同的 φ_1，φ_2，可以得到 AR(2) 序列的频谱图。

三、模型参数估计

AR(p) 模型有 $p+2$ 个参数，即 $\varphi_1,\varphi_2,\cdots,\varphi_p,u$ 和 σ^2。这些参数由样本来估计，其估计方法有矩法、最小二乘法、极大似然法等。矩法计算简单，精度在一定条件下与极大似然法接近。下面介绍常用的矩法。

u 和 σ 的估计公式如下：

$$\hat{u} = \overline{x} = \frac{1}{n} \sum_{t=1}^{n} x_t \tag{5-54}$$

$$\hat{\sigma} = s = \sqrt{\sum_{t=1}^{n} (x_t - \overline{x})^2 / (n-1)} \tag{5-55}$$

式中：$\overline{x}$ 和 s 分别为样本均值和样本均方差。

自回归系数 $\varphi_i (i=1,2,\cdots,p)$ 由 Yule-Walker 方程估计。将式（5-36）写成矩阵形式，即

$$\begin{bmatrix} \varphi_1 \\ \varphi_2 \\ \vdots \\ \varphi_p \end{bmatrix} = \begin{bmatrix} 1 & \rho_1 & \cdots & \rho_{p-1} \\ \rho_1 & 1 & \cdots & \rho_{p-2} \\ \vdots & \vdots & & \vdots \\ \rho_{p-1} & \rho_{p-2} & \cdots & 1 \end{bmatrix}^{-1} \begin{bmatrix} \rho_1 \\ \rho_2 \\ \vdots \\ \rho_p \end{bmatrix} \tag{5-56}$$

式中：$\rho_i (i=1,2,\cdots,p)$ 由样本自相关系数 $r_i (i=1,2,\cdots,p)$ 代替。

根据式（5-56）可求解 $\varphi_i (i=1,2,\cdots,p)$。另外，$\varphi_i (i=1,2,\cdots,p)$ 也可由递推公式（5-47）计算。

ε_t 的方差 σ_ε^2 与 x_t 的方差 σ^2 具有一定关系，下面进行推导。

对式（5-26）两边同乘以 y_t 并取数学期望得

$$E(y_t y_t) = \varphi_1 E(y_{t-1} y_t) + \varphi_2 E(y_{t-2} y_t) + \cdots + \varphi_p E(y_{t-p} y_t) + E(\varepsilon_t y_t)$$

以 σ^2 除上式两端，考虑到

$$\frac{E(y_t y_t)}{\sigma^2} = 1, \ \frac{E(y_{t-i} y_t)}{\sigma^2} = \rho_i (i=1,2,\cdots,p)$$

则得

$$1 = \rho_1 \varphi_1 + \rho_2 \varphi_2 + \cdots + \rho_p \varphi_p + \frac{E(\varepsilon_t y_t)}{\sigma^2}$$

又考虑到

$$\begin{aligned} E(\varepsilon_t y_t) &= E[\varepsilon_t (\varphi_1 y_{t-1} + \varphi_2 y_{t-2} + \cdots + \varphi_p y_{t-p} + \varepsilon_t)] \\ &= E[\varphi_1 \varepsilon_t y_{t-1} + \varphi_2 \varepsilon_t y_{t-2} + \cdots + \varphi_p \varepsilon_t y_{t-p} + \varepsilon_t \varepsilon_t] \\ &= E(\varepsilon_t \varepsilon_t) = \sigma_\varepsilon^2 \end{aligned} \tag{5-57}$$

那么可得

$$\sigma_\varepsilon^2 = (1 - \rho_1 \varphi_1 - \rho_2 \varphi_2 - \cdots - \rho_p \varphi_p) \sigma^2 \tag{5-58}$$

由上可得 AR(1) 模型的参数，即

$$\left. \begin{aligned} \hat{\varphi}_1 &= r_1 \\ \hat{\sigma}_\varepsilon^2 &= (1 - \hat{\varphi}_1 r_1) \sigma^2 = (1 - r_1^2) s^2 \end{aligned} \right\} \tag{5-59}$$

同样，可得 AR(2) 模型的参数

$$\left. \begin{aligned} \hat{\varphi}_1 &= \frac{\rho_1 (1-\rho_2)}{1-\rho_1^2} = \frac{r_1 (1-r_2)}{1-r_1^2} \\ \hat{\varphi}_2 &= \frac{\rho_2 - \rho_1^2}{1-\rho_1^2} = \frac{r_2 - r_1^2}{1-r_1^2} \\ \hat{\sigma}_\varepsilon^2 &= (1 - \hat{\varphi}_1 \rho_1 - \hat{\varphi}_2 \rho_2) \sigma^2 = (1 - \hat{\varphi}_1 r_1 - \hat{\varphi}_2 r_2) s^2 \end{aligned} \right\} \tag{5-60}$$

式（5-59）、式（5-60）中的 s 由式（5-55）估计。

【例 5-1】 西藏羊卓雍湖近 30 年年平均水位观测资料。该湖水位呈现相依的随机变化特性，可用 AR(2) 模型来表征：

$$H_t = 0.84 + 1.47 H_{t-1} - 0.54 H_{t-2} + 0.25\varepsilon_t$$

式中：H_t 为第 t 年的相对年平均水位；ε_t 为独立标准正态随机变量。

四、AR(p) 序列的随机模拟

随机模型的主要用途之一是用统计试验法模拟出大量随机序列。如何通过 AR(p) 模型获得模拟序列呢？

设平稳随机水文序列的一个样本序列 $x_t(t=1,2,\cdots,n)$，通过前面工作可建立 AR(p) 模型。要进行随机模拟，首先要明确序列 x_t 的边际分布情况。计算样本序列的偏态系数：

$$C_{s_x} = \frac{1}{n-3} \frac{\sum\limits_{t=1}^{n}(x_t - \overline{x})^3}{s^3} \tag{5-61}$$

当 C_{s_x} 与 0 无显著差异时，可认为 x_t 服从正态分布；否则，认为 x_t 服从偏态分布。

（一）AR(p) 正态序列的模拟

由统计学理论知，当 x_t 服从正态分布时，式（5-3）中的 ε_t 一定服从正态分布。式（5-3）变为

$$x_t = u + \varphi_1(x_{t-1}-u) + \varphi_2(x_{t-2}-u) + \cdots + \varphi_p(x_{t-p}-u) + \sigma_\varepsilon \xi_t \tag{5-62}$$

式中：ξ_t 为正态分布纯随机序列。

式（5-62）中的参数都是已知的，利用该式可模拟服从正态分布的 AR(p) 序列，其步骤如下：

（1）令 $t=p$ 并假定初始值 $x_0 = x_1 = \cdots = x_{p-1} = \overline{x}$。

（2）由服从标准正态分布的纯随机序列的模拟方法模拟 ξ_t，见式（4-9）。

（3）将上述值代入式（5-62）计算出 x_t。

（4）令 $t=t+1$，转向步骤（2），重复上述步骤直到满足要求的模拟长度结束。

考虑到模拟序列的前面部分受初值影响，一般要进行"预热（warm-up）"，即舍弃前面的一部分模拟值，舍弃的模拟序列长度一般不宜少于 50。

（二）AR(p) 偏态序列的模拟

当研究序列服从偏态分布时，由 AR(p) 模型模拟出的序列也应服从偏态分布。因此要模拟具有偏态分布的序列 x_t，就必须对 x_t 或 ε_t 进行一定的处理。目前有三种方法。

1. 对数转换法

若 x_t 服从对数正态分布，可将 x_t 进行对数变换

$$y_t = \ln(x_t - a) \tag{5-63}$$

则 y_t 服从正态分布。对 y_t 建立 AR(p) 模型

$$y_t = u_y + \varphi_1(y_{t-1}-u_y) + \varphi_2(y_{t-2}-u_y) + \cdots + \varphi_p(y_{t-p}-u_y) + \sigma_\xi \xi_t \tag{5-64}$$

$$\sigma_\xi^2 = (1 - \rho_{y(1)}\varphi_1 - \cdots - \rho_{y(p)}\varphi_p)\sigma_y^2$$

式中：u_y 为序列 y_t 的均值；σ_ξ 为 ξ_t 的均方差；$\rho_{y(i)}(i=1,2,\cdots,p)$ 为 y_t 的第 i 阶总体自相关系数；σ_y 为 y_t 的均方差。

式中各参数均可依据样本序列由相关方法估计。

根据式（5-64）模拟序列 y_t 后，由式（5-63）的逆变换

$$x_t = e^{y_t} + a \tag{5-65}$$

可随机模拟出大量的序列 x_t。模拟序列 x_t 服从偏态分布（对数正态分布）。

参数 a 可按式（5-66）计算

$$\left. \begin{array}{l} a = u - \dfrac{\sigma}{\eta} \\[3mm] \eta = \left(\dfrac{\sqrt{C_{s_x}^2 + 4} + C_{s_x}}{2} \right)^{1/3} - \left(\dfrac{\sqrt{C_{s_x}^2 + 4} - C_{s_x}^2}{2} \right)^{1/3} \end{array} \right\} \tag{5-66}$$

式中：u 和 σ 分别为原研究序列 x_t 的均值和均方差。

a 也可按下式估算

$$a = \frac{x_{(1)} x_{(n)} - x_{0.5}^2}{x_{(1)} + x_{(n)} - 2x_{0.5}} \tag{5-67}$$

式中：$x_{(1)}$ 和 $x_{(n)}$ 分别为序列 x_t 的最小值和最大值；$x_{0.5}$ 为 x_t 的中位数值。

式（5-67）的适用条件是 $x_{(1)} + x_{(n)} - 2x_{0.5} > 0$。

需要说明的是，就正态变量 y_t 而言，它在时序上的变化符合 AR(p) 的统计性质，但是对数正态变量 x_t 是由正态变量通过指数转换而得到的，所以其时序变化性质严格讲不符合 AR(p) 序列的性质。

2. 独立随机项变换法

若 x_t 服从 P-Ⅲ型分布，可用独立随机项变换法。对 x_t 建立 AR(p) 模型：

$$x_t = u + \varphi_1(x_{t-1} - u) + \cdots + \varphi_p(x_{t-p} - u) + \sigma \sqrt{1 - \varphi_1 r_1 - \cdots - \varphi_p r_p} \Phi_t \tag{5-68}$$

式中：Φ_t 为服从均值 0，方差 1，偏态系数 C_{s_Φ} 的 P-Ⅲ型分布。

由式（5-68）随机模拟的 x_t 就近似服从 P-Ⅲ型分布。Φ_t 由 W-H 变换法模拟，即

$$\Phi_t = \frac{2}{C_{s_\Phi}} \left(1 + \frac{C_{s_\Phi} \xi_t}{6} - \frac{C_{s_\Phi}^2}{36} \right)^3 - \frac{2}{C_{s_\Phi}} \tag{5-69}$$

式中：ξ_t 服从标准正态分布。

要随机模拟 x_t 序列，必须先计算出 C_{s_Φ}。

将式（5-68）右边第一项 u 移到左边，再两边立方并取数学期望，考虑 Φ_t 与 $x_{t-i}(i=1, 2, \cdots, p)$ 相互独立，可近似得到

$$C_{s_\Phi} = \frac{1 - \varphi_1^3 - \varphi_2^3 - \cdots - \varphi_p^3}{(1 - \rho_1 \varphi_1 - \rho_2 \varphi_2 - \cdots - \rho_p \varphi_p)^{3/2}} C_{s_x} \tag{5-70}$$

当 $p=1$ 时，式（5-70）变为

$$C_{s_\Phi} = C_{s_x} (1 - \varphi_1^3)/(1 - \rho_1 \varphi_1)^{3/2}$$

当 $p=2$ 时，式（5-70）变为

$$C_{s_\Phi} = \frac{1 - \varphi_1^3 - \varphi_2^3}{(1 - \rho_1 \varphi_1 - \rho_2 \varphi_2)^{3/2}} C_{s_x} \tag{5-71}$$

需要注意，当 C_{s_x} 较大时，W-H 变换法的精度较差，尤以频率两端（稀遇频率和大频率）为甚。因此，式（5-69）原则上只能在 C_{s_x} 取较小值时适用。至于具体的适用范围，尚没有统一的认识。麦克玛洪（Mcma hon）等人给出了 W-H 变换公式的适用范围

图（图 5-8）。该图表明，在自相关系数 $\rho_1 = 0$ 时，适用范围大约是 $C_{s_x} < 4$；而当 $\rho_1 = 0.7$ 时，适用范围大约是 $C_{s_x} < 2$。又如金贝（W. Kinby）建议 W-H 变换公式只能适用于 $C_{s_x} < 3$。在数学文献里，对 W-H 变换公式的适用范围有较大的限制。例如，有的文献认为该式的使用条件是 $C_{s_x} < 0.52$。综上所述，W-H 变换式的适用范围与模拟精度密切相关。在精度要求较低时，可在 C_{s_x} 较大的范围内使用；否则，在 C_{s_x} 较小的范围内使用。据我们的应用经验，在一般情况下可考虑在 C_{s_x}

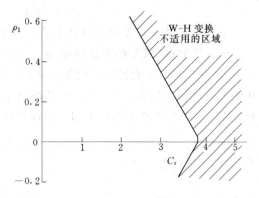

图 5-8　W-H 变换法的适用范围

< 2 范围内使用。若模拟精度要求较高时，可以考虑 $C_{s_x} < 0.5$ 时使用，而当 $C_{s_x} > 0.5$ 时，建议使用舍选法。

3. W-H 逆变换法

这是一种近似的偏态处理办法。在 $C_{s_x} < 2$ 时精度满足要求。该法是先将 x_t 标准化为 y_t，由 y_t 通过 W-H 逆变换：

$$z_t = \frac{6}{C_{s_x}} \left[\left(\frac{C_{s_x}}{2} y_t + 1 \right)^{1/3} - 1 \right] + \frac{C_{s_x}}{6} \qquad (5-72)$$

成近似服从标准正态分布的序列 z_t；再对序列 z_t 建立自回归模型；最后由 W-H 变换和逆标准化得到服从偏态分布的模拟序列 x_t。模拟的基本步骤如下：

（1）对 z_t 建立 AR(p) 模型并得到大量的模拟序列 z_t。

（2）由 W-H 变换法将模拟序列 z_t 转化成服从标准 P-III 型分布的序列 y_t，即

$$y_t = \frac{2}{C_{s_x}} \left(1 + \frac{C_{s_x} z_t}{6} - \frac{C_{s_x}^2}{36} \right)^3 - \frac{2}{C_{s_x}} \qquad (5-73)$$

（3）由下式（逆标准化）计算 x_t：

$$x_t = u_x + \sigma_x y_t \qquad (5-74)$$

【例 5-2】　金沙江屏山至宜宾区间有 48 年（1940—1987 年）年平均流量序列，如图 5-1 所示。实测资料的统计参数计算成果见表 5-1。建立 AR(2) 模型，模型参数为：$\varphi_1 = 0.286$，$\hat{\varphi}_2 = 0.153$，$\sigma_\varepsilon = 387$。假设年平均流量序列服从 P-III 型分布，采用独立随机项变换法模拟 1000 年。模拟序列的统计参数同列表 5-1 中。由表 5-1 可见，AR(2) 模型能表征屏山至宜宾区间年平均流量的主要统计变化特性。

表 5-1　　　　　屏山至宜宾区间实测和模拟年径流序列的统计参数

参数	均值/(m³/s)	均方差/(m³/s)	C_v	C_s	r_1	r_2
实测序列	3239	416	0.13	0.99	0.338	0.250
模拟序列	3237	415	0.13	0.96	0.351	0.266

第四节　滑 动 平 均 模 型

前面已介绍了滑动平均模型 MA(q) 的一般形式。若写成中心化形式，有

$$y_t = \varepsilon_t - \theta_1 \varepsilon_{t-1} - \theta_2 \varepsilon_{t-2} - \cdots - \theta_q \varepsilon_{t-q} \tag{5-75}$$

下面对滑动平均模型的可逆条件、自相关函数及参数估计方法等进行介绍。

一、MA(q) 模型的可逆性条件

式 (5-75) 是有限项 ε 的加权和，所以序列 y_t 是稳定的。但若要将 MA(q) 写成可逆的形式，则参数 $\theta_1, \theta_2, \cdots, \theta_q$ 必须满足一定的条件，称这样的条件为可逆性条件。以 MA(1) 为例说明可逆性形式和可逆性条件。MA(1) 模型为

$$y_t = \varepsilon_t - \theta_1 \varepsilon_{t-1} \tag{5-76}$$

由式 (5-76) 有

$$\varepsilon_t = y_t + \theta_1 \varepsilon_{t-1}$$

则依次可得

$$\varepsilon_{t-1} = y_{t-1} + \theta_1 \varepsilon_{t-2}$$

$$\cdots$$

$$\varepsilon_{t-i} = y_{t-i} + \theta_1 \varepsilon_{t-i-1}$$

将这些关系代入式 (5-76)，有

$$\varepsilon_t = \sum_{j=0}^{\infty} \theta_1^j y_{t-j} \tag{5-77}$$

式 (5-77) 就是 MA(1) 模型的可逆形式。它表明 ε_t 是怎样由以往的 y_t 线性组合而成的。θ_1^j 为组合的权重。令 $I_j = \theta_1^j$，称 I_j 为逆转函数。显然，要使式 (5-77) 收敛，其条件是 $|\theta_1| < 1$。这个条件等价于方程 $R - \theta_1 = 0$ 的根在单位圆内。换而言之，MA(1) 模型的可逆性条件为：将模型 $y_t = \varepsilon_t - \theta_1 \varepsilon_{t-1}$ 变换为 $R - \theta_1 = 0$ 方程，要求方程的根在单位圆内。

这一原则可以推广到 MA(q) 模型。MA(q) 模型的可逆性条件为方程

$$R^q - \theta_1 R^{q-1} - \theta_2 R^{q-2} - \cdots - \theta_q = 0 \tag{5-78}$$

的根全在单位圆内。例如，对于 MA(2) 模型 $y_t = \varepsilon_t - 0.6\varepsilon_{t-1} - 0.2\varepsilon_{t-2}$，式 (5-78) 变为 $R^2 - 0.6R - 0.2 = 0$。由此解得 $R_1 = 0.836$ 和 $R_2 = -0.263$ 都在单位圆内，所以该 MA(2) 序列满足可逆性条件，即可表示成可逆形式。

二、MA(q) 模型的自相关函数

由式 (5-75) 得

$$y_{t-k} = \varepsilon_{t-k} - \theta_1 \varepsilon_{t-k-1} - \theta_2 \varepsilon_{t-k-2} - \cdots - \theta_q \varepsilon_{t-k-q} \tag{5-79}$$

将式 (5-75) 两边分别同乘式 (5-79) 并取数学期望，得

$$E(y_{t-k} y_t) = E[(\varepsilon_{t-k} - \theta_1 \varepsilon_{t-k-1} - \cdots - \theta_q \varepsilon_{t-k-q})(\varepsilon_t - \theta_1 \varepsilon_{t-1} - \cdots - \theta_q \varepsilon_{t-q})]$$

当 $k=0$ 时，得 y_t 的方差

$$\sigma^2 = (1 + \theta_1^2 + \theta_2^2 + \cdots + \theta_q^2)\sigma_\varepsilon^2 \tag{5-80}$$

当 $0 < k \leqslant q$ 时，得自相关函数

$$\rho_k = \frac{-\theta_k + \theta_1 \theta_{k+1} + \cdots + \theta_{q-k}\theta_q}{1 + \theta_1^2 + \theta_2^2 + \cdots + \theta_q^2} \tag{5-81}$$

当 $k > q$ 时，$\rho_k = 0$。

可以看出，当时移超过 q 后，MA(q) 模型的自相关函数变为 0，即滑动平均序列的自相关函数在 q 处截尾。

当 $q=1$ 时，由式（5-81）得

$$\rho_k = \begin{cases} \dfrac{-\theta_1}{1+\theta_1^2} & (k=1) \\[3mm] 0 & (k>1) \end{cases} \tag{5-82}$$

所以 MA(1) 模型的自相关函数在 $k=1$ 处截尾。

当 $q=2$ 时，由式（5-81）得

$$\rho_k = \begin{cases} \dfrac{-\theta_1(1-\theta_2)}{1+\theta_1^2+\theta_2^2} & (k=1) \\[3mm] \dfrac{-\theta_2}{1+\theta_1^2+\theta_2^2} & (k=2) \\[3mm] 0 & (k\geqslant 3) \end{cases} \tag{5-83}$$

可见，MA(2) 模型的自相关函数在 $k=2$ 处截尾。

三、MA(q) 模型的偏相关函数

经适当运算，得到 MA(1) 模型的偏相关函数：

$$\varphi_{k,k} = \frac{-\theta_1^k(1-\theta_1^2)}{1-\theta_1^{2(k+1)}} \tag{5-84}$$

显然，$|\varphi_{k,k}| < \theta_1^k$。可见，MA(1) 模型的偏相关函数呈指数型的衰减，并且是拖尾的。

同理，也可以推求 MA(q) 模型的偏相关函数并证明它是拖尾的，此处不再赘述。

四、MA(q) 模型的参数估计

MA(q) 模型有 $q+2$ 个参数：u、σ 和滑动平均系数 $\theta_1,\theta_2,\cdots,\theta_q$。$u$、$\sigma$ 由式（5-54）和式（5-55）估计。$\theta_1,\theta_2,\cdots,\theta_q$ 的估计方法如下：若已知 $\rho_1,\rho_2,\cdots,\rho_q$，由式（5-81）形成 q 个方程，联立求解即可。但该方程是非线性的，除极简单情况（$q=1$，$q=2$）可直接求解外，其余一般用数值法计算。当然也可以采用优化算法（遗传算法、基因算法等）确定。矩法估计的参数精度较差，但可用于模型的识别和作为精确估计方法（如最小二乘方法）的迭代初始值。至于独立随机序列 ε_t 的方差，当估计出 σ^2 和 $\theta_1,\theta_2,\cdots,\theta_q$ 后，可用式（5-80）计算。

MA(1) 模型的参数为

$$\left.\begin{array}{l} \theta_1 = \dfrac{-2\rho_1}{1\pm\sqrt{1-4\rho_1^2}} \\[4mm] \sigma_\varepsilon^2 = \sigma^2\,\dfrac{1\pm\sqrt{1-4\rho_1^2}}{2} \end{array}\right\} \tag{5-85}$$

式中：ρ_1 由样本一阶自相关系数 r_1 代替；σ^2 由样本方差 s^2 代替。

θ_1 和 σ_ε^2 的两种可能值中应取哪一个，由可逆性条件确定。而矩法估计式为式（5-85）中取"＋"号者。

MA(2) 模型的参数为

$$\theta_2 = \frac{1}{2} - \frac{1}{4\rho_2} - \frac{1}{2\rho_2}\sqrt{(\rho_2+0.5)^2 - \rho_1^2} \pm \sqrt{\left[\frac{1}{2} - \frac{1}{4\rho_2} - \frac{1}{2\rho_2}\sqrt{(\rho_2+0.5)^2 - \rho_1^2}\right]^2 - 1}$$

$$\theta_1 = \frac{\rho_1\theta_2}{\rho_2(1-\theta_2)}$$

$$\sigma_\varepsilon^2 = -\sigma^2\frac{\rho_2}{\theta_2}$$

$$(5-86)$$

式中：ρ_1 和 ρ_2 分别由样本一阶和二阶自相关系数 r_1、r_2 代替；σ^2 由样本方差 s^2 代替；正负号"$\pm$"依 $\rho_2 > 0$ 或 $\rho_2 < 0$ 分别取 $+$ 或 $-$。

由于 MA(q) 与 AR(p) 模型在一定条件下是等价的，加之 MA(q) 模型参数估计较繁杂，因此，MA(q) 模型在水文水资源领域中应用较少。

第五节　自回归滑动平均模型

ARMA(p,q) 模型结构见式（5-4），其中心化形式为（y_t 为中心化变量）

$$y_t = \varphi_1 y_{t-1} + \varphi_2 y_{t-2} + \cdots + \varphi_p y_{t-p} + \varepsilon_t - \theta_1\varepsilon_{t-1} - \theta_2\varepsilon_{t-2} - \cdots - \theta_q\varepsilon_{t-q} \qquad (5-87)$$

ARMA(p,q) 模型是 AR(p) 和 MA(q) 的混合，有时又称混合模型。它的主要特点有：

（1）较 AR(p) 和 MA(q) 能更好地反映水文变量在时序变化上的统计特性，即具有更大的弹性。

（2）在达到一定的要求下较 AR(p) 和 MA(q) 具有更少的参数。

这里重点介绍最简单的自回归滑动平均模型，即 ARMA(1,1)。它适应性强，在水文水资源学中有一定的应用。通过它可以对 ARMA(p,q) 有所了解。限于篇幅，在此不对 ARMA(p,q) 做一般性讨论了。

对于 ARMA(1,1)，中心化变量的表达式为

$$y_t = \varphi_1 y_{t-1} + \varepsilon_t - \theta_1\varepsilon_{t-1} \qquad (5-88)$$

该模型是 AR(1) 和 MA(1) 的混合，其统计特性和参数估计叙述如下。

一、ARMA(1,1) 模型的平稳性条件和可逆性条件

由前面分析知，AR(1) 序列的平稳性条件为 $-1 < \varphi_1 < 1$，MA(1) 序列的可逆性条件为 $-1 < \theta_1 < 1$。而 ARMA(1,1) 是两者的混合，因此，它既受平稳性条件制约，又受可逆性条件制约。对于 ARMA(1,1) 模型，要求 $-1 < \varphi_1 < 1$，$-1 < \theta_1 < 1$，且 $\varphi_1 > \theta_1$。如图 5-9（a）所示给出了 ARMA(1,1) 平稳性和可逆性条件下参数的容许域。

二、ARMA(1,1) 模型的自相关函数

经推导，ARMA(1,1) 模型的自相关函数为

$$\rho_1 = \frac{(1-\varphi_1\theta_1)(\varphi_1-\theta_1)}{1+\theta_1^2-2\varphi_1\theta_1}$$

$$\rho_k = \varphi_1\rho_{k-1} \quad (k \geqslant 2) \qquad (5-89)$$

从式（5-89）可以看出，ARMA(1,1) 的自相关函数是拖尾的。

利用 φ_1 的平稳性条件和 θ_1 的可逆性条件，通过式（5-89）可得 ρ_1 和 ρ_2 必须满足的

条件是

$$
\left.
\begin{array}{l}
|\rho_2| < |\rho_1| \\
\rho_2 > \rho_1(2\rho_1 + 1) \quad (\rho_1 < 0) \\
\rho_2 > \rho_1(2\rho_1 - 1) \quad (\rho_1 > 0)
\end{array}
\right\}
\tag{5-90}
$$

式（5-90）如图 5-9（b）所示。

三、ARMA(1,1) 模型的参数估计

ARMA(1,1) 模型参数可用矩法和最小二乘法估计。前者估值精度较差，后者精度较高。

1. 矩法估计

由式（5-89）有

$$
\rho_2 = \varphi_1 \rho_1
$$

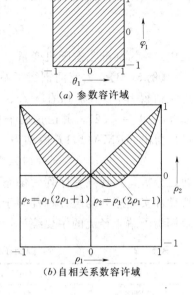

(a) 参数容许域

$\rho_2 = \rho_1(2\rho_1+1)$ $\rho_2 = \rho_1(2\rho_1-1)$

(b) 自相关系数容许域

图 5-9　给出了 ARMA(1,1) 平稳性和可逆性条件下参数及自相关系数的容许域

以 ρ_1 和 ρ_2 的估计值 r_1 和 r_2 即可得 $\hat{\varphi}_1$。由 $\hat{\varphi}_1$ 和 r_1 通过式（5-89），用迭代法可求得 $\hat{\theta}_1$。例如，根据某河的年径流资料计算出 $r_1 = 0.535$，$r_2 = 0.463$，由此求出 $\hat{\varphi}_1 = 0.865$，以 $\hat{\varphi}_1 = 0.865$ 和 $r_1 = 0.535$ 用解方程的方法或试算法求得 $\hat{\theta}_1 = 0.502$。

对于 ARMA(1,1)，可推导出

$$
\sigma^2 = \frac{1 + \theta_1^2 - 2\varphi_1\theta_1}{1 - \varphi_1^2}\sigma_\varepsilon^2
\tag{5-91}
$$

式中：σ^2 为研究序列的方差，由样本方差 s^2 估计；σ_ε^2 为残差序列 ε_t 的方差。

2. 最小二乘法估计

给定一个样本序列 $y_1, y_2, \cdots, y_n$，并以矩法获得了参数的初估值 $\hat{\varphi}_1$ 和 $\hat{\theta}_1$，以下式计算残差

$$
\varepsilon_t = y_t - \hat{\varphi}_1 y_{t-1} + \hat{\theta}_1 \varepsilon_{t-1}
\tag{5-92}
$$

进而计算 ε_t 的平方和。在计算时，可令 y_0，y_{-1} 等于 0。显然，ε_t 的平方和是参数 $\hat{\varphi}_1$ 和 $\hat{\theta}_1$ 的函数，即

$$
\sum_{t=1}^{n} \varepsilon_t^2 = H(\hat{\varphi}_1, \hat{\theta}_1)
\tag{5-93}
$$

最小二乘法估计就是寻求一组参数 $\hat{\varphi}_1$ 和 $\hat{\theta}_1$，使式（5-93）最小。求解时广泛应用的是迭代法，如高斯-牛顿法、最速下降法和麦夸尔特法等。麦夸尔特法既可对初始值放宽要求，又可加快收敛速度，是一种较好的方法。遗传算法是一种全局优化算法，也能优良地估计上述参数。

四、ARMA(1,1) 模型的随机模拟

ARMA(1,1) 序列的模拟原理、方法和步骤同前述的 AR(1) 序列一样。若式（5-88）中的独立随机序列 ε_t 服从正态分布，则模拟序列 x_t 或 y_t 仍遵循正态分布。如要模拟偏态序列，可采用对数转换法、独立随机项变换法或 W-H 逆变换法。至于独立随机项的偏态系数和分布类型，可以通过残差的计算来分析确定。ARMA(1,1) 序列残差项 $\varepsilon_i(i=1,2,\cdots,n)$ 由式（5-92）计算；由序列 $\varepsilon_i(i=1,2,\cdots,n)$ 即可估算出 C_{s_ε}。通过拟合优度检验确定其概率分布，在水文学中多采用 P-III 型分布。

若采用独立随机项变换法并假定 ε_t 服从 P-Ⅲ型分布，则

$$\varepsilon_t = \sigma_\varepsilon \left[\frac{2}{C_{s_\varepsilon}} \left(1 + \frac{C_{s_\varepsilon} \xi_t}{6} - \frac{C_{s_\varepsilon}^2}{36}\right)^3 - \frac{2}{C_{s_\varepsilon}} \right] \tag{5-94}$$

式中：ξ_t 为标准正态随机变量。

【例 5-3】 大渡河铜街子站具有 43 年的年径流资料，试建立 ARMA(1,1) 模型。用矩法估得其均值为 $1491\text{m}^3/\text{s}$、方差为 $36481 (\text{m}^3/\text{s})^2$。应用最小二乘法估得参数 $\varphi_1 = 0.685$、$\theta_1 = 0.327$，并由这两个参数和年径流方差的估值，用式 (5-91) 估得 $\hat{\sigma}_\varepsilon = 1716$。最后得出 ARMA(1,1) 模型为

$$x_t = 1491 + 0.685(x_{t-1} - 1491) + \varepsilon_t - 0.327\varepsilon_{t-1}$$

通过分析，发现残差序列为偏态分布并采用 P-Ⅲ型。ARMA(1,1) 模型模拟序列的统计特性和实测序列的统计特性列于表 5-2 中。由表 5-2 可以看出，ARMA(1,1) 模型能反映铜街子站年径流的主要统计特性。

表 5-2　　　　　　　铜街子站实测和模拟年径流序列的统计参数

参数	$\bar{x}/(\text{m}^3/\text{s})$	C_v	C_s	r_1
模拟序列	1491	0.13	0.34	0.40
实测序列	1491	0.13	0.33	0.43

第六节　建立随机模型的程序

建立随机模型必须遵守一定的程序。所谓建立模型，一般是指由有关资料和各种信息来推断描述研究对象的某种数学表达式并估计其中的参数。建立随机模型相对比较复杂，但总是可以简化的，大致包括 5 个主要阶段，如图 5-10 所示。

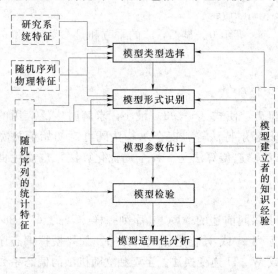

图 5-10　随机模型建立的一般程序

一、模型类型的选择

模型类型的选择，就是在各种模型中选择一种合适的模型，以表示研究随机序列的总体变化特性。模型类型的选择涉及许多因素，但主要因素是研究对象系统的物理特征、随机序列的物理和统计特性以及模型建立者的知识和经验，如图 5-10 中所示。例如，一个较大的水资源系统涉及几条河流，当这几条河流的径流存在着一定关系时，单变量模型就不合适了，必须选用多变量模型；但是若对几条河流的径流统计性质进行分析，发现它们之间无关系（即相互独立）时，则仍可选用单变量模型。模型是由模型建立者选择的，建模者的知识和经验起着较大的作用。例如，建模者对 AR(p) 模型熟悉，他就倾向于选用这一

类模型。总之，最终选择的模型期望既在统计上合理，又简单实用。

对于平稳随机序列如何选择 ARMA(p,q) 类模型？也就是说如何从 AR(p)、MA(q) 和 ARMA(p,q) 模型中选择一种合适的模型。ARMA(p,q) 类模型选择的主要依据是样本序列显示的自相关函数和偏相关函数特性。下面分别叙述 MA(q)、AR(p) 和 ARMA(p,q) 模型识别的具体方法。

1. MA(q) 模型识别

MA(q) 序列的自相关函数 ρ_k 呈截尾状，在 $k=q$ 时出现一个截尾点，即当 $k \leqslant q$ 时，$\rho_k \neq 0$；当 $k > q$ 时，$\rho_k = 0$。相反，它的偏相关函数随阶数 q 的增加而逐渐变小，呈拖尾状，单调或波动衰减地趋向于 0。

当 $k > q$ 时，样本序列的自相关函数 r_k 的方差 $D(r_k)$ 近似为

$$D(r_k) = \frac{1}{n}\left(1 + 2\sum_{l=1}^{q} r_l^2\right) \tag{5-95}$$

式中：n 为实测序列的长度（样本容量）；l 为滞时；q 为滑动平均模型的阶数。

由于当 $k > q$ 时，r_k 将逐渐近于服从正态分布 $N\left[0, \frac{1}{n}\left(1 + 2\sum_{l=1}^{q} r_l^2\right)\right]$。根据正态分布的性质，有

$$p\left\{|r_k| < \frac{1.96}{\sqrt{n}}\left(1 + 2\sum_{l=1}^{q} r_l^2\right)^{1/2}\right\} = 95.0\% \tag{5-96}$$

利用式（5-96）可以判断 r_k 的截尾性。对于每一个 $q > 0$，检查 $r_{q+1}, r_{q+2}, \cdots, r_{q+M}$（$M$ 一般可取 $\sqrt{n}$ 左右）中落入式（5-96）所确定范围的比例，是否占总数 M 的 95.0% 左右。如果在某个 q_0 之前，r_k 都明显地不能认为是零，而 $q = q_0$ 时，$r_{q_0+1}, r_{q_0+2}, \cdots, r_{q_0+M}$ 中满足上述不等式的个数达到比例，则判断 r_k 在 q_0 处截尾，并初步认为样本序列是 MA(q_0) 序列，即识别的结果是 MA(q_0) 模型。

2. AR(p) 模型识别

AR(p) 的自相关函数随滞时的增大逐步变小，自相关图呈拖尾状，单调或波动衰减地趋向于零。而它的偏相关函数 $\varphi_{k,k}$ 呈截尾状，在 $k=p$ 处出现一个截止点，即当 $k \leqslant p$ 时，$\varphi_{k,k} \neq 0$；当 $k > p$ 时，$\varphi_{k,k} = 0$。

可以证明，当样本容量 n 充分大时，样本偏相关函数 $\hat{\varphi}_{k,k}$ 的方差 $D(\hat{\varphi}_{k,k})$ 近似为

$$D(\hat{\varphi}_{k,k}) = 1/n \tag{5-97}$$

$\hat{\varphi}_{k,k}$ 将渐近于服从正态分布 $N(0, 1/n)$。于是有

$$p\left\{|\hat{\varphi}_{k,k}| < \frac{1.96}{\sqrt{n}}\right\} = 95.0\% \tag{5-98}$$

利用式（5-98）判断 $\hat{\varphi}_{k,k}$ 的截尾性，步骤和前述 MA(q) 模型类似。但要说明，由于水文序列一般较短，要精确地估计 $\hat{\varphi}_{k,k}$ 落入式（5-98）所示范围内的比例常常遇到困难。简化的近似做法是：若 $|\hat{\varphi}_{k,k}|$ 超出 $1.96/\sqrt{n}$ 的范围，即接受偏相关函数异于零的假设。例如，某河年径流量序列偏相关函数如图 5-11 所示。该图表明：只有 $\hat{\varphi}_{1,1}$ 超出了 95% 的容许限，可认为该河年径流量可以用 AR(1) 序列来表示其统计特性，即识别模型为 AR(1) 模型。

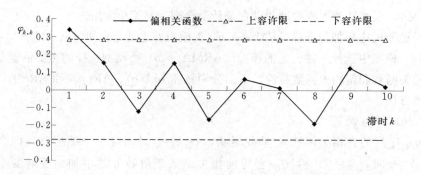

图 5-11 某河年径流量序列偏相关函数

3. ARMA(p,q) 模型识别

ARMA(p,q) 的自相关函数和偏相关函数都没有截尾点，均呈拖尾状而逐渐变小，趋向于零。

对于这种混合模型，自相关函数和偏相关函数均无截尾的性质，所以识别较困难。一般识别 p 和 q 的办法可以从低阶到高阶逐个取（p、q）为（1,1），（1,2），（2,2）等值进行尝试。所谓尝试就是先假定（p,q）为某值（例如 $p=1$, $q=1$），然后进行参数估计，并定出估计模型来，再检验这个模型（后面将介绍检验方法）是否被接受。若不被接受，就调整（p,q）的值，再重新进行参数估计和检验，直到模型被接受为止。这个方法看起来很繁琐，但却是一种适用的方法。实际上，即使识别 AR(p) 和 MA(q) 模型也要通过检验程序才能最后确定出合适模型。对混合模型而言，在工程科学中应用的阶数都比较低，一般 $p \leqslant 2$, $q \leqslant 2$。由于 ARMA(p,q) 和 MA(q) 模型的参数估计比 AR(p) 模型困难，实际中常尽量用 AR(p) 模型来描述研究序列的统计特性。

二、模型形式的识别

模型类型一经选定，接着便要确定模型的具体形式，即确定模型的阶数。一般将模型的定阶称为模型形式的识别。例如对于 ARMA(p,q) 模型，便是定出 p、q 的数值。

对于 ARMA(p,q) 类模型，如何确定 p 和 q 呢？首先要绘制 X_t 的时间变化过程图，观察图中是否具有趋势、跳跃、突变和季节分量。如有，按第三章介绍的方法进行排除。在此基础上，分析序列的物理和统计性质，依据第三章的自相关图、偏相关图、方差谱密度图以及其他的判别方法，可以较客观地选定阶数。当然建模者的经验也会在一定程度上影响阶数的确定。

显然，上述介绍的模型识别方法是不全面的。赤池（Akaike）对于 ARMA(p,q) 类模型中阶数 p 和 q 的确定提出了 AIC（Akaike information criterion）准则。下面简要说明这一准则的基本概念。希望选定的模型能反映时间序列的统计变化特性，既要尽可能好地拟合序列，又要使模型的参数尽可能的少。一般而言，模型参数越多，拟合效果越好（拟合残差越小）。然而，随着参数的增多，需要的信息量亦随之增加。在信息量一定的情况下，参数越多，参数的估计误差越大，获得的模型越不可靠。因此，在选定模型时，参数要尽可能少。但另一方面，参数越少，拟合残差便越大。这样在识别模型时就必须兼顾这两方面的要求。赤池便是基于这一思路提出了 AIC 准则。准则的计算式中包括两项：一项是拟合残差量，另一项是参数数量。模型识别时要求这两项之和为最小。

对 ARMA(p,q) 模型，AIC 准则为

$$\mathrm{AIC}(p,q)=n\ln(\sigma_\epsilon^2)+2(p+q) \qquad (5-99)$$

式中：n 为实测序列的长度；σ_ϵ^2 为残差的方差。

对于 AR(p) 模型，式（5-99）中的 $q=0$；而对于 MA(q) 模型式（5-99）中的 $p=0$。按 AIC 准则，使 AIC 达到最小值的模型被认为是可以接受的好模型。对 AR(p) 模型，按 AIC 准则识别的步骤如下：

（1）由式（3-5）计算样本序列的自相关函数 r。

（2）按式（5-47）递推计算自回归系数 φ。

（3）由式（5-58）计算残差 ϵ 的方差 σ_ϵ^2。

（4）按式（5-99）计算 AIC。

（5）根据不同的阶数 p，计算出相应的 AIC(p)，如 AIC(0)，AIC(1)，AIC(2)，$\cdots$，使 AIC 达到最小值的相应阶数便为所求。

一般说来，模型的残差方差 σ_ϵ^2 随模型参数的增加而减小，从而存在着一个参数数目使式（5-99）达到最小。对 MA(q) 和 ARMA(p,q) 模型，计算的步骤大致相同。

AIC 准则确定模型的阶数比较方便。但从理论上证明，AIC 准则得到的阶并不是相容的，即当 $n\to\infty$ 时，AIC 准则给出的模型阶数不能依概率收敛于真值。为了得到相容估计，提出了一些方法修正这个准则。作为 AIC 的一个流行的替代准则——贝叶斯信息准则（BIC），即

$$\mathrm{BIC}(p,q)=n\ln(\sigma_\epsilon^2)+(p+q)\ln(n) \qquad (5-100)$$

可以证明：式（5-100）在二阶矩的条件下为相容估计。BIC 达到极小值的相应阶数即为所求。AIC 准则定出的阶数往往比真值稍高，但从应用的观点而言，这是可行的。因此 AIC 准则仍不失其应用价值。其实由准则推定的阶数一般只是一个参考值，最终合理确定阶数尚须建立在综合各种信息和全面分析的基础上。

三、模型参数的估计

模型中的参数必须通过获得的各种信息估计。显然，最重要的信息是实测序列，其他可以利用的信息（地区信息、历史洪水信息等）也不可忽视。

在一定信息的情况下，应尽量选用优良的估计方法。目前估计参数的方法较多，例如矩法、最小二乘法、极大似然法、加速遗传算法（accelerating genetic algorithm，AGA）等。不管用何种方法估计出的参数都必须符合模型所要求的条件，就是说参数值必须限制在某一区间内，以保证模型具有所期望的特性。

四、模型的检验

在建立随机模型时，一般假定模型中随机变量 ϵ_t 是独立的。模型的形式和参数确定后，还必须对模型是否符合该假定加以检验。另外，还必须对 ϵ_t 的分布假定做检验。

独立性的检验主要原理是统计学中的假设检验理论。常用方法有自相关分析法和综合自相关系数检验法。

1. 综合自相关系数检验法

综合自相关系数检验法在第四章第二节介绍过，这里简要归纳如下：

（1）通过模型［如 AR(p)］反求随机项的样本序列 ϵ_t（$t=1,2,\cdots,n$；n 为实测序列长度）。

（2）由 ε_t 用式（3-5）计算自相关系数 $r_{k,\varepsilon}(k=1,2,\cdots,m$；$m$ 取值可考虑 $n/4$ 左右）。

（3）构造统计量：

$$Q = n \sum_{k=1}^{m} r_{k,\varepsilon}^2 \tag{5-101}$$

若 ε_t 为独立序列，则 Q 渐近服从自由度为（$m-p-q$）的 χ^2 分布。

（4）给定显著水平 α（常取 0.05 或 0.01），查 χ^2 分布表，得 χ_α^2。

（5）判断：若 $Q \leqslant \chi_\alpha^2$，则 ε_t 是独立的；反之不独立。

2. 自相关分析法

自相关分析法在第三章第二节也介绍过，简要归纳如下：

（1）通过模型反求随机项的样本序列 $\varepsilon_t(t=1,2,\cdots,n)$。

（2）由 $\varepsilon_t(t=1,2,\cdots,n)$ 用式（3-5）计算自相关系数 $r_{k,\varepsilon}(k=1,2,\cdots,m)$。

（3）由用式（3-7）计算容许度为 95％ 的上下容许限。

（4）将上下容许限和自相关系数 $r_{k,\varepsilon}$ 绘制在一张图上，再进行判断。当自相关系数落入容许限之内，则 ε_t 是独立的；反之不独立。

【例 5-4】 某站有 44 年的年径流序列，已识别出为 AR(1) 模型。由样本序列，通过该模型算得残差序列 ε_t，进而算出它的自相关系数，见表 5-3。用上述两种进行独立性检验。将自相关系数数据代入式（5-101），算出 $Q=6.23$，选显著水平 0.05，查 χ^2 分布表（这里自由度为 $m-p-q=10-1-0=9$）的 $\chi_\alpha^2=16.9$，从而判断 ε_t 是独立的。应用自相关分析法进行检验：自相关系数都落入上下容许限之间，见表 5-3，可见 ε_t 是独立的。

表 5-3　　　　　　　　　　　　残差独立性检验

滞时 k	1	2	3	4	5	6	7	8	9	10
$r_{k,\varepsilon}$	−0.13	0.14	0.14	−0.09	0.04	0.18	−0.18	0.05	0.02	−0.09
上容许限	0.217	0.218	0.219	0.22	0.222	0.223	0.224	0.225	0.227	0.228
下容许限	−0.254	−0.256	−0.258	−0.26	−0.2629	−0.264	−0.266	−0.268	−0.270	−0.272

分布函数的检验在某些情况下也要进行。若假定 ε_t 服从正态分布，此时就必须做正态分布的检验。正态性检验方法很多，最直观的方法是将样本序列 $\varepsilon_t(t=1,2,\cdots,n)$ 点绘到正态机率格纸上，检查点据是否近似为直线。若判断为近似直线，则 ε_t 的正态分布可以接受。这一方法虽简单，但判断时带有主观性，检验的结果仅供参考。常用检验正态性的定量统计方法为 χ^2 拟合检验法，一般的统计书中均有介绍，在此不再赘述。事实上，水文水资源领域所涉及的随机变量多呈偏态分布。若对变量不做正态变换，则建立模型后的 ε_t 一般考虑为偏态分布。水文水资源学中多数情况下处理为 P-Ⅲ 分布或对数正态分布。

五、模型的适用性分析

希望选定的模型能反映随机序列真实的基本统计特性，以便在随机模拟和预报中运用这些特性。选定的模型除了模型检验外，还必须在适用性上做进一步的分析。

所谓模型适用性分析，指由随机模型得到的大量模拟序列应保持实测（样本）序列的主要统计特性。主要统计特性是指对所研究问题起主要影响的那些特性，通常包括均值、方差（或变差系数）、偏态系数、一阶、二阶、三阶自相关系数。有时我们还期望保持一些其他参数，如定时段累计量统计参数、极差和轮次统计参数、过程的形状参数（单峰、复峰数、主峰位置及峰与峰之间的间隔）等。对于定时段累积量，如研究对象是月流量序列，则定时段累积量有年最大月流量、年最小月流量、年最大连续三月流量、年最小连续三月流量等；如果研究的对象是日平均流量序列，时段累积量有年最大日平均流量，最大3日、最大5日、最大10日洪量，各月平均流量等。

为了分析模型能否保持实测序列的主要统计特性，先用模型模拟出大量的模拟序列，由此模拟序列计算其统计参数，再与实测序列的相应统计参数对比以做出判断。由模拟序列计算统计参数，有两种方法可供选用。

1. 长序列法

由模型模拟出一个很长的模拟序列，例如模拟出长度 N 为 10000 的序列，然后根据这个长序列来计算参数，记为 $\tilde{\omega}$，实测序列的相应参数记为 ω。若在模拟序列的长度 N 不断增加时，$\tilde{\omega}$ 逐渐接近 ω，则称模型在长序列意义下保持了实测序列参数 ω 的特性，进而推断样本出自推论总体，即接受模型作为推论总体。

2. 短序列法

由模型模拟出许多与实测序列等长的短序列。例如实测序列的长度为 40，则模拟序列长度也是 40。设有长度为 n 的 N_s 个模拟序列，即

第 1 个模拟序列　　　$x_1^1, x_2^1, \cdots, x_n^1$

第 2 个模拟序列　　　$x_1^2, x_2^2, \cdots, x_n^2$

　…　　　　　　　　　…

第 i 个模拟序列　　　$x_1^i, x_2^i, \cdots, x_n^i$

　…　　　　　　　　　…

第 N_s 个模拟序列　　　$x_1^{N_s}, x_2^{N_s}, \cdots, x_n^{N_s}$

对每一个模拟序列均可计算其统计参数。由第 i 个模拟序列计算出的参数记为 $\tilde{\omega}_i$。有 N_s 个模拟序列，故同一种参数有 N_s 个，即 $\tilde{\omega}_i (i=1,2,\cdots,N_s)$。由于抽样的缘故，它们彼此是不相同的。对 $\tilde{\omega}_i (i=1,2,\cdots,N_s)$ 计算出均值和标准差，记为 $\tilde{\omega}^*$ 和 $S_{\tilde{\omega}}$。若在模拟序列的个数 N_s 不断增加时，$\tilde{\omega}^*$ 逐渐趋近 ω（实用中，用 $\tilde{\omega}^* - kS_{\tilde{\omega}} \leqslant \omega \leqslant \tilde{\omega}^* + kS_{\tilde{\omega}}$ 来判断是否接近，其中 $k \leqslant 2$），则称模型在短序列意义下保持了实测序列参数 ω 的特性，即接受模型为推论总体。

第七节　实　例　分　析

下面通过实例说明建立水文序列随机模型的一般步骤和方法。

一、流域特性资料情况和建模目的

铜街子站位于大渡河下游，是大渡河的控制站，测站以上流域面积 76400km^2。径流主要来自降水，但上游有融雪。流域植被较好，调蓄能力强，枯期径流相对较丰。该站有 1937—1979 年共 43 年径流资料，经分析，具有一致性、可靠性和代表性。该站附近拟建一座水电站，需要预估未来年径流多年变化情况。因此，需对铜街子站年径流建立随机模

型，以便模拟出大量序列作为未来年径流量各种变化的预估。

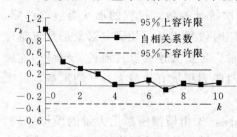

图 5-12　铜街子站年径流量序列自相关图

二、模型类型的选择

由该站 43 年的年径流量序列过程线图可以看出：枯水和丰水常成组出现，这说明年径流量序列存在着正相依性。另据实测序列，由式（3-5）计算出自相关系数并绘出如图 5-12 所示的自相关图。在图上加绘了独立序列自相关系数置信水平为 95％ 的容许限。容许限的计算公式参见式（3-7）。计算结果见表 5-4。

图 5-12 表明：铜街子站年径流量序列的一阶和二阶自相关系数均显著异于独立序列，因此为一组相依序列。该站以上流域的调节性能较好，造成年径流序列之间具有正相关关系。对正相依序列，可以选用不少类型的模型来描述其统计特性。考虑到以下几点，选用 AR(p) 模型：

（1）AR(p) 模型表征径流序列的统计特性有一定的物理基础。

（2）AR(p) 模型参数的估计可以用简单的矩法，而且精度较高。

（3）AR(p) 模型形式简单，数学处理方法简便，为大家所熟悉。

表 5-4　　　　　　　　　　　铜街子站年径流量序列自、偏相关及其容许限

阶数 k	自相关系数及容许限			偏相关系数及容许限		
	上容许限	自相关系数 r_k	下容许限	上容许限	偏相关系数 $\hat{\varphi}_{k,k}$	下容许限
1	0.275	0.422	−0.323	0.299	0.422	−0.299
2	0.278	0.302	−0.327	0.299	0.15	−0.299
3	0.281	0.206	−0.331	0.299	0.043	−0.299
4	0.284	0.019	−0.335	0.299	−0.14	−0.299
5	0.287	0.012	−0.34	0.299	0.007	−0.299
6	0.291	0.087	−0.345	0.299	0.129	−0.299
7	0.294	−0.066	−0.35	0.299	−0.144	−0.299
8	0.298	0.047	−0.355	0.299	0.029	−0.299
9	0.302	0.031	−0.361	0.299	0.001	−0.299
10	0.306	0.055	−0.366	0.299	0.078	−0.299

三、模型形式的识别

选定 AR(p) 模型后，下面的问题便是如何确定 p，即定阶。对 AR(p) 模型，识别阶数 p 的主要方法是对偏相关系数的统计分析。为此，利用式（5-47）和式（5-98）计算出铜街子站年径流序列的偏相关系数及容许限，结果绘于图 5-13 中。计算结果见表 5-4。

图 5-13 表明：当 $k \geqslant 2$ 时，$\hat{\varphi}_{k,k}$ 落于容许限内，故可推断 $p=1$。换言之，据偏相关系数的统计分析，AR(1) 模型可以用来描述该站年径流量序列的统计变化。但是，考虑到式（5-98）在序列长度 n 相当大且序列为正态分布的情况下才是完全正确的。就铜街子

站年径流量序列而言，其长度仅有 43 年，又属偏态分布，因此上述推论的阶数只能作为一种参考。由于其二阶自相关系数较大，这暗示该序列可能为 AR(2) 序列。由以上分析，在现阶段很难得出肯定的结论。暂且认为铜街子站年径流序列可能是 AR(1) 序列，也可能是 AR(2) 序列。下面对这两种可能的模型均作参数估计，以便做进一步检验。

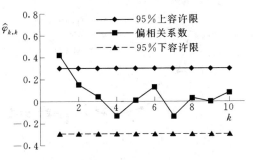

图 5-13 铜街子站年径流量序列偏相关图

四、参数估计

根据铜街子站 43 年径流序列，由式（5-54）和式（5-55）分别计算出均值 $\bar{x}=1491$，方差 $s^2=36480$。前面已算出 $r_1=0.422$，$r_2=0.302$。另外可计算偏态系数 $C_{sx}=0.331$。即铜街子站年径流序列为一偏态相依序列。在建模时，要考虑这种偏态特性。

对于 AR(1) 模型有

$$\hat{\varphi}_1 = r_1 = 0.422$$

利用式（5-59）计算得 $\hat{\sigma}_\varepsilon^2=29983$（$\hat{\sigma}_\varepsilon=173.2$）。因 $|\hat{\varphi}_1|<1$，故参数符合平稳性条件。则 AR(1) 模型为

$$x_t = 1491 + 0.422(x_{t-1}-1491) + 173.2\Phi_t$$

其中，Φ_t 的偏态系数 C_{s_Φ} 为

$$C_{s_\Phi} = \frac{1-\hat{\varphi}_1^3}{(1-\hat{\varphi}_1^2)^{3/2}} C_{s_x} = 0.441$$

对于 AR(2) 模型

$$\hat{\varphi}_1 = r_1 \frac{1-r_2}{1-r_1^2} = 0.359 \qquad \hat{\varphi}_2 = \frac{r_2-r_1^2}{1-r_1^2} = 0.150$$

利用式（5-60）计算得 $\hat{\sigma}_\varepsilon^2=29309$（$\hat{\sigma}_\varepsilon=171.2$）。由于

$$\hat{\varphi}_1 + \hat{\varphi}_2 = 0.359 + 0.150 = 0.509 < 1$$
$$\hat{\varphi}_2 - \hat{\varphi}_1 = 0.150 - 0.359 = -0.209 < 1$$
$$-1 < \hat{\varphi}_2 = 0.150 < 1$$

故参数符合平稳性条件。则 AR(2) 模型为

$$x_t = 1491 + 0.359(x_{t-1}-1491) + 0.150(x_{t-2}-1491) + 171.2\Phi_t$$

其中，Φ_t 的偏态系数 C_{s_Φ} 为

$$C_{s_\Phi} = \frac{1-\hat{\varphi}_1^3-\hat{\varphi}_2^3}{(1-\hat{\varphi}_1 r_1 - \hat{\varphi}_2 r_2)^{3/2}} C_{s_x} = 0.437$$

五、模型形式的进一步识别

估计出参数以后，便可利用 AIC 准则进一步识别铜街子站年径流序列是 AR(1) 还是 AR(2) 模型。由式（5-99）计算 AIC 值：

$$AIC(0)=451.7, \quad AIC(1)=445.3,$$
$$AIC(2)=446.3, \quad AIC(3)=448.2, \cdots$$

由 AIC 准则可推断 AR(1) 模型最好。图 5-14 绘制了铜街子站年径流量序列及估计的 AR(1)、AR(2) 模型的相关系数随滞时的变化过程。从图 5-14 可以看出，AR(2) 模型

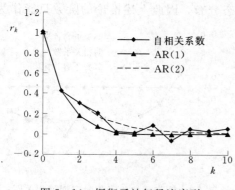

图 5-14　铜街子站年径流序列
及估计的相关图

优于 AR(1)。

六、模型检验

主要检验 ε_t 是否独立。对 AR(1) 模型，令 $\varepsilon_t = 173.2\Phi_t$，有

$$\varepsilon_t = x_t - 1491 - 0.422(x_{t-1} - 1491)$$

$$(5-102)$$

按此式并根据实测样本序列可算得 $\varepsilon_1, \varepsilon_2, \cdots, \varepsilon_{43}$（其中假定 $x_0 = 1491$ 估算出 ε_1）。由此计算出 $r_1(\varepsilon), r_2(\varepsilon), \cdots, r_{10}(\varepsilon)$，最后利用式（4-103）计算统计量 $Q = 4.96$。据自由度（$10-1=9$）和显著水平 $\alpha = 0.05$，查 χ^2 表得始 $\chi_\alpha^2 = 16.92$。由于 $Q < \chi_\alpha^2$，故 ε_t 为独立的假定可以接受。

对于 AR(2) 模型用类似的方法也可判断 ε_t 为独立随机序列。

七、模型适用性分析

重点分析 AR(1) 和 AR(2) 模型能否保持实测序列的主要统计特性。分别根据 AR(1) 模型和 AR(2) 模型的模拟径流序列，然后按长序列法和短序列法计算各种参数，并和实测序列的相应参数做对比，结果见表 5-5。

表 5-5　　　　　　　　　　　　实测与模拟序列参数对照

模型	方法	主 要 统 计 参 数						备 注
		$\overline{x}$	C_v	C_s	r_1	r_2	r_3	
AR(1)	长序列法	1489	0.128	0.333	0.425	0.181	0.075	1. 长序列法的模拟序列长度为 1000，短序列法的模拟序列共计 250 个，每个序列长度为 43。
	短序列法	1489	0.126	0.288	0.372	0.118	0.008	
AR(2)	长序列法	1489	0.129	0.337	0.426	0.304	0.172	
	短序列法	1488	0.125	0.276	0.354	0.218	0.076	2. 矩法估计参数
实测序列		1491	0.128	0.331	0.422	0.302	0.206	

表 5-5 显示出下列几点：

（1）从长序列法计算出的参数来看，无论是 AR(1) 还是 AR(2) 模型，4 个基本参数（$\overline{x}$、C_v、C_s、r_1）均能很好地保持。对于 AR(2) 模型尚能保持 r_2。

（2）对于短序列法计算出的参数和实测序列相比，除均值外的其他各参数均偏小，其程度与矩的阶数有关。这种偏小是由于计算 C_v、C_s、r_1 和 r_2 等公式在样本容量较小时皆为负偏而造成。严格说来，当用短序列法计算的参数进行适用性分析时，所有参数的计算公式均需用无偏公式。

显然，从模型适用性分析来看，AR(2) 模型与 AR(1) 模型相比能更好地保持二阶自相关系数。综合上述各方面的计算和分析，大渡河铜街子站年径流的随机模型可考虑取为 AR(2) 模型。

本例说明了建立模型所经历的步骤和所用的各种具体方法。从中可看出，建立符合要求的模型并不那么容易。它涉及基本资料（信息）、建模要求、随机分析理论和方法、建模者的经验判断以及其他因素等。这些也仅是一般的原则和方法。实际问题错综复杂，需要对具体情况作具体分析，并不要求机械地照搬上例的做法。在有些情况下，建模并不像本例那样复杂。总之，建立模型的关键在于掌握随机模拟的基本原理和主要方法，以便针对具体情况灵活应用，以达到所期望的建模目的。

第八节　平稳化处理方法

本章介绍的线性平稳随机模型适用于描述平稳水文序列的统计特性，但是水文序列中有时包含周期、非周期成分，呈现出像式（3-1）所示的非平稳随机序列。例如，流域上水利工程修建的结果使得蒸发量不断增大，从而导致径流量减少，呈现出下降趋势。另外，由于水文变量（如月径流量）具有季节性变化特征，获取的季节性水文序列也是非平稳随机序列。在这种情况下，线性平稳模型就不适用了。对于非平稳随机序列，我们可以采用平稳化处理方式使之转化平稳随机序列，这样可选用平稳随机模型描述了。下面简要讨论平稳化处理的常用方法。

一、差分法

设水文序列 $x_1, x_2, \cdots, x_n$ 为非平稳序列，通过差分将其变为平稳序列。定义差分变量 u_t

$$u_t = x_t - x_{t-1} \tag{5-103}$$

若 u_t 已平稳，则可针对 u_t 建立平稳模型，如 ARMA(p,q) 模型；若 u_t 尚未平稳，则可再差分一次，即

$$v_t = u_t - u_{t-1} \tag{5-104}$$

直到平稳为止。

由于季节影响造成的非平稳序列（如月径流量）一般呈以年为周期的变化特性。对这种类型的序列按周期差分后通常呈现出平稳性，如季节径流序列 x_t 的基本周期为 w，可做如下差分运算，即

$$u_t = x_t - x_{t-w} \tag{5-105}$$

对于季径流量序列，$w=4$；对于月径流量序列，$w=12$；对于旬径流量序列，$w=36$。

一个非平稳序列 x_t 经 d 次差分变为平稳序列 u_t，若序列 u_t 是 ARMA(p,q) 序列，则序列 x_t 就是自回归滑动平均求和模型序列 [ARIMA(p,d,q) 序列]。也就是说，ARIMA(p,d,q) 模型可以描述非平稳随机序列。

可见，差分法不需要知道周期成分或非周期成分的具体形式，运用灵活。

二、分离法

分离法就是将原始水文序列中的周期成分和（或）非周期成分用特定的数学方程描述，然后将其分离出来，其剩余序列变为平稳随机序列，即

$$S_t = X_t - P_t - N_t \tag{5-106}$$

分离法需要确定周期成分 P_t 或非周期成分 N_t 的具体解析形式。对于周期成分 P_t，可根据第三章第四节介绍的方法确定显著周期个数 d 及周期 $T_j(j=1,2,\cdots,d)$ 后表示为

$$P_t = u + \sum_{j=1}^{d} \left(a_j \cos \frac{2\pi}{T_j} t + b_j \sin \frac{2\pi}{T_j} t \right) \tag{5-107}$$

式中：u 为序列的均值。

例如，上海 30 年（1961—1990 年）月平均气温序列存在 12 月的显著周期，则周期成分为

$$P_t = 15.78 - 8.922 \cos \frac{2\pi}{12} t - 7.876 \sin \frac{2\pi}{12} t$$

对非周期成分 N_t，首先推断是趋势 T_t 还是跳跃 δ，再确定 T_t 或 δ 的解析形式。例如，岷江紫坪铺站 1937—2003 年径流（图 3-8）具有线性减少趋势，趋势为 $T_t = -1.833t + 4080$。又如，某河流修建水库后，坝址处年平均流量较建库前平均减少了 $100\text{m}^3/\text{s}$，则 $\delta = 100\text{m}^3/\text{s}$。

习　题

1. 论述线性平稳模型和多元线性回归模型的异同点。
2. 论述一阶自回归模型 AR(1) 和二阶自回归模型 AR(2) 的异同点。
3. 如何进行随机模型的适用性分析？
4. 在建立线性平稳模型时应如何考虑水文序列的偏态特性？
5. 某河 1956—1988 年的年平均流量序列 x_t 见表 5-6。

表 5-6					某河年平均流量序列				流量单位：m^3/s		
年份	1956	1957	1958	1959	1960	1961	1962	1963	1964	1965	1966
x_t	890	895	1150	1300	1170	1220	1210	974	834	638	991
年份	1967	1968	1969	1970	1971	1972	1973	1974	1975	1976	1977
x_t	1200	1090	892	1020	869	772	606	739	813	1170	916
年份	1978	1979	1980	1981	1982	1983	1984	1985	1986	1987	1988
x_t	880	601	720	955	1190	1140	992	1050	1120	734	769

试建立年平均流量序列合适的线性平稳模型，并做模型适用性分析。

第六章 季节性随机模型

第一节 概 述

以年为时间单位的水文、气象、环境等序列一般多为平稳随机序列，如果含有周期、非周期成分，则可以通过平稳化方式处理为平稳序列，然后用线性平稳随机模型〔如 ARMA(p,q) 模型〕描述。但当水文现象的时段单位比年短时（例如日、旬、月、季等），由于地球绕太阳公转，它们出现明显的以年为周期的季节性变化。例如月平均流量序列，其变化有一定的随机性，但是逐年间又有很强的相似之处，即出现以年为周期的变化特点。这种特点是月平均流量随季节变化所引起的，故常称季节性变化。当水文序列具有季节性变化时，其统计特征则随季节而变，即随时间而变。称随季节性而变的水文序列为季节性水文序列。因季节性的变化而形成的季节性序列在水文学中是很多的，例如季平均流量序列、月平均流量序列、旬平均流量序列、周平均流量序列、日平均流量序列、洪水过程、枯水过程等。

对于季节性水文序列，可以直接用季节性随机模型描述。常用的季节性随机模型有季节性自回归模型、解集模型、正则展开模型、散粒噪声模型等。本章重点介绍成熟和应用最多的季节性自回归模型和解集模型。

第二节 季节性自回归模型

第五章介绍的自回归模型中的参数都是不随时间而变的。若将平稳自回归模中的参数考虑成季节性变化，则模型就变为季节性自回归模型（Seasonal autoregressive model，SAR）。季节性自回归模型由于参数是以年为周期而循环变化的，所以又称为周期性自回归模型。

一、模型结构

设有季节性水文序列 $x_{t,\tau}$（$t=1,2,\cdots,n$，n 为年数；$\tau=1,2,\cdots,w$，w 为季节数），用矩阵表示

$$\begin{bmatrix} x_{1,1} & x_{1,2} & x_{1,3} & \cdots & x_{1,w} \\ x_{2,1} & x_{2,2} & x_{2,3} & \cdots & x_{2,w} \\ \vdots & \vdots & \vdots & \cdots & \vdots \\ x_{t,1} & x_{t,2} & x_{t,3} & \cdots & x_{t,w} \\ \vdots & \vdots & \vdots & \cdots & \vdots \\ x_{n,1} & x_{n,2} & x_{n,3} & \cdots & x_{n,w} \end{bmatrix} = \{x_{t,\tau}\}_{n \times w}$$

为处理方便，将季节性水文序列进行标准化处理，以消除均值 u_τ、方差 σ_τ^2 的季节性

影响。即

$$z_{t,\tau} = \frac{x_{t,\tau} - u_\tau}{\sigma_\tau} \tag{6-1}$$

对标准化序列 $z_{t,\tau}$，如果考虑 p 阶，则可建立 p 阶季节性自回归模型〔SAR(p)〕

$$z_{t,\tau} = \varphi_{1,\tau} z_{t,\tau-1} + \varphi_{2,\tau} z_{t,\tau-2} + \cdots + \varphi_{p,\tau} z_{t,\tau-p} + \varepsilon_{t,\tau} \tag{6-2}$$

式中：$\varphi_{1,\tau}, \varphi_{2,\tau}, \cdots, \varphi_{p,\tau}$ 分别是 τ 季 1 到 p 阶自回归系数；$\varepsilon_{t,\tau}$ 为第 t 年第 τ 季的独立随机序列（均值为 0、方差为 $\sigma_{\varepsilon,\tau}^2$）。

若将式（6-1）代入式（6-2）可得到

$$x_{t,\tau} = u_\tau + \frac{\sigma_\tau}{\sigma_{\tau-1}} \varphi_{1,\tau}(x_{t,\tau-1} - u_{\tau-1}) + \cdots + \frac{\sigma_\tau}{\sigma_{\tau-1}} \varphi_{p,\tau}(x_{t,\tau-p} - u_{\tau-p}) + \sigma_\tau \varepsilon_{t,\tau} \tag{6-3}$$

式（6-3）就是以原始序列 $x_{t,\tau}$ 表示的 SAR(p) 模型。

SAR(p) 模型的含义是，第 τ 季变量值与前期第 $\tau-i(i=1,2,\cdots,p)$ 季变量值有关，同时还取决于独立随机序列 $\varepsilon_{t,\tau}$ 的变化。显然，式（6-2）或式（6-3）与式（5-3）的区别仅在于前两式的自回归系数随季节而变化。因此，SAR(p) 模型的自相关函数、参数估计、序列的模拟方法等均与平稳自回归模型类似。

在实际应用中多采用式（6-2）的形式。当 $p=1$ 时，模型为 $z_{t,\tau} = \tau_{1,\tau} z_{t,\tau-1} + \varepsilon_{t,\tau}$，即一阶季节性自回归模型〔SAR(1)〕。当 $p=2$ 时，模型为 $z_{t,\tau} = \varphi_{1,\tau} z_{t,\tau-1} + \varphi_{2,\tau} z_{t,\tau-2} + \varepsilon_{t,\tau}$，即二阶季节性自回归模型〔SAR(2)〕。这两种模型在随机水文学中被大量应用。

二、模型参数估计

SAR(p) 模型的参数有 u_τ，σ_τ^2，$\varphi_{1,\tau}$，$\varphi_{2,\tau}$，$\cdots$，$\varphi_{p,\tau}$，$\sigma_{\varepsilon,\tau}^2(\tau=1,2,\cdots,w)$。$u_\tau$ 和 σ_τ^2 可分别用样本均值 $\bar{x}_\tau$ 和样本方差 s_τ^2 估计，即

$$\hat{u}_\tau = \bar{x}_\tau = \frac{1}{n} \sum_{t=1}^{n} x_{t,\tau} \tag{6-4}$$

$$\hat{\sigma}_\tau^2 = s_\tau^2 = \frac{1}{n-1} \sum_{t=1}^{n} (x_{t,\tau} - \bar{x}_\tau)^2 \tag{6-5}$$

可以证明，SAR(p) 模型的自相关函数为

$$\rho_{k,\tau} = \sum_{j=1}^{p} \varphi_{j,\tau} \rho_{|k-j|,\tau-l} \quad (k=1,2,\cdots,p) \tag{6-6}$$

式中：$\rho_{k,\tau}$ 为随机变量 $x_{t,\tau}$ 的第 τ 季第 k 阶总体自相关系数；$|k-j|$ 为 $k-j$ 的绝对值；$l = \min(k,j)$，表示 k 和 j 间的最小者。

通过式（6-6）求解方程组可得自回归系数 $\varphi_{i,\tau}(i=1,2,\cdots,p; \tau=1,2,\cdots,w)$。$\rho_{k,\tau}$ 由样本自相关系数 $r_{k,\tau}$ 估计，即

$$\hat{\rho}_{k,\tau} = r_{k,\tau} = \frac{\sum\limits_{t=1}^{n} (x_{t,\tau} - \bar{x}_\tau)(x_{t,\tau-k} - \bar{x}_{\tau-k})}{(n-1) s_\tau s_{\tau-k}} \tag{6-7}$$

式中：$r_{k,\tau}$ 为 $x_{t,\tau}$ 的第 τ 季第 k 阶样本自相关系数，表示第 τ 季与第 $\tau-k$ 季间的线性相关程度。

注意，当 $k \geqslant \tau$ 时，式（6-7）变为

$$r_{k,\tau} = \frac{\sum\limits_{t=2}^{n} (x_{t,\tau} - \bar{x}_\tau)(x_{t-1,w+\tau-k} - \bar{x}_{w+\tau-k})}{(n-2) s_\tau s_{w+\tau-k}} \tag{6-8}$$

对式（6-2）两边同乘以 $z_{t,\tau}$ 并取数学期望，得

$$\sigma_{\varepsilon,\tau}^2 = 1 - \rho_{1,\tau}\varphi_{1,\tau} - \rho_{2,\tau}\varphi_{2,\tau} - \cdots - \rho_{p,\tau}\varphi_{p,\tau} \tag{6-9}$$

即为独立随机序列 $\varepsilon_{t,\tau}$ 的方差。

【例 6-1】 收集了金沙江屏山站 1940—2004 年月平均流量资料，计算各月均值 $\overline{x}_\tau$、均方差 s_τ 和前 3 阶自相关系数，见表 6-1。

表 6-1　　　　　金沙江屏山站 **1940—2004** 年月平均流量序列的各月均值、
均方差和前 **3** 阶自相关系数

月份 参数	1	2	3	4	5	6	7	8	9	10	11	12
$\overline{x}_\tau$	1660	1440	1360	1530	2250	4950	9560	10180	9910	6590	3480	2190
s_τ	226	204	185	251	441	1340	2580	3160	2720	1590	623	314
$r_{1,\tau}$	0.908	0.94	0.850	0.701	0.474	0.508	0.382	0.526	0.458	0.457	0.699	0.908
$r_{2,\tau}$	0.787	0.807	0.793	0.519	0.306	0.230	0.136	0.226	0.227	0.357	0.460	0.746
$r_{3,\tau}$	0.617	0.664	0.657	0.469	0.157	0.274	0.120	−0.003	0.200	0.199	0.562	0.560

由前面可知，SAR(1) 模型参数为

$$\varphi_{1,\tau} = \rho_{1,\tau} = r_{1,\tau} \tag{6-10}$$

$$\sigma_{\varepsilon,\tau}^2 = 1 - \varphi_{1,\tau} r_{1,\tau} \tag{6-11}$$

同理，SAR(2) 模型的参数为

$$\left. \begin{array}{l} \varphi_{1,\tau} = \dfrac{\rho_{1,\tau} - \rho_{1,\tau-1}\rho_{2,\tau}}{1 - \rho_{1,\tau-1}^2} \\[3mm] \varphi_{2,\tau} = \dfrac{\rho_{2,\tau} - \rho_{1,\tau}\rho_{1,\tau-1}}{1 - \rho_{1,\tau-1}^2} \\[3mm] \sigma_{\varepsilon,\tau}^2 = 1 - \rho_{1,\tau}\varphi_{1,\tau} - \rho_{2,\tau}\varphi_{2,\tau} \end{array} \right\} \tag{6-12}$$

上述参数是否合理必须通过式（6-9）的检验，即估计的参数代入式（6-9），使得 $\sigma_{\varepsilon,\tau}^2$ 不小于 0，否则说明估计的参数不合理，须重新调整。

从上面可以看出，模型参数估计是逐季进行的。另外，也可以先选定模型阶数后用逐步回归法或多元回归法估计。模型阶数原则上用 AIC 准则确定，在水文水资源领域一般取 1 或 2 就可以了。

三、模型的随机模拟

1. SAR(p) 正态序列的随机模拟

SAR(p) 正态序列的随机模拟与 AR(p) 正态序列的模拟相似，其步骤如下：

（1）令 $t=1$，$\tau=p$ 并假定初始值 $z_{t,0} = z_{t,1} = \cdots = z_{t,p-1} = 0$。

（2）由式（4-9）模拟服从标准正态分布的随机序列 $\xi_{t,\tau}$，计算独立随机序列 $\varepsilon_{t,\tau} = \sigma_{\varepsilon,\tau}\xi_{t,\tau}$。

（3）将上述值代入式（6-2）计算出 $z_{t,\tau}$。

（4）由逆标准化 $x_{t,\tau} = \overline{x}_\tau + s_\tau \times z_{t,\tau}$ 得 $x_{t,\tau}$。

（5）$\tau = \tau+1$，转向（2），重复上述步骤，直到 $\tau=w$，转向（6）。

（6）$t = t+1$，$\tau=1$，转向（2），直到满足要求的模拟长度结束。

2. SAR(p) 偏态序列的随机模拟

一般，季节性水文序列是偏态的，建立随机模型模拟时，必须考虑偏态特性。其思路和方法均同于 AR(p)，只是对 SAR(p) 要注意所涉及的变量和统计参数都随季节 τ 而变。考虑序列偏态特性的方法主要有三种：对数变换法、独立随机项变换法、W-H 逆变换法。

3. 对数变换法

若 $x_{t,\tau}$ 服从对数正态分布，则将 $x_{t,\tau}$ 作对数变换

$$y_{t,\tau}=\ln(x_{t,\tau}-a_\tau) \tag{6-13}$$

那么 $y_{t,\tau}$ 为服从正态分布的随机序列；a_τ 随季节 τ 而变，用试错法确定或由式（6-14）估算

$$\left.\begin{array}{l} a_\tau=\overline{x}_\tau-\dfrac{s_\tau}{\eta_\tau} \\[3mm] \eta_\tau=\left(\dfrac{\sqrt{C_{s_{x,\tau}}^2+4}+C_{s_{x,\tau}}}{2}\right)^{1/3}-\left(\dfrac{\sqrt{C_{s_{x,\tau}}^2+4}-C_{s_{x,\tau}}}{2}\right)^{1/3} \end{array}\right\} \tag{6-14}$$

式中：$C_{s_{x,\tau}}$ 为 $x_{t,\tau}$ 的第 τ 季偏态系数。

对 $y_{t,\tau}$ 可建立季节性自回归模型。先按前面讲的步骤模拟出大量的 $y_{t,\tau}$，再由式（6-13）的逆变换 $x_{t,\tau}=a_\tau+\exp(y_{t,\tau})$ 得到服从对数正态分布的序列 $x_{t,\tau}$。

4. 独立随机项变换法

若将 $\varepsilon_{t,\tau}$ 考虑成偏态分布，由式（6-2）模拟的 $z_{t,\tau}$ 也是偏态的。在水文水资源学中，$\varepsilon_{t,\tau}$ 多考虑成 P-Ⅲ 型分布，则式（6-2）变为

$$z_{t,\tau}=\varphi_{1,\tau}z_{t,\tau-1}+\varphi_{2,\tau}z_{t,\tau-2}+\cdots+\varphi_{p,\tau}z_{t,\tau-p}+\sigma_{\varepsilon,\tau}\Phi_{t,\tau} \tag{6-15}$$

$$\Phi_{t,\tau}=\frac{2}{C_{s_{\Phi,\tau}}}\left(1+\frac{C_{s_{\Phi,\tau}}\xi_{t,\tau}}{6}-\frac{C_{s_{\Phi,\tau}}^2}{36}\right)^3-\frac{2}{C_{s_{\Phi,\tau}}} \tag{6-16}$$

式中：$\Phi_{t,\tau}$ 为标准化 P-Ⅲ 分布随机变量；$c_{s_{\Phi,\tau}}$ 为 $\Phi_{t,\tau}$ 的偏态系数。

与 AR(p) 模型类似，$C_{s_{\Phi,\tau}}$ 的近似估计公式为

$$C_{s_{\Phi,\tau}}=\frac{C_{s_{x,\tau}}-\varphi_{1,\tau}^3 C_{s_{x,\tau-1}}-\varphi_{2,\tau}^3 C_{s_{x,\tau-2}}-\cdots-\varphi_{p,\tau}^3 C_{s_{x,\tau-p}}}{(1-\rho_{1,\tau}\varphi_{1,\tau}-\rho_{2,\tau}\varphi_{2,\tau}-\cdots-\rho_{p,\tau}\varphi_{p,\tau})^{3/2}} \tag{6-17}$$

其中

$$C_{s_{x,\tau}}=\frac{1}{n-3}\frac{\sum\limits_{t=1}^{n}(x_{t,\tau}-\overline{x}_\tau)^3}{s_\tau^3}$$

$p=1$ 时，式（6-17）变为

$$C_{s_{\Phi,\tau}}=\frac{C_{s_{x,\tau}}-\varphi_{1,\tau}^3 C_{s_{x,\tau-1}}}{(1-\varphi_{1,\tau}r_{1,\tau})^{3/2}} \tag{6-18}$$

$p=2$ 时，式（6-17）变为

$$C_{s_{\Phi,\tau}}=\frac{C_{s_{x,\tau}}-\varphi_{1,\tau}^3 C_{s_{x,\tau-1}}-\varphi_{2,\tau}^3 C_{s_{x,\tau-2}}}{(1-\rho_{1,\tau}\varphi_{1,\tau}-\rho_{2,\tau}\varphi_{2,\tau})^{3/2}} \tag{6-19}$$

随机模拟的步骤如下：

（1）令 $t=1$，$\tau=p$ 并假定初始值 $z_{t,0}=z_{t,1}=\cdots=z_{t,p-1}=0$。

（2）由服从标准正态分布的随机变量的模拟方法模拟 $\xi_{t,\tau}$，由式（6-16）计算 $\Phi_{t,\tau}$。

（3）将上述值代入式（6-15）计算出 $z_{t,\tau}$，再由逆标准化得到 $x_{t,\tau}$。

（4）$\tau=\tau+1$，转向第（2），重复上述步骤，直到 $\tau=w$，转向（5）。

（5）$t=t+1$，$\tau=1$，转向（2），直到满足要求的模拟长度结束。

5. W-H 逆变换法

本法是先将 $x_{t,\tau}$ 标准化为 $y_{t,\tau}$，再由 $y_{t,\tau}$ 通过 W-H 逆变换

$$z_{t,\tau}=\frac{6}{C_{s_{x,\tau}}}\left[\left(\frac{C_{s_{x,\tau}}}{2}y_{t,\tau}+1\right)^{1/3}-1\right]+\frac{C_{s_{x,\tau}}}{6} \tag{6-20}$$

得近似服从标准正态分布的 $z_{t,\tau}$，然后对 $z_{t,\tau}$ 建立季节性自回归模型，最后由 W-H 变换和逆标准化得到模拟序列 $x_{t,\tau}$。正态分布序列 $z_{t,\tau}$ 的随机模拟步骤同前。

四、实例分析

【例 6-2】　收集了红水河天生桥站月平均流量资料。分别对该站月平均流量序列建立 SAR(1) 模型和 SAR(3) 模型。模型适用性检验成果分别见表 6-2 和表 6-3。可见，SAR(1) 和 SAR(3) 模型对均值、均方差、偏态系数和一阶自相关系数都能保持，但 SAR(1) 模型不能保持 2，3 阶自相关系数，而 SAR(3) 模型则能保持，但参数较多。

表 6-2　　　　　红水河天生桥站月平均流量 SAR(1) 模型适用性检验成果　　　　单位：m^3/s

参数	月份	6	7	8	9	10	11	12	1	2	3	4	5
u_τ	实测	956	1383	1643	1069	685	464	294	222	194	169	162	331
	模拟	955	1406	1595	1065	685	470	291	222	194	171	159	332
σ_τ	实测	430	547	615	444	278	177	87	59	46	56	63	190
	模拟	436	558	579	448	273	179	82	59	46	58	59	194
C_{s_τ}	实测	0.773	0.467	1.052	0.989	1.517	1.079	1.075	0.616	0.597	1.868	0.936	0.682
	模拟	1.048	0.891	0.842	0.885	0.966	0.960	0.820	0.984	1.112	0.837	0.729	1.036
$r_{1,\tau}$	实测	0.584	0.477	0.267	0.458	0.102	0.503	0.653	0.760	0.727	0.509	0.638	0.503
	模拟	0.594	0.551	0.246	0.387	0.090	0.547	0.662	0.710	0.730	0.583	0.665	0.415
$r_{2,\tau}$	实测	0.583	0.22	0.305	0.077	0.140	0.110	0.408	0.530	0.489	0.434	0.572	0.395
	模拟	0.248	0.322	0.100	0.082	0.027	0.064	0.342	0.502	0.514	0.413	0.351	0.300
$r_{3,\tau}$	实测	0.380	0.425	−0.015	0.104	0.095	0.148	0.245	0.566	0.305	0.283	0.400	0.364
	模拟	0.186	0.176	0.036	0.069	−0.015	0.041	0.006	0.300	0.380	0.313	0.249	0.186

表 6-3　　　　　红水河天生桥站月平均流量 SAR(3) 模型适用性检验成果　　　　单位：m^3/s

参数	月份	6	7	8	9	10	11	12	1	2	3	4	5
u_τ	实测	956	1383	1643	1069	685	464	294	222	194	169	162	331
	模拟	945	1386	1583	1060	680	467	290	221	194	169	158	332
σ_τ	实测	430	547	615	444	278	177	87	59	46	56	63	190
	模拟	426	543	578	455	275	182	83	60	47	57	60	196

续表

参数	月份	6	7	8	9	10	11	12	1	2	3	4	5
C_{s_τ}	实测	0.773	0.467	1.052	0.989	1.517	1.079	1.075	0.616	0.597	1.868	0.936	0.682
	模拟	0.595	0.441	0.843	0.879	1.388	1.093	0.746	0.627	0.651	1.324	0.670	0.810
$r_{1,\tau}$	实测	0.584	0.477	0.267	0.458	0.102	0.503	0.653	0.760	0.727	0.509	0.638	0.503
	模拟	0.580	0.515	0.264	0.417	0.164	0.565	0.682	0.725	0.752	0.577	0.680	0.447
$r_{2,\tau}$	实测	0.583	0.220	0.305	0.077	0.140	0.110	0.408	0.530	0.489	0.434	0.572	0.395
	模拟	0.550	0.210	0.256	0.082	0.201	0.190	0.439	0.567	0.472	0.501	0.605	0.393
$r_{3,\tau}$	实测	0.380	0.425	−0.015	0.104	0.095	0.148	0.245	0.566	0.305	0.283	0.400	0.364
	模拟	0.399	0.427	−0.093	0.111	0.147	0.226	0.277	0.605	0.354	0.326	0.443	0.394

大量文献曾经用 SAR(p) 模型随机模拟季节性水文序列并尝试于水文系统分析计算，应用表明，SAR(p) 模型能刻画季节性水文序列的主要统计特性。

五、讨论

(1) SAR(p) 模型不足之处是季节性参数（u_τ、σ_τ^2、C_{s_τ}、$\rho_{k,\tau}$）较多。在研究时间尺度小于或等于月的水文序列时，建议将 u_τ、σ_τ^2、C_{s_τ}、$\rho_{k,\tau}$ 等参数进行 Fourier 拟合估计，这样可减少模型参数。

(2) 当 $p=1$ 并考虑 $\varphi_{1,\tau}=\rho_{1,\tau}$，式 (6-3) 变为

$$x_{t,\tau}=u_\tau+\frac{\sigma_\tau}{\sigma_{\tau-1}}\rho_{1,\tau}(x_{t,\tau-1}-u_{\tau-1})+\sigma_\tau\varepsilon_{t,\tau} \qquad (6-21)$$

式 (6-22) 也是 SAR(1) 模型常用的一种形式，这一形式最早由塞门氏（Thomas）和费营（Fiering）二人提出，故又称为塞门氏-费营模型。

式 (6-3) 可以改写为

$$x_{t,\tau}=\varphi_{0,\tau}'+\varphi_{1,\tau}'x_{t,\tau-1}+\cdots+\varphi_{p,\tau}'x_{t,\tau-p}+\varepsilon_{t,\tau}' \qquad (6-22)$$

式中：$\varphi_{0,\tau}'$ 为回归常数，$\varphi_{i,\tau}'$ 为第 i($i=1,2,\cdots,p$) 阶回归系数，$\varphi_{i,\tau}'=\frac{\sigma_\tau}{\sigma_{\tau-1}}\varphi_{i,\tau}$；$\varepsilon_{t,\tau}'$ 为独立随机序列，$\varepsilon_{t,\tau}'=\sigma_\tau\varepsilon_{t,\tau}$；其余符号同前。

可以看出，式 (6-22) 与式 (6-3) 本质上是一致的。

SAR(1) 模型简单，应用方便，一般情况下模拟月径流、旬径流较为有效。除此以外，该模型还可用于描述洪水过程和枯水过程。如对紫坪铺站年最大 80h 洪水过程建立了 SAR(1) 模型，该模型能保持洪水过程的变化特性。

(3) 对季节性水文序列进行标准化和正态化处理后，如果自相关结构平稳，那么处理后的序列即可认为是平稳随机序列，可直接建立平稳 AR(p) 模型。

第三节 典型解集模型

众所周知，许多水文变量具有累加性，例如年水量由月水量累加而得，月水量是由日水量累加而得，称这种累加过程为聚集。反之，总量可以分解成各个分量，例如某年

的年水量可以分解成该年各月水量，月水量可以分解成该月各日水量，称此分解过程为解集。

由解集方式建立的随机模型称为解集模型。解集模型是一类用途广泛的随机模型。其实质是基于某种关系将总量随机解集成各分量，其显著特点在于能保持水量平衡和连续分解。所谓保持水量平衡，是指各分量的水量相加严格等于总水量；所谓连续分解是指第一次总量分解而得的各分量，在第二次分解时，分量又可以作为总量被分解为新的分量。例如年水量可以分解为月水量，而月水量又可分解成旬水量，依次分解下去。

解集模型既可以将空间总量（干流水量）D 解集成空间分量（支流水量）A，B，C，称为空间解集，如图 6-1 所示；又可以将总量解集成季节水量，称为时间解集，如图 6-2 所示。解集模型将总量随机解集成分量，能同时保持总量和分量的统计特性。当前用的解集模型有典型解集模型和相关解集模型。本章介绍单站时间解集模型。空间解集模型将在第六章介绍。

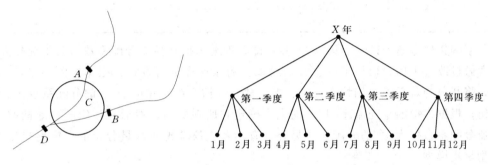

图 6-1　空间解集示意图　　　　图 6-2　时间解集示意图

时间解集模型解集而得的分量序列为季节性水文序列，所以将它归并为季节性随机模型。本节讲解典型解集模型，下节讲述相关解集模型。

典型解集模型的思路：先模拟总量，再按照某种原则从实测资料中选择一种分配系数对模拟总量进行缩放，得到模拟分量序列。该模型与水文分析计算中的同倍比放大法有类似之处。这里以年径流解集成月径流为例进行介绍。设有实测年径流序列 $x_i(i=1,2,\cdots,n)$ 和对应的月径流序列 $y_{i,j}(i=1,2,\cdots,n;j=1,2,\cdots,12)$。典型解集模型随机模拟步骤如下：

（1）对年径流建立随机模型（如自回归模型），据此随机模拟出年径流序列 x_1'、x_2'、$\cdots$、x_N'。

（2）将实测年、月径流序列（表 6-4）转换为月径流分配系数（表 6-5），其转换公式为

$$k_{i,j}=y_{i,j}/x_i \tag{6-23}$$

式中：$k_{i,j}$ 为月径流分配系数；i 为年序，j 为月序。

（3）将步骤 1 模拟的年径流序列转换成月径流序列，在表 6-4 中寻找与模拟年径流 x_1' 最接近的实测年径流 x_i，然后以该年各月的分配系数 $k_{i,1}$、$k_{i,2}$、$\cdots$、$k_{i,12}$ 作为总量 x_1' 分配为各月的分配比，从而将模拟年径流 x_1' 分解成月径流 $y_{1,j}'=k_{i,j}x_1'(j=1,2,\cdots,12)$。同样，可以模拟出与 x_2'、$\cdots$、x_N' 对应的月径流序列 $y_{i,j}'(i=2,3,\cdots,N;j=1,2,\cdots,12)$。

表 6-4 实测年、月径流

年序号	月 径 流				年径流
1	$y_{1,1}$	$y_{1,2}$	...	$y_{1,12}$	x_1
2	$y_{2,1}$	$y_{2,2}$	...	$y_{2,12}$	x_2
⋮	⋮	⋮		⋮	⋮
n	$y_{n,1}$	$y_{n,2}$	...	$y_{n,12}$	x_n

表 6-5 月径流分配系数

年序号	月径流分配系数				年径流
1	$k_{1,1}$	$k_{1,2}$	...	$k_{1,12}$	x_1
2	$k_{2,1}$	$k_{2,2}$	...	$k_{2,12}$	x_2
⋮	⋮	⋮		⋮	⋮
n	$k_{n,1}$	$k_{n,2}$	...	$k_{n,12}$	x_n

典型解集模型的关键在于第（3）步，即合理地选择月径流分配系数。关于选择方法，有学者做过改进工作，取得了有意义的成果。例如这样进行选择：根据实测年水量 x_i 的大小，将其分为若干组，如特丰、丰、中、枯、特枯 5 组，相应于 x_i 的分配系数 $k_{i,j}$ 也分成 5 组；根据模拟的年径流序列 x_i' 的大小确定它所在的组，然后从该组随机地抽取一套月径流分配系数作为 x_i' 的分配比。另外，有学者建议考虑年水量分组的模糊性提出了模糊典型解集模型。

我国在洪水和径流的随机模拟实践中已大量应用了典型解集模型，并在某些方面加以了改进。例如，将典型解集模型用来模拟长江宜昌站月径流和大石河逐时平均流量洪水过程，取得了较好的成果。

【例 6-3】 对红水河天生桥站月平均流量资料建立典型解集模型。模型适用性检验成果见表 6-6。可见，各种参数都保持得较好。

表 6-6 红水河天生桥站月平均流量典型解集模型的适用性检验成果 单位：m³/s

参数	月份	6	7	8	9	10	11	12	1	2	3	4	5
u_τ	实测	956	1383	1643	1069	685	464	294	222	194	169	162	331
	模拟	969	1422	1583	1060	680	467	290	221	194	169	158	332
σ_τ	实测	430	547	615	444	278	177	87	59	46	56	63	190
	模拟	398	512	578	455	275	182	83	60	47	57	60	196
C_{s_τ}	实测	0.77	0.47	1.05	0.99	1.52	1.08	1.08	0.62	0.60	1.87	0.94	0.68
	模拟	0.38	0.16	0.99	0.71	0.91	0.81	0.71	0.63	0.78	1.16	1.00	0.87
$r_{1,\tau}$	实测	0.584	0.477	0.267	0.458	0.102	0.503	0.653	0.760	0.727	0.509	0.638	0.503
	模拟	0.580	0.515	0.264	0.417	0.164	0.565	0.682	0.725	0.752	0.577	0.680	0.447
$r_{2,\tau}$	实测	0.583	0.220	0.305	0.077	0.140	0.110	0.408	0.530	0.489	0.434	0.572	0.395
	模拟	0.550	0.210	0.256	0.082	0.201	0.190	0.439	0.567	0.472	0.501	0.605	0.393

典型解集模型形象直观、简单易行、适用性强，能充分利用样本资料信息，解集得到的分量序列的主要统计特性能得到保持。但该模型模拟的序列完全受已有实测典型控制，这意味着模拟序列只能重现样本中已出现的分配情势，不能提供异于已有样本序列的新的分配情势。大家知道，水文变量时程分配形式是千差万别的。显然，这是该模型最大的缺点。因此，典型解集模型在资料丰富情况下进行应用才能取得更好的效果。另外，如果说模型有参数（分配系数 $k_{i,j}$），则参数太多，这也是不足之处。另外，已有的分配系数选择原则的主观性太大，确定合理地选择方式有待于进一步探讨。

第四节 相 关 解 集 模 型

伐伦西和赛凯在 1973 年首先正式提出了相关解集模型。相关解集模型的思路是依据总量和各分量的统计关系将总量解集为各分量。它所依据的统计关系是全面的，不仅有总量与各分量之间的统计关系，而且有各分量之间的统计关系。因此，用这个模型模拟的分量序列能全面反映总量和各分量的统计特性。

下面以年水量解集为季水量为例，介绍相关解集模型的形式、参数估计、模拟步骤和实例分析。设 $x_t'(t=1,2,\cdots,n)$ 为 t 年水量，$y_{t,\tau}'(t=1,2,\cdots,n;\ \tau=1,2,3,4)$ 为 t 年 τ 季水量。

一、模型形式

在建立相关解集模型时，为处理方便，将年、季水量中心化处理

$$\left.\begin{array}{l} x_t = x_t' - \overline{x}' \\ y_{t,\tau} = y_{t,\tau}' - \overline{y}_\tau' \end{array}\right\} \tag{6-24}$$

式中：$\overline{x}'$ 为年水量均值；$\overline{y}_\tau'$ 为第 τ 季季水量均值。它们可由矩法估计。

一年内各季水量与年水量有关，年水量大，各季的水量相应加大；另外某一季水量还受其他季节水量和随机因素影响。综合考虑这些特点，相关解集模型的形式可表示为

$$Y = AX + B\underline{\varepsilon} \tag{6-25}$$

$$Y = \begin{bmatrix} y_1 \\ y_2 \\ y_3 \\ y_4 \end{bmatrix}$$

$$\underline{\varepsilon} = \begin{bmatrix} \varepsilon_1 \\ \varepsilon_2 \\ \varepsilon_3 \\ \varepsilon_4 \end{bmatrix}$$

式中：Y 为中心化的季水量矩阵；$X=(x)$ 为中心化的年水量矩阵，对单站只有一个元素；$\underline{\varepsilon}$ 为各季标准化的独立随机变量矩阵。

对于 $\underline{\varepsilon}$，有

$$E(\underline{\varepsilon}\underline{\varepsilon}^T) = \underline{I} \quad （单位矩阵） \tag{6-26}$$

$$E(\underline{\varepsilon}X^T) = \underline{0} \quad （零矩阵） \tag{6-27}$$

参数矩阵 A 为

$$A = \begin{bmatrix} a_1 \\ a_2 \\ a_3 \\ a_4 \end{bmatrix}$$

参数矩阵 B 为

$$B = \begin{bmatrix} b_{11} & b_{12} & b_{13} & b_{14} \\ b_{21} & b_{22} & b_{23} & b_{24} \\ b_{31} & b_{32} & b_{33} & b_{34} \\ b_{41} & b_{42} & b_{43} & b_{44} \end{bmatrix}$$

矩阵 A 反映年水量平均分配到各季的特性；矩阵 B 主要反映了随机因素和季水量之间的综合关系对分配的影响；$\underline{\varepsilon}$ 的偏态系数为 $C_{s_\varepsilon} = (C_{s_{\varepsilon,1}}, C_{s_{\varepsilon,2}}, C_{s_{\varepsilon,3}}, C_{s_{\varepsilon,4}})^T$。式（6-25）中，$Y$、$X$、$\underline{\varepsilon}$ 应有角标 t，但都是同年的，故省略。

二、参数估计

模型参数有 A、B、C_{s_ε}，目前采用矩法估计这些参数。

1. A 的估计

以 X^T 右乘式（6-25）两边，取数学期望得

$$E(YX^T) = AE(XX^T) + E(\underline{\varepsilon}X^T)$$

考虑式（6-27）得

$$E(YX^T) = AE(XX^T)$$

因而有

$$A = E(YX^T)[E(XX^T)]^{-1} \tag{6-28}$$

令

$$S_{YX} = E(YX^T), \quad S_{XX} = E(XX^T)$$

S_{XX} 表示 X 与 X 的方差矩阵，这里 S_{XX} 是年水量的方差，由样本方差估计；S_{YX} 表示 Y 与 X 的协方差矩阵，即 $S_{YX} = (E(y_1x), E(y_2x), E(y_3x), E(y_4x))^T$。

$E(y_ix)$ 由样本协方差估计，即

$$E(y_ix) = \frac{1}{n-1} \sum_{t=1}^{n} y_{t,i}x_t \quad (i = 1, 2, 3, 4) \tag{6-29}$$

从而有

$$A = S_{YX}S_{XX}^{-1} \tag{6-30}$$

这样就可直接估计参数 A。

2. B 的估计

以 Y^T 右乘式（6-25）两边，取数学期望并考虑式（6-26）和（6-27）得

$$E(YY^T) = AE(XY^T) + E(B\underline{\varepsilon}X^TA^T) + E(B\underline{\varepsilon}\underline{\varepsilon}^TB^T)$$
$$= AE(XY^T) + BB^T \tag{6-31}$$

令

$$S_{YY} = E(YY^T), \quad S_{XY} = E(XY^T)$$

从而有

$$BB^T = S_{YY} - AS_{XY} = S_{YY} - S_{YX}S_{XX}^{-1}S_{XY} \tag{6-32}$$

式中：S_{XY} 为 X 与 Y 的协方差矩阵，S_{YX} 与 S_{XY} 互为转置；S_{YY} 为 Y 与 Y 的方差矩阵（对称的），即

$$S_{YY}=E(YY^T)=E\left[\begin{bmatrix} y_1 \\ y_2 \\ y_3 \\ y_4 \end{bmatrix}\begin{pmatrix} y_1 & y_2 & y_3 & y_4 \end{pmatrix}\right]=\begin{bmatrix} E(y_1y_1) & E(y_1y_2) & E(y_1y_3) & E(y_1y_4) \\ E(y_2y_1) & E(y_2y_2) & E(y_2y_3) & E(y_2y_4) \\ E(y_3y_1) & E(y_3y_2) & E(y_3y_3) & E(y_3y_4) \\ E(y_4y_1) & E(y_4y_2) & E(y_4y_3) & E(y_4y_4) \end{bmatrix}$$

其中，$E(y_iy_j)$ 表示 y_i 与 y_j 的（协）方差，可由样本（协）方差估计，即

$$E(y_iy_j)=\frac{1}{n-1}\sum_{t=1}^{n}y_{t,i}y_{t,j} \quad (i=1,2,3,4; \quad j=1,2,3,4) \tag{6-33}$$

从式（6-32）看出，参数 B 的估计需要由 BB^T 的估值间接推求。就水文水资源系统而言，式（6-32）右边是一个非负对称矩阵。满足式（6-32）的 B 很多，常用下三角矩阵法、正交矩阵法计算。这里简述前者，后者将在后面介绍。

假设 B 为下三角矩阵（w 为分量个数），即

$$B=\begin{bmatrix} b_{11} & 0 & \cdots & 0 \\ b_{21} & b_{22} & \cdots & 0 \\ \vdots & \vdots & \vdots & \vdots \\ b_{w1} & b_{w2} & \cdots & b_{ww} \end{bmatrix}$$

令

$$D=S_{YY}-S_{YX}S_{XX}^{-1}S_{XY}=\begin{bmatrix} d_{11} & d_{12} & \cdots & d_{1w} \\ d_{21} & d_{22} & \cdots & d_{2w} \\ \vdots & \vdots & \vdots & \vdots \\ d_{w1} & d_{w2} & \cdots & d_{ww} \end{bmatrix}$$

把 B、D 代入式（6-32），即可求得矩阵 B 的各元素。下面是求解 B 的通式

$$b_{ij}=\begin{cases} d_{ji}/b_{jj} & (j=1; i=1,2,\cdots,w) \\ \left[d_{ij}-\sum_{k=1}^{j-1}(b_{jk})^2\right]^{1/2} & (j=1,2,\cdots,w; i=j) \\ \left[d_{ij}-\sum_{k=1}^{j-1}b_{jk}b_{ik}\right]/b_{jj} & (j=2,3,\cdots,w-1; i=j+1,j+2,\cdots,w) \end{cases} \tag{6-34}$$

【例 6-4】 某河有 32 年实测资料，现以年水量 x_t 分解成年内三个时段的水量 $y_{t,1}$，$y_{t,2}$，$y_{t,3}$ 为例，说明相关解集模型参数 A 和 B 的估计。据样本资料算得 4 个矩阵：

$$S_{XX}=25880; \quad S_{XY}=(8803 \quad 8741 \quad 8340)$$

$$S_{YX}=\begin{bmatrix} 8803 \\ 8741 \\ 8340 \end{bmatrix}; \quad S_{YY}=\begin{bmatrix} 3058 & 2788 & 2756 \\ 2788 & 2994 & 2780 \\ 2756 & 2780 & 2804 \end{bmatrix}$$

因而有

$$A=S_{YX}S_{XX}^{-1}=\begin{bmatrix} 8803 \\ 8741 \\ 8340 \end{bmatrix}\times\frac{1}{25880}=\begin{bmatrix} 0.3401 \\ 0.3377 \\ 0.3222 \end{bmatrix}$$

$$BB^T = S_{YY} - AS_{XY} = S_{YY} - S_{YX}S_{XX}^{-1}S_{XY} = \begin{pmatrix} 64.29 & 15.50 & -79.79 \\ 15.50 & 21.10 & -36.60 \\ -79.79 & -36.60 & 116.40 \end{pmatrix}$$

$$B = \begin{pmatrix} 8.018 & & \\ 1.933 & 4.167 & \\ -9.951 & -4.167 & 0 \end{pmatrix}$$

这样，由年水量模拟 3 个时段水量的模型可写成

$$\begin{bmatrix} y_{t,1} \\ y_{t,2} \\ y_{t,3} \end{bmatrix} = \begin{bmatrix} 0.3401 \\ 0.3377 \\ 0.3222 \end{bmatrix} x_t + \begin{bmatrix} 8.018 & 0 & 0 \\ 1.933 & 4.167 & 0 \\ -9.951 & -4.167 & 0 \end{bmatrix} \begin{bmatrix} \varepsilon_{t,1} \\ \varepsilon_{t,2} \\ \varepsilon_{t,3} \end{bmatrix}$$

由上式可以明显地看出，A 矩阵中各元素之和为 1；B 矩阵中各列之和均为 0。这两个约束条件保证分解得到的三个时段的水量之和严格等于总水量，即确保水量平衡。

3. 偏态系数矩阵 C_{s_ε} 的推求

水文序列一般是偏态的，因此模型中的总量和分量具有偏态性。就其他模型而言，可以先对研究序列进行正态化处理（对数变换、W－H 变换等）后再建模，但相关解集模型这样处理就难以同时保持总量和分量的统计特性。因此，在相关解集分量时常不这样做。那么，不对总量和分量作预处理，如何估算式（6-25）中独立随机项 $\underline{\varepsilon}$ 的偏态系数矩阵 C_{s_ε} 呢？有关文献介绍了两种方法，现列于下。

方法一：在估计出 A 和 B 后，可反求样本残差序列 $\underline{\varepsilon}$

$$\underline{\varepsilon} = B^{-1}(Y - AX) \tag{6-35}$$

再按下述办法估算 C_{s_ε}。

(1) 矩法 $C_{s_\varepsilon,j} = \sum_{t=1}^n \varepsilon_{t,j}^3 / (n-3), j = 1, 2, \cdots, 4$。

(2) 因子法 $C_{s_\varepsilon,j} = 2/(1 - c\varepsilon_{\min,j}), j = 1, 2, \cdots, 4$。

式中：$\varepsilon_{\min,j}$ 为 $\varepsilon_{t,j}(t=1,2,\cdots,n)$ 中的最小值；c 为因子，一般取 0.5。

(3) 适线法、概率权重矩法。

方法二：托迪尼建议了一种推求偏态系数的方法。将式（6-25）两边立方并取数学期望，整理得

$$E[\underline{\varepsilon}^{(3)}] = [B^{(3)}]^{-1}\{E(Y^{(3)}) - E[(AX)^{(3)}]\} \tag{6-36}$$

式中：符号 $\underline{\varepsilon}^{(3)}$ 为对矩阵 $\underline{\varepsilon}$ 中的每一个元素的立方，$E[\underline{\varepsilon}^{(3)}]$ 为取数学期望；其他符号可作类似的说明。

由于 $\underline{\varepsilon}$ 是标准化的独立残差变量矩阵，$E[\underline{\varepsilon}^{(3)}]$ 实际上为残差的偏态系数矩阵 C_{s_ε}。式（6-36）中若 A、B 已知，$E[(Y^{(3)})]$、$E[(AX)^{(3)}]$ 和 $[B^{(3)}]^{-1}$ 可方便求出，进而估计得 C_{s_ε}。

下三角矩阵法求得的 B 不能满足式（6-36）中 $B^{(3)}$ 可逆，而正交矩阵法求得的 B 可满足。若 BB^T 是一对称的非负定的矩阵（水文资料一般满足这一条件），则有

$$BB^T = P\lambda P^T \tag{6-37}$$

式中：P 为正交矩阵；λ 为对角线矩阵。

假定 B 为一对称阵，由式（6-37）可得

$$B = P\lambda^{1/2}P^T \qquad (6-38)$$

式中：$\lambda^{1/2}$ 为 λ 中每个元素的平方根。

三、模型的随机模拟

相关解集模型的随机模拟步骤如下：

（1）计算实测总量（年水量）、分量（季水量）的均值，将原始序列中心化处理。

（2）分别计算年水量方差、年水量与各季水量的协方差、各季水量间的协方差，得到 4 个矩阵 S_{YX}、S_{XY}、S_{YY}、S_{XX}。

（3）由式（6-30）计算参数矩阵 A。

（4）由式（6-32）计算 BB^T，再由下三角矩阵法或正交矩阵法求参数 B。

（5）选择合适的方法估计偏态系数矩阵 C_{s_ε}。

（6）对中心化总量（年水量）建立随机模型（如自回归模型），并模拟大量的中心化总量序列。

（7）模拟大量的独立随机序列 ε，其分布根据情况进行不同考虑，例如常用 P-Ⅲ 型分布或对数正态分布。

（8）由式（6-25）可得到大量中心化分量（季水量）序列，再加上对应分量均值即得模拟分量序列。

四、实例分析——洪水过程的随机模拟

【例 6-5】 从金沙江屏山站（流域面积为 45.9 万 km²）40 年的实例资料中总共选出 40 次完整的洪水过程。试对该站洪水过程建立相关解集模型。

每年洪水过程在年内发生的时间多变，为使建立的模型能较好地综合反映洪水变化的特点，对每年的洪水过程需在时间轴上左右平移以达到各个截口的洪水变化特性表现出明显的统计规律。这里应用了直观的试凑平移调整方法，最后确定的方案是以年最大 15 日洪量为准，从一年多次洪水过程中选出一次洪水过程，然后以峰前 18 日、峰后 27 日选出历时 45 日的（一次完整的）洪水过程线，以此作为建立模型的基本资料。解集模型中的总量（高聚集水平量）为 45 日洪量，分量（低聚集水平量）为 45 日的各日流量。换言之，将 45 日的洪量通过相关解集模型分解成洪水期 45 日的日流量，即分解成以日流量表示的洪水过程线。

1. 45 日洪量模型的建立

对 40 年实测的 45 日洪量资料统计检验表明 45 日洪量相互之间是独立的，其分布用两种方案：方案一为 P-Ⅲ 型分布，方案二为三参数对数正态分布。均值和变差系数以矩法估计，偏态系数由适线法确定。限于篇幅，这里仅列出方案一的成果。

2. 模型参数的估计

这里 X 为减去了均值的 45 日洪量，Y 由 45 个元素构成，即 45 个减去了相应均值的日流量。参数 A 根据样本资料由式（6-30）估计，参数 B 由式（6-32）、式（6-37）和式（6-38）估计，而 $E[\varepsilon^{(3)}]$ 由式（6-36）估计。

3. 独立随机序列ε的模型

独立随机序列ε由 45 个元素构成，每个元素的均值都为零，方差均为 1，但偏态系数各异，由 $E[\varepsilon^{(3)}]$ 的估计值确定。ε的模型与 45 日洪量模型相应。在具体模拟计算时，对$E[\varepsilon^{(3)}]$ 的估计值，要依据残差的统计特性做适当的调整。

4. 洪水序列的随机模拟

洪水序列的随机模拟步骤简述如下：

（1）据 45 日洪量的数学模型，模拟洪量序列。

（2）由独立随机序列模型生成独立随机序列。

（3）由输入的参数 A 和 B 的估计量以及模拟的独立随机序列通过式（6-25）将模拟的 45 日洪量解集成相应的 45 个截口的日流量。

5. 模型适用性分析

这里采用短序列法进行模型适用性检验。

用建立的相关解集模型，对每个方案均模拟生成长度为 40 年的样本 500 个，对每个样本统计出最大 1 日、最大 3 日、最大 7 日和最大 15 日洪量的最大值、最小值、均值、离均系数 C_v、偏态系数 C_s 值及其每个截口的上述特征量和参数，再对 500 个样本取平均值，得到最大平均值、最小值的平均值、均值的平均值、C_v 的平均值、C_s 的平均值以及这些特征量的统计分布参数（如 C_v 的标准差等）。

采用正负一个标准差的区间作为判断标准进行检验。检验成果见图 6-3 至图 6-13。由图明显看出，除在个别截口样本的最小值、最大值和 C_s 值超出了一个标准差的范围，其余都在一个标准差的范围内。这足以说明相关解集模型可以接受为推论总体。

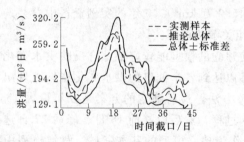

图 6-3 日洪量的最大值（方案一）

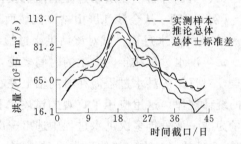

图 6-4 日洪量的最小值（方案一）

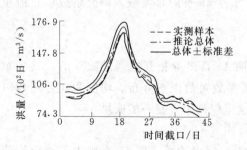

图 6-5 日洪量的平均值（方案一）

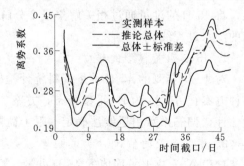

图 6-6 日洪量的离势系数（方案一）

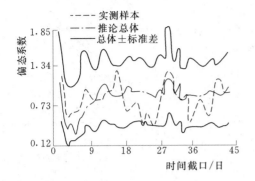

图 6-7 日洪量的偏态系数
（方案一）

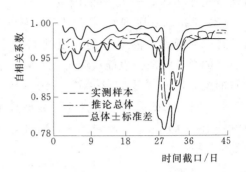

图 6-8 日洪量时移一的自相关关系
（方案一）

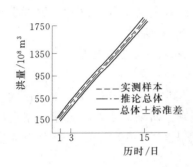

图 6-9 各种历时最大洪量的平均值
（方案一）

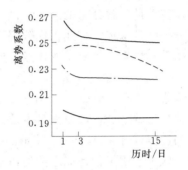

图 6-10 各种历时最大洪量的离势系数
（方案一）

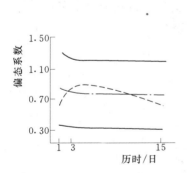

图 6-11 各种历时最大洪量的
偏态系数（方案一）

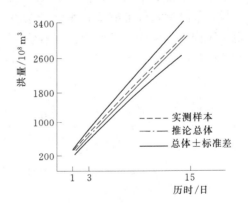

图 6-12 各种历时最大洪量的
最大值（方案一）

6. 分析和讨论

洪水总量和分量之间存在一定的关系，各分量之间也存在一定的关系。相关解集模型之所以能用于洪水的时空随机模拟，正是基于这种客观存在着的关系。相关解集模型用于洪水随机模拟具有以下优点：

（1）模拟出的序列保持各次洪水的水量平衡，总量（高聚集水平的量）分解成分量（低聚集水平的量）后，各低水量累加起来必然等于高聚集水平的总量。例如，45日的日水量相加必然等于45日的洪量。

(2) 模拟出的序列同时反映不同聚集水平量的统计特征。例如，模拟序列能反映高聚集水平45日总量的统计特征，也能反映低聚集水平各截口日流量的统计特征（图6-3～图6-8）。

(3) 模拟出的序列能反映洪水定时段累积量的统计特征，如最大3日洪量的统计特征等（图6-9～图6-13）。

1050
750
450
150
洪量/$10^8 m^3$
1
3
15
历时/日
实测样本
推论总体
总体±标准差

图6-13　各种历时最大洪量的最小值（方案一）

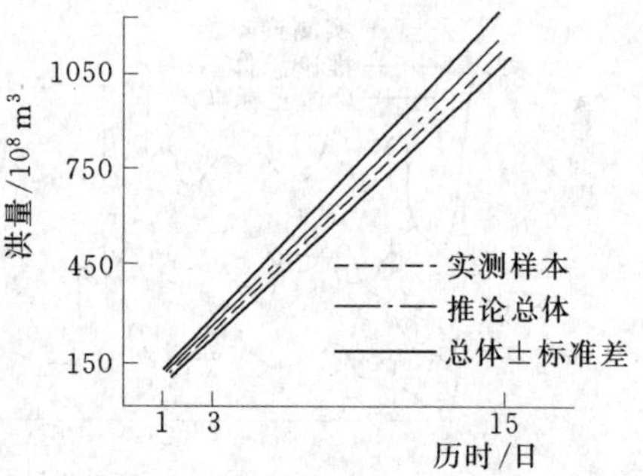

五、评述

相关解集模型是一个有效的用途广泛的随机模型，模型结构简单，概念清晰，分量之和等于总量，且能保持总量、各分量的统计特性。模型可以连续分解，如年水量分解到季水量，由季水量再分解到月水量，如此依次分解下去，如图6-2所示。

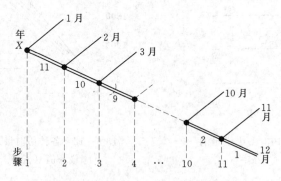

尽管相关解集模型有上述的优点，但也存在不少需要改进的地方：

1. 模型中的参数数目太多

相关解集模型至少有 $(w^2+5w+2)/2$ 个参数，其中 w 为分量数；当 w 越大，每个参数含有的信息量就越低，难以满足参数“吝啬”原则。所谓“吝啬”原则，指资料数量与参数数目的比值 R 不能小于一个特定的值（暂时考虑在5～10之间），这是因为参数精度很大程度上取决于用于估计该参数的信息量。

为减少模型参数和矩阵的维数，Santos 和 Salas 提出了分步解集模型，如图6-14所示。以年水量解集为月水量为例进行说明，其思路是将年水量分解成1月水量和余下11个月总水量，再将后者分解成2月水量和余下10个月总水量，依次类推，得到各月水量的模拟值。这样大大减少了模型参数。另外，许多水文学家为减少模型参数，提出了各种改进的相关解集模型。

年
X
1月
2月
3月
10月
11月
12月
11
10
9
2
1
步骤
1
2
3
4
…
10
11

图6-14　分步解集模型示意图

2. 模型的模拟序列首尾自相关结构不一致

在求参数时，应用 S_{YY} 协方差矩阵，这一矩阵反映各分量之间的相关结构，但其中存在着不一致性，即式(6-25)考虑的第一个分量和最后一个分量的关系不能反映第一个分量与上年最后一个分量的相关关系（这是真正需要的）。现以年径流分解成季径流为例说明。基本解集模型考虑的只是年内第四季（冬季）的水量和该年第一季（春季）的水量的相关关系。这样计算的结果不能反映第四季的水量和下一年度第一季水量的关系，即第四季度水量和第一季度水量的相关结构和其他各季的依次相关结构不同。这就是相关结构的不一致性。

为了克服这一缺点，一些人对相关解集模型提出了改进。例如，将式（6-25）进行修正

$$Y = AX + B\varepsilon + CZ \tag{6-39}$$

式中：C 为 $w \times w$ 的参数矩阵；$Z = (y_{t-1,w}, y_{t,1}, y_{t,2}, \cdots, y_{t,w-1})^T$。

此时，模型参数大大增加。可以对 C、Z 作适当简化，如 C 为 $w \times 1$ 的参数矩阵，Z 为上一年最后一分量值 $y_{t-1,w}$。

不过在建立径流解集模型中，当使用水文年度时，这一缺点可在一定程度上得到改正。在建立洪水解集模型时，对各年洪水过程在时间轴上加以左右移动，以调整绝对时间位置，使洪水过程的统计特性易于模型描述。在这种情况下，相关结构不一致性的影响可以忽略。

习　题

1. 什么是季节性水文序列？请举例说明。
2. 论述一阶季节性自回归模型和一阶平稳自回归模型的主要区别。
3. 论述典型解集模型和相关解集模型的异同点和优缺点。
4. 试根据第三章习题 3 提供的月平均流量资料（表 3-10）建立一阶季节性自回归模型，并检验模型的适用性。
5. 试根据第三章习题 3 提供的月平均流量资料（表 3-10）建立相关解集模型，并检验模型的适用性。

第七章　多变量随机模型

第一节　概　　述

随着水资源综合利用的规模和范围不断扩大，不仅需要单站的水文信息，而且需要区域/流域内各站的综合水文信息，以便对区域/流域水资源进行合理的开发利用。事实上，处在同一气候区内相邻各站的水文要素在空间上是有一定关系的。模拟各站水文序列时不能孤立地进行，必须考虑各站水文要素之间客观存在着的联系。第五章、第六章介绍的是适合水资源系统的某水文站某变量描述的随机模型，一般称为单变量随机模型。这类模型没有考虑不同变量间的联系，各变量模拟序列不能反映客观存在的相互联系。多变量随机模型正是考虑这种联系而建立起来的。如一个流域进行梯级开发利用、调度，就需要建立多站年、月径流模型，模拟各站同步年、月径流序列；又如几个防洪工程组成统一的防洪系统来共同控制流域洪水，就需要建立各控制站洪水随机模型，模拟各站同步的洪水序列。

所谓多变量，可以是同一测站的几个水文变量，如降水、径流、蒸发等，也可以是不同测站上的一种或几种变量。本章所述及的都是每站只取一个相同变量（如径流）的一种特殊情况，因此在本章中多变量和多站是同义的，未严格区分。

从 20 世纪 60 年代中期开始便先后出现了一些多变量随机模型，60 年代后期提出了多变量一阶自回归模型，70 年代初期出现了多变量高阶自回归模型，随后产生了多变量一阶自回归滑动平均模型，与此同时空间解集模型也提了出来。除此以外，还有学者建议了多变量分数高斯噪声模型和多变量折线模型。这些模型的提出不仅丰富和发展了随机水文学，而且满足了较大范围内水资源系统分析计算的要求。

本章介绍常用的、比较成熟的多变量随机模型，主要有多变量平稳自回归模型、多变量季节性自回归模型、空间典型解集模型、空间相关解集模型和主站模型。

第二节　多变量平稳自回归模型

多变量平稳自回归模型（Multivariate stationary autoregressive model，MAR）适合于多变量平稳水文时间序列，并得到了广泛应用。

一、模型形式

为方便，设 $z_t^{(i)}$（$t=1,2,\cdots,n$，n 为年数；$i=1,2,\cdots,m$，m 为变量数）为标准化平稳水文序列，即

$$z_t^{(i)} = \frac{x_t^{(i)} - \overline{x}^{(i)}}{s^{(i)}} \tag{7-1}$$

式中：$x_t^{(i)}$ 为第 i 变量第 t 年的水文变量值；$\overline{x}^{(i)}$ 为第 i 变量的均值；$s^{(i)}$ 为第 i 变量的均方差。

MAR 模型可以描述不同变量间的相依性，其模型形式为

$$
\begin{bmatrix} z_t^{(1)} \\ z_t^{(2)} \\ \vdots \\ z_t^{(m)} \end{bmatrix} = \begin{bmatrix} a_{1,1}^1 & a_{1,2}^1 & \cdots & a_{1,m}^1 \\ a_{2,1}^1 & a_{2,2}^1 & \cdots & a_{2,m}^1 \\ \vdots & \vdots & \cdots & \vdots \\ a_{m,1}^1 & a_{m,2}^1 & \cdots & a_{m,m}^1 \end{bmatrix} \begin{bmatrix} z_{t-1}^{(1)} \\ z_{t-1}^{(2)} \\ \vdots \\ z_{t-1}^{(m)} \end{bmatrix} + \begin{bmatrix} a_{1,1}^2 & a_{1,2}^2 & \cdots & a_{1,m}^2 \\ a_{2,1}^2 & a_{2,2}^2 & \cdots & a_{2,m}^2 \\ \vdots & \vdots & \cdots & \vdots \\ a_{m,1}^2 & a_{m,2}^2 & \cdots & a_{m,m}^2 \end{bmatrix} \begin{bmatrix} z_{t-2}^{(1)} \\ z_{t-2}^{(2)} \\ \vdots \\ z_{t-2}^{(m)} \end{bmatrix}
$$

$$
+ \cdots + \begin{bmatrix} a_{1,1}^p & a_{1,2}^p & \cdots & a_{1,m}^p \\ a_{2,1}^p & a_{2,2}^p & \cdots & a_{2,m}^p \\ \vdots & \vdots & \cdots & \vdots \\ a_{m,1}^p & a_{m,2}^p & \cdots & a_{m,m}^p \end{bmatrix} \begin{bmatrix} z_{t-p}^{(1)} \\ z_{t-p}^{(2)} \\ \vdots \\ z_{t-p}^{(m)} \end{bmatrix} + \begin{bmatrix} b_{1,1} & b_{1,2} & \cdots & b_{1,m} \\ b_{2,1} & b_{2,2} & \cdots & b_{2,m} \\ \vdots & \vdots & \cdots & \vdots \\ b_{m,1} & b_{m,2} & \cdots & b_{m,m} \end{bmatrix} \begin{bmatrix} \varepsilon_t^{(1)} \\ \varepsilon_t^{(2)} \\ \vdots \\ \varepsilon_t^{(m)} \end{bmatrix} \tag{7-2}
$$

式中：$a_{i,j}^k(i,j=1,2,\cdots,m;\ k=1,2,\cdots,p;\ p$ 为模型阶数) 为回归系数；$\varepsilon_t^{(i)}$ 为第 i 变量均值 0、方差 1 的独立随机序列。

将式（7-2）写成矩阵形式

$$
Z_t = A_1 Z_{t-1} + A_2 Z_{t-2} + \cdots + A_p Z_{t-p} + B \underline{\varepsilon}_t \tag{7-3}
$$

其中

$$
Z_{t-k} = \begin{bmatrix} z_{t-k}^{(1)} & z_{t-k}^{(2)} & \cdots & z_{t-k}^{(m)} \end{bmatrix}^T \quad (k=0,1,2,\cdots,p)
$$

$$
\underline{\varepsilon}_t = \begin{bmatrix} \varepsilon_t^{(1)} & \varepsilon_t^{(2)} & \cdots & \varepsilon_t^{(m)} \end{bmatrix}^T
$$

$$
A_k = \begin{bmatrix} a_{1,1}^k & a_{1,2}^k & \cdots & a_{1,m}^k \\ a_{2,1}^k & a_{2,2}^k & \cdots & a_{2,m}^k \\ \vdots & \vdots & \cdots & \vdots \\ a_{m,1}^k & a_{m,2}^k & \cdots & a_{m,m}^k \end{bmatrix} \quad (k=1,2,\cdots,p)
$$

$$
B = \begin{bmatrix} b_{1,1} & b_{1,2} & \cdots & b_{1,m} \\ b_{2,1} & b_{2,2} & \cdots & b_{2,m} \\ \vdots & \vdots & \cdots & \vdots \\ b_{m,1} & b_{m,2} & \cdots & b_{m,m} \end{bmatrix}
$$

这就是 p 阶多变量自回归模型 [MAR(p)]。其中，矩阵 A_k 反映了各变量间滞时 $k(k=1,$ $2,\cdots,p)$ 的互相关和自相关关系 [从式（7-2）中可以看出]；矩阵 B 反映了各变量间滞时为 0 的互相关关系；$\underline{\varepsilon}_t$ 为标准化独立随机矢量，且与 $Z_{t-k}(k=1,2,\cdots,p)$ 相互独立。

当 $p=1$ 时，式（7-3）变为

$$
Z_t = A_1 Z_{t-1} + B \underline{\varepsilon}_t \tag{7-4}
$$

即为一阶多变量平稳自回归模型 [MAR(1)]。矩阵 A_1 表示各变量滞时 1 的自相关、互相关关系。当 $p=2$ 时，式（7-3）变为

$$
Z_t = A_1 Z_{t-1} + A_2 Z_{t-2} + B \underline{\varepsilon}_t \tag{7-5}
$$

即为二阶多变量平稳自回归模型 [MAR(2)]。矩阵 A_2 表示各变量滞时 2 的自相关、互相关关系。在实际应用中，p 一般不宜取得太大，MAR(1) 或 MAR(2) 最常见。

二、模型参数估计

不失一般性，仍研究式（7-3）。可以看出，模型待估参数有均值 $\overline{x}^{(i)}$，均方差 $s^{(i)}$ 和矩阵 $A_k(k=1,2,\cdots,p)$，B。各变量均值 $\overline{x}^{(i)}$、均方差 $s^{(i)}(i=1,2,\cdots,m)$ 可以通过矩法估计，这里不再赘述。下面重点讨论矩阵 $A_k(k=1,2,\cdots,p)$ 和 B 的估计。

（一）$A_k(k=1,2,\cdots,p)$ 的估计

依次以 Z_{t-1}^T，Z_{t-2}^T，$\cdots$，Z_{t-p}^T 右乘式（7-3）两边并取数学期望有

$$E(Z_tZ_{t-1}^T)=A_1E(Z_{t-1}Z_{t-1}^T)+A_2E(Z_{t-2}Z_{t-1}^T)+\cdots+A_pE(Z_{t-p}Z_{t-1}^T)+BE(\underline{\varepsilon}_tZ_{t-1}^T)$$
$$E(Z_tZ_{t-2}^T)=A_1E(Z_{t-1}Z_{t-2}^T)+A_2E(Z_{t-2}Z_{t-2}^T)+\cdots+A_pE(Z_{t-p}Z_{t-2}^T)+BE(\underline{\varepsilon}_tZ_{t-2}^T)$$
$$\vdots$$
$$E(Z_tZ_{t-p}^T)=A_1E(Z_{t-1}Z_{t-p}^T)+A_2E(Z_{t-2}Z_{t-p}^T)+\cdots+A_pE(Z_{t-p}Z_{t-p}^T)+BE(\underline{\varepsilon}_tZ_{t-p}^T)$$

由于 $\underline{\varepsilon}_t$ 与 $Z_{t-k}(k=1,2,\cdots,p)$ 相互独立，则有

$$\begin{cases} M_1=A_1M_0+A_2M_1+\cdots+A_pM_{p-1} \\ M_2=A_1M_1+A_2M_0+\cdots+A_pM_{p-2} \\ \qquad\qquad\vdots \\ M_p=A_1M_{p-1}+A_2M_{p-2}+\cdots+A_pM_0 \end{cases} \tag{7-6}$$

式中：$M_k=E(Z_tZ_{t-k}^T)$ 表示滞时 k 的相关矩阵，即

$$M_k=\begin{bmatrix} \rho_k^{1,1} & \rho_k^{1,2} & \cdots & \rho_k^{1,m} \\ \rho_k^{2,1} & \rho_k^{2,2} & \cdots & \rho_k^{2,m} \\ \vdots & \vdots & \vdots & \vdots \\ \rho_k^{m,1} & \rho_k^{m,2} & \cdots & \rho_k^{m,m} \end{bmatrix} \tag{7-7}$$

式中：$\rho_k^{i,j}(k=0,1,2,\cdots,p)$ 为第 i 变量与第 j 变量滞时为 k 的自相关、互相关系数，可由第 i 变量与第 j 变量滞时为 k 的样本自相关、互相关系数 $r_k^{i,j}$ 估计，即

$$r_k^{i,j}=\frac{\sum\limits_{t=1}^{n-k}(x_{t+k}^{(i)}-\overline{x}^{(i)})(x_t^{(j)}-\overline{x}^{(j)})}{\left[\sum\limits_{t=1}^{n}(x_t^{(i)}-\overline{x}^{(i)})^2\sum\limits_{t=1}^{n}(x_t^{(j)}-\overline{x}^{(j)})^2\right]^{1/2}} \tag{7-8}$$

一般，$r_k^{i,j}\neq r_k^{j,i}$。将 $M_k(k=0,1,2,\cdots,p)$ 代入式（7-6），便可估计出矩阵 $A_k(k=1,2,\cdots,p)$。

当 $p=1$ 时，式（7-4）中的 A_1 为

$$A_1=M_1M_0^{-1} \tag{7-9}$$

当 $p=2$ 时，式（7-5）中的 A_1、A_2 分别为

$$A_1=[M_1-M_2M_0^{-1}M_1^T][M_0-M_1M_0^{-1}M_1^T]^{-1} \tag{7-10}$$

$$A_2=[M_2-M_1M_0^{-1}M_1^T][M_0-M_1^TM_0^{-1}M_1^T]^{-1} \tag{7-11}$$

这里具体以两变量一阶平稳自回归模型为例阐明 M_0、M_1 的含义。

$$M_0=E[Z_tZ_t^T]=E\left(\begin{bmatrix} z_t^{(1)} \\ z_t^{(2)} \end{bmatrix}(z_t^{(1)} \quad z_t^{(2)})\right)=E\begin{bmatrix} z_t^{(1)}z_t^{(1)} & z_t^{(1)}z_t^{(2)} \\ z_t^{(2)}z_t^{(1)} & z_t^{(2)}z_t^{(2)} \end{bmatrix}$$

$$=\begin{bmatrix} E(z_t^{(1)}z_t^{(1)}) & E(z_t^{(1)}z_t^{(2)}) \\ E(z_t^{(2)}z_t^{(1)}) & E(z_t^{(2)}z_t^{(2)}) \end{bmatrix}=\begin{bmatrix} \rho_0^{1,1} & \rho_0^{1,2} \\ \rho_0^{2,1} & \rho_0^{2,2} \end{bmatrix} \tag{7-12}$$

式中：$\rho_0^{1,1}$，$\rho_0^{2,2}$ 表示第 1 变量和第 2 变量滞时为 0 的自相关系数，显然等于 1；$\rho_0^{2,1}$ 表示第 2 变量与第 1 变量滞时为 0 的互相关系数；$\rho_0^{1,2}$ 表示第 1 变量与第 2 变量滞时为 0 的互相关系数。

$$M_1=E[Z_tZ_{t-1}^T]=E\left(\begin{bmatrix} z_t^{(1)} \\ z_t^{(2)} \end{bmatrix}(z_{t-1}^{(1)} \quad z_{t-1}^{(2)})\right)=E\begin{bmatrix} z_t^{(1)}z_{t-1}^{(1)} & z_t^{(1)}z_{t-1}^{(2)} \\ z_t^{(2)}z_{t-1}^{(1)} & z_t^{(2)}z_{t-1}^{(2)} \end{bmatrix}$$

$$= \begin{pmatrix} E(z_t^{(1)} z_{t-1}^{(1)}) & E(z_t^{(1)} z_{t-1}^{(2)}) \\ E(z_t^{(2)} z_{t-1}^{(1)}) & E(z_t^{(2)} z_{t-1}^{(2)}) \end{pmatrix} = \begin{pmatrix} \rho_1^{1,1} & \rho_1^{1,2} \\ \rho_1^{2,1} & \rho_1^{2,2} \end{pmatrix} \tag{7-13}$$

式中：$\rho_1^{1,1}$、$\rho_1^{2,2}$ 分别为第 1 变量与第 2 变量滞时为 1 的自相关系数；$\rho_1^{2,1}$ 为第 2 变量与第 1 变量滞时为 1 的互相关系数；$\rho_1^{1,2}$ 为第 1 变量与第 2 变量滞时为 1 的互相关系数。

（二）B 的估计

以 Z_t^T 右乘式（7-3）两边并取数学期望得

$$E(Z_t Z_t^T) = A_1 E(Z_{t-1} Z_t^T) + A_2 E(Z_{t-2} Z_t^T) + \cdots + A_p E(Z_{t-p} Z_t^T) + BE(\underline{\varepsilon}_t Z_t^T)$$

有

$$M_0 = A_1 M_1 + A_2 M_2 + \cdots + A_p M_p + BE[\underline{\varepsilon}_t (A_1 Z_{t-1} + A_2 Z_{t-2} + \cdots + A_p Z_{t-p} + B\underline{\varepsilon}_t)^T]$$

考虑 $E(\underline{\varepsilon}_t \underline{\varepsilon}_t^T) = I$（单位阵）和 $\underline{\varepsilon}_t$ 与 $Z_{t-k}(k=1,2,\cdots,p)$ 相互独立，有

$$BB^T = M_0 - (A_1 M_1^T + A_2 M_2^T + \cdots + A_p M_p^T) \tag{7-14}$$

式（7-14）右边已知。同第六章相关解集模型一样，采用下三角矩阵法或正交矩阵法求解矩阵 B。

当 $p=1$ 时，式（7-14）变为

$$BB^T = M_0 - M_1 M_0^{-1} M_1^T \tag{7-15}$$

当 $p=2$ 时，式（7-14）变为

$$BB^T = M_0 - (A_1 M_1^T + A_2 M_2^T) \tag{7-16}$$

（三）模型阶数 p 的确定

p 的确定类似于第四章，即采用 AIC 准则或 BIC 准则。

令 $S_p = BB^T$，则式（7-14）变为

$$S_p = M_0 - (A_1 M_1^T + A_2 M_2^T + \cdots + A_p M_p^T) \tag{7-17}$$

S_p 实际上是残差阵 $\underline{\varepsilon}_t$ 的方差矩阵。

1. AIC 准则

$$\text{AIC}(p) = n\ln[\det(S_p)] + 2\left(p + \frac{1}{2} + \frac{1}{2m}\right)m^2 \tag{7-18}$$

式中：$\det(S_p)$ 为行列式值。

最小的 $\text{AIC}(p_0)$ 对应的 p_0 即为所求阶数。

2. BIC 准则

$$\text{BIC}(p) = n\ln[\det(S_p)] + \ln(n)\left(p + \frac{1}{2} + \frac{1}{2m}\right)m^2 \tag{7-19}$$

式中各符号同前。最小的 $\text{BIC}(p_0)$ 对应的 p_0 即为所求阶数。

$\text{MAR}(p)$ 模型参数估计归纳如下：

（1）计算各变量的均值 $\bar{x}^{(i)}$、均方差 $s^{(i)}(i=1,2,\cdots,m)$，将各变量实测序列转化为标准化序列。

（2）假定模型最高阶数 $p = n/15 \sim n/10$，应用式（7-7）计算各阶互相关矩阵 M_0，M_1，M_2，$\cdots$。

（3）用式（7-6）计算各阶系数矩阵 A_1，A_2，$\cdots$，用式（7-17）计算 S_p。

（4）利用 AIC 准则［式（7-18）］或 BIC 准则［式（7-19）］确定模型最佳阶数。

（5）根据确定的阶数计算矩阵 B。

三、MAR(p) 序列的随机模拟

随机模拟 MAR(p) 序列的基本思路与第四章单变量 AR(p) 模型类似。首先要回答研究的水文序列的边际分布。计算各样本序列的偏态系数

$$C_{s_x}^{(i)} = \frac{1}{n-3} \frac{\sum_{t=1}^{n}(x_t^{(i)} - \overline{x}^{(i)})^3}{[s^{(i)}]^3} \quad (i=1,2,\cdots,m) \tag{7-20}$$

$C_{s_x}^{(i)}$ 与 0 无显著差异时，可认为第 i 变量 $x_t^{(i)}$ 服从正态分布；否则，$x_t^{(i)}$ 服从偏态分布。

（一）MAR(p) 正态序列的随机模拟

当 $x_t^{(i)}$ 服从正态分布时，式（7-3）中的 ε_t 一定服从正态分布。随机模拟步骤如下：

（1）令 $t=p$ 并假定初始值 $Z_0=Z_1=\cdots=Z_{p-1}=$ 零向量。

（2）模拟服从标准正态分布的随机矢量 ε_t，其中元素 $\varepsilon_t^{(i)}$ 的模拟见式（4-9）。

（3）将上述值和估计的参数代入式（7-3）计算出 Z_t。

（4）$t=t+1$，转向步骤（2），继续直到满足要求的长度结束。

（5）逆标准化得到原始变量模拟序列 $x_t^{(i)}$（$t=1,2,\cdots$）。

当然，一般要求"预热（warm-up）"，预热长度不宜少于 50。

（二）MAR(p) 偏态序列的随机模拟

当 $x_t^{(i)}$ 服从偏态分布时，由 MAR(p) 模型模拟出的序列也应服从偏态分布。因此要模拟具有偏态的 $x_t^{(i)}$，就必须对 $x_t^{(i)}$ 或 ε_t 进行一定的处理。目前有三种方法。

1. 对数转换法

若 $x_t^{(i)}$ 服从对数正态分布，可将 $x_t^{(i)}$ 进行对数变换

$$y_t^{(i)} = \ln(x_t^{(i)} - a^{(i)}) \tag{7-21}$$

式中：$a^{(i)}$ 为第 i 变量的下限值。

$y_t^{(i)}$ 服从正态分布。对 $y_t^{(i)}$（$i=1,2,\cdots,m$）建立 MAR(p) 模型后按正态序列进行随机模拟，再进行式（7-21）的逆变换即得服从对数正态分布的 $x_t^{(i)}$（$i=1,2,\cdots,m$）序列。

2. W-H 逆变换法

将标准化的 $z_t^{(i)}$ 进行 W-H 逆变换

$$z'^{(i)}_t = \frac{6}{C_{s_x}^{(i)}}\left[\left(\frac{C_{s_x}^{(i)}}{2}z_t^{(i)}+1\right)^{1/3}-1\right]+\frac{C_{s_x}^{(i)}}{6} \tag{7-22}$$

则 $z'^{(i)}_t$ 近似服从标准正态分布。再对 $z'^{(i)}_t$（$i=1,2,\cdots,m$）建立 MAR(p) 模型；最后由 W-H 变换和逆标准化得到服从偏态分布的模拟序列 $x_t^{(i)}$。这是一种近似的处理方法，当偏态系数小于 2.0 时模拟精度较好。

3. 独立随机变换法

与第四章的单变量随机模型类似。这里以 MAR(1) 模型为例进行介绍，MAR(p) 模型可以类推。将式（7-4）两边立方并取数学期望，考虑 ε_t 与 Z_{t-1} 相互独立，可得

$$E[\varepsilon_t^3] = [B^3]^{-1}\{E(Z_t^3) - E[(AZ_{t-1})^3]\} \tag{7-23}$$

式中：符号 ε_t^3 为对矩阵 ε_t 中的每一个元素的立方，$E[\varepsilon_t^3]$ 为取数学期望，$E[\varepsilon_t^3]$ 实际上为残差 ε_t 的偏态系数矩阵 C_{s_ε}；其他符号可作类似的说明。

求解式（7-23）的条件是 B^3 要可逆。以 $m=2$ 为例说明，此时 MAR(2) 为：

$$z_t^{(1)} = a_{1,1} z_{t-1}^{(1)} + a_{1,2} z_{t-1}^{(2)} + b_{1,1} \varepsilon_t^{(1)} + b_{1,2} \varepsilon_t^{(2)}$$

$$z_t^{(2)} = a_{2,1} z_{t-1}^{(1)} + a_{2,2} z_{t-1}^{(2)} + b_{2,1} \varepsilon_t^{(1)} + b_{2,2} \varepsilon_t^{(2)}$$

对应于式（7-23）右边各项有

$$B^3 = \begin{bmatrix} b_{1,1}^3 & b_{1,2}^3 \\ b_{2,1}^3 & b_{2,2}^3 \end{bmatrix}$$

$$E(Z_t^3) = \left\{ E\left[(z_t^{(1)})^3 \right] \quad E\left[(z_t^{(2)})^3 \right] \right\}^T$$

$$E\left[(AZ_{t-1})^3 \right] = \left[E\,(a_{1,1} z_{t-1}^{(1)} + a_{1,2} z_{t-1}^{(2)})^3 \quad E(a_{1,1} z_{t-1}^{(1)} + a_{1,2} z_{t-1}^{(2)})^3 \right]^T$$

此外也可通过反求残差序列 $\underline{\varepsilon}_t$ 来推估其偏态系数矩阵 $C_{s_\varepsilon} = (C_{s_{\varepsilon,1}}, C_{s_{\varepsilon,2}}, \cdots, C_{s_{\varepsilon,m}})^T$，即先计算

$$\underline{\varepsilon}_t = B^{-1}\left(Z_t - \sum_{k=1}^{p} A_k Z_{t-k} \right) \tag{7-24}$$

再根据 $\underline{\varepsilon}_t$ 采用适当方法（参照第六章第四节相关解集模型）估计 C_{s_ε}。随机模拟时 $\varepsilon_t^{(i)}(i=1,2,\cdots,m)$ 采用下式计算

$$\varepsilon_t^{(i)} = \frac{2}{C_{s_{\varepsilon,i}}} \left(1 + \frac{C_{s_{\varepsilon,i}} \xi_t}{6} - \frac{C_{s_{\varepsilon,i}}^2}{36} \right)^3 - \frac{2}{C_{s_{\varepsilon,i}}} \tag{7-25}$$

式中：ξ_t 服从标准正态分布。

四、实例分析

$MAR(p)$ 模型在实际工作中得到了广泛的应用，如对广西红水河4个站年径流量序列建立了4站3阶自回归模型，有学者建立年径流序列3变量1阶自回归模型并在流域梯级水库兴利调节中进行了应用，等等。下面举两例。

【例7-1】　A站和B站具有平行观测的年径流资料54年，即 $n=54$。试建立 MAR(1) 模型。由样本计算得 $\overline{x}^{(1)} = 60.8\mathrm{m^3/s}$，$\overline{x}^{(2)} = 47.5\mathrm{m^3/s}$，$s^{(1)} = 31.4\mathrm{m^3/s}$，$s^{(2)} = 29.8\mathrm{m^3/s}$，$r_0^{1,2} = 0.845$，$r_0^{2,1} = 0.845$，$r_1^{1,1} = 0.403$，$r_1^{1,2} = 0.397$，$r_1^{2,1} = 0.272$，$r_1^{2,2} = 0.338$。于是有

$$M_0 = \begin{bmatrix} 1.000 & 0.845 \\ 0.845 & 1.000 \end{bmatrix}, \quad M_1 = \begin{bmatrix} 0.403 & 0.397 \\ 0.272 & 0.338 \end{bmatrix}$$

进而得

$$A = M_1 M_0^{-1} = \begin{bmatrix} 0.236 & 0.197 \\ -0.048 & 0.378 \end{bmatrix}$$

$$BB^T = \begin{bmatrix} 0.827 & 0.714 \\ 0.714 & 0.855 \end{bmatrix}$$

$$B = \begin{bmatrix} 0.909 & 0 \\ 0.785 & 0.489 \end{bmatrix}$$

则两变量（站）一阶自回归模型为

$$\begin{bmatrix} z_t^{(1)} \\ z_t^{(2)} \end{bmatrix} = \begin{bmatrix} 0.236 & 0.197 \\ -0.048 & 0.378 \end{bmatrix} \begin{bmatrix} z_{t-1}^{(1)} \\ z_{t-1}^{(2)} \end{bmatrix} + \begin{bmatrix} 0.909 & 0 \\ 0.785 & 0.489 \end{bmatrix} \begin{bmatrix} \varepsilon_t^{(1)} \\ \varepsilon_t^{(2)} \end{bmatrix}$$

【例7-2】　溪洛渡水电站的修建不仅要涉及自身的防洪安全，而且还要兼顾下游城市宜宾的安危，因此研究溪洛渡洪水（屏山站）和宜宾-屏山区间（简称"宜-屏区间"）洪

水将至关重要。收集了屏山站 48 年（1940—1987 年）日流量过程，宜-屏区间日流量由岷江高场站实测日流量（1940—1987 年）按面积比获得。

通过标准化和 W-H 逆变换，可把日流量过程变换为近似的正态分布序列 $z_t'^{(i)}$（$i=1$，2）。经分析，可建立 MAR(2) 模型。

经计算，0，1，2 阶相关矩阵为

$$M_0 = \begin{bmatrix} 1.000 & 0.407 \\ 0.407 & 1.000 \end{bmatrix}, \quad M_1 = \begin{bmatrix} 0.972 & 0.422 \\ 0.379 & 0.843 \end{bmatrix}, \quad M_2 = \begin{bmatrix} 0.923 & 0.439 \\ 0.344 & 0.666 \end{bmatrix}$$

由参数估计方法得到如下参数

$$A_1 = \begin{bmatrix} 1.355 & -0.011 \\ 0.219 & 0.952 \end{bmatrix}$$

$$A_2 = \begin{bmatrix} -0.408 & 0.042 \\ -0.164 & -0.162 \end{bmatrix}$$

$$BB^T = \begin{bmatrix} 0.046 & 0.015 \\ 0.015 & 0.278 \end{bmatrix}$$

$$B = \begin{bmatrix} 0.214 & 0 \\ 0.070 & 0.523 \end{bmatrix}$$

于是两变量（站）二阶自回归模型为

$$\begin{bmatrix} z_t'^{(1)} \\ z_t'^{(2)} \end{bmatrix} = \begin{bmatrix} 1.355 & -0.011 \\ 0.219 & 0.952 \end{bmatrix} \begin{bmatrix} z_{t-1}'^{(1)} \\ z_{t-1}'^{(2)} \end{bmatrix} + \begin{bmatrix} -0.408 & 0.042 \\ -0.164 & -0.162 \end{bmatrix} \begin{bmatrix} z_{t-2}'^{(1)} \\ z_{t-2}'^{(2)} \end{bmatrix} + \begin{bmatrix} 0.214 & 0 \\ 0.070 & 0.523 \end{bmatrix} \begin{bmatrix} \varepsilon_t^{(1)} \\ \varepsilon_t^{(2)} \end{bmatrix}$$

式中：$\varepsilon_t^{(1)}$ 和 $\varepsilon_t^{(2)}$ 为标准正态随机变量。

限于篇幅，这里仅列出模型部分适用性检验成果。图 7-1（a）是屏山站 5 月 1 日至 10 月 31 日的实测和模拟均值对比图，图 7-1（b）是屏山站 5 月 1 日至 10 月 31 日的实测

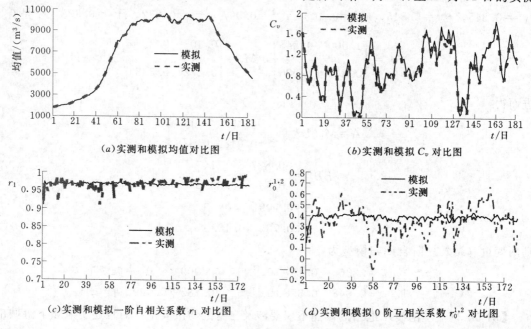

（a）实测和模拟均值对比图 （b）实测和模拟 C_v 对比图

（c）实测和模拟一阶自相关系数 r_1 对比图 （d）实测和模拟 0 阶互相关系数 $r_0^{1,2}$ 对比图

图 7-1 MAR(2) 模型部分适用性检验成果

和模拟 C_v 对比图，图 7-1 （c）是屏山站 5 月 1 日至 10 月 31 日的实测和模拟一阶自相关系数 r_1 对比图，图 7-1 （d）是屏山站和宜-屏区间 5 月 1 日至 10 月 31 日的实测和模拟 0 阶互相关系数 $r_0^{1,2}$ 对比图。

可以看出，MAR(2) 模型能保持各站主要的统计特性。但这里研究的是洪水现象，通过一些转换并假定自相关、互相关结构是平稳的，再用平稳 MAR(2) 模型来描述；而实际上自相关、互相关结构是非平稳的，因此对于自相关、互相关特性就自然难于保持了 ［图 7-1 （c）、图 7-1 （d）］。为解决这一问题，可以用下面介绍的多变量季节性自回归模型。

第三节　多变量季节性自回归模型

对于多变量季节性水文序列，其各种统计参数随年内季节而变，显示出非平稳性。和单变量季节性水文序列类似，对于多变量季节性水文序列可以建立多变量季节性自回归模型 （Multivariate seasonal autoregressive model，MSAR）。

一、模型形式

设有季节性水文序列 $x_{t,\tau}^{(i)}$（$t=1,2,\cdots,n$，n 为年数；$\tau=1,2,\cdots,w$，w 为季节数；$i=1,2,\cdots,m$，m 为变量数）。为消除均值 $\bar{x}_\tau^{(i)}$、均方差 $\sigma_\tau^{(i)}$ 的季节性影响，将实测季节性水文序列进行标准化处理。

MSAR 模型的实质是对各季节变量分别建立多变量平稳自回归模型（MAR 模型），即对于 τ 季，p 阶 MSAR 模型的数学表达式为

$$Z_{t,\tau}=A_{1,\tau}Z_{t,\tau-1}+A_{2,\tau}Z_{t,\tau-2}+\cdots+A_{p,\tau}Z_{t,\tau-p}+B_\tau \underline{\varepsilon}_{t,\tau} \tag{7-26}$$

其中
$$Z_{t,\tau-k}=\begin{bmatrix} z_{t,\tau-k}^{(1)} & z_{t,\tau-k}^{(2)} & \cdots & z_{t,\tau-k}^{(m)} \end{bmatrix}^T \quad (k=0,1,2,\cdots,p)$$

$$\underline{\varepsilon}_{t,\tau}=\begin{bmatrix} \varepsilon_{t,\tau}^{(1)} & \varepsilon_{t,\tau}^{(2)} & \cdots & \varepsilon_{t,\tau}^{(m)} \end{bmatrix}^T$$

$$A_{k,\tau}=\begin{bmatrix} a_{1,1,\tau}^k & a_{1,2,\tau}^k & \cdots & a_{1,m,\tau}^k \\ a_{2,1,\tau}^k & a_{2,2,\tau}^k & \cdots & a_{2,m,\tau}^k \\ \vdots & \vdots & \cdots & \vdots \\ a_{m,1,\tau}^k & a_{m,2,\tau}^k & \cdots & a_{m,m,\tau}^k \end{bmatrix} \quad (k=1,2,\cdots,p)$$

$$B_\tau=\begin{bmatrix} b_{1,1,\tau} & b_{1,2,\tau} & \cdots & b_{1,m,\tau} \\ b_{2,1,\tau} & b_{2,2,\tau} & \cdots & b_{2,m,\tau} \\ \vdots & \vdots & \cdots & \vdots \\ b_{m,1,\tau} & b_{m,2,\tau} & \cdots & b_{m,m,\tau} \end{bmatrix}$$

式中：$\underline{\varepsilon}_{t,\tau}$ 为标准化独立随机矢量，且与 $Z_{t,\tau-k}$（$k=1,2,\cdots,p$）相互独立；矩阵 $A_{k,\tau}$ 反映了第 τ 季各变量间滞时 k（$k=1,2,\cdots,p$）的自相关和互相关关系；矩阵 B_τ 反映了第 τ 季各变量间滞时为 0 的互相关关系。

可见，参数矩阵随季节 τ 而变。

当 $p=1$ 时，式（7-26）变为

$$Z_{t,\tau}=A_{1,\tau}Z_{t,\tau-1}+B_\tau \underline{\varepsilon}_{t,\tau} \tag{7-27}$$

即为一阶多变量季节性自回归模型 ［MSAR(1)］。矩阵 $A_{1,\tau}$ 表示各变量第 τ 季与第 $\tau-1$ 季

间的自相关、互相关。

当 $p=2$ 时，式（7-26）变为

$$Z_{t,\tau}=A_{1,\tau}Z_{t,\tau-1}+A_{2,\tau}Z_{t,\tau-2}+B\varepsilon_{t,\tau} \tag{7-28}$$

即为二阶多变量季节性自回归模型［MSAR(2)］。矩阵 $A_{2,\tau}$ 表示各变量第 τ 季与第 $\tau-2$ 季间的自相关、互相关。

对某一固定季节 $\tau(\tau=1,2,\cdots,w)$，式（7-26）中的参数估计和随机模拟同多阶多变量平稳自回归模型。一般而言，阶数 p 为 1、2 就满足要求。为了说明问题，以 MSAR(1)模型为例进行简要介绍。

二、MSAR(1) 模型

以 $Z_{t,\tau-1}^T$ 右乘式（7-27）两边并取数学期望，考虑 $\varepsilon_{t,\tau}$ 与 $Z_{t,\tau-1}$ 相互独立，有

$$E(Z_{t,\tau}Z_{t,\tau-1}^T)=A_{1,\tau}E(Z_{t,\tau-1}Z_{t,\tau-1}^T) \tag{7-29}$$

式中：$E(Z_{t,\tau}Z_{t,\tau-1}^T)$ 为第 τ 季一阶相关矩阵 $M_{1,\tau}$；$E(Z_{t,\tau-1}Z_{t,\tau-1}^T)$ 为第 $\tau-1$ 季零阶相关矩阵 $M_{0,\tau-1}$，即

$$M_{k,\tau}=\begin{bmatrix} \rho_{k,\tau}^{1,1} & \rho_{k,\tau}^{1,2} & \cdots & \rho_{k,\tau}^{1,m} \\ \rho_{k,\tau}^{2,1} & \rho_{k,\tau}^{2,2} & \cdots & \rho_{k,\tau}^{2,m} \\ \vdots & \vdots & \vdots & \vdots \\ \rho_{k,\tau}^{m,1} & \rho_{k,\tau}^{m,2} & \cdots & \rho_{k,\tau}^{m,m} \end{bmatrix} \quad (k=0,1;\ \tau=1,2,\cdots,w) \tag{7-30}$$

式中：$\rho_{k,\tau}^{i,j}$ 为 $x_{t,\tau}^{(i)}$ 与 $x_{t,\tau-k}^{(j)}$ 滞时 k 的总体互相关系数，可由样本互相关系数 $r_{k,\tau}^{i,j}$ 估计，即

$$r_{k,\tau}^{i,j}=\frac{\sum\limits_{t=1}^{n}(x_{t,\tau}^{(i)}-\overline{x}_{\tau}^{(i)})(x_{t,\tau-k}^{(j)}-\overline{x}_{\tau-k}^{(j)})}{\left[\sum\limits_{t=1}^{n}(x_{t,\tau}^{(i)}-\overline{x}_{\tau}^{(i)})^2 \sum\limits_{t=1}^{n}(x_{t,\tau-k}^{(j)}-\overline{x}_{\tau-k}^{(j)})^2\right]^{1/2}} \tag{7-31}$$

例如对于月平均流量序列，$r_{3,5}^{i,j}$ 为第 i 变量 5 月与第 j 变量 2 月间的互相关关系。

由此式（7-29）变为

$$A_{1,\tau}=M_{1,\tau}M_{0,\tau-1}^{-1} \tag{7-32}$$

则 $A_{1,\tau}$ 可估计了。

以 $Z_{t,\tau}^T$ 右乘式（7-27）两边并取数学期望，并考虑 $E(\varepsilon_{t,\tau}\varepsilon_{t,\tau}^T)=I$（单位矩阵），有

$$B_\tau B_\tau^T=M_{0,\tau}-M_{1,\tau}M_{0,\tau-1}^{-1}M_{1,\tau}^T \tag{7-33}$$

式中：B_τ 的估计方法同前。

参数估计出来后，就可以进行随机模拟了。MSAR(1) 序列的模拟与 MAR(p) 序列的模拟完全相同。这里不再赘述。

三、实例分析

【例 7-3】 以［例 7-2］中资料为例，对 5 月 2 日的日平均流量建立一阶 MSAR 模型。首先对日平均流量进行标准化和 W-H 逆变换处理，变成近似正态随机序列。根据前面介绍的思路和参数估计方法，计算成果如下：

$$M_0=\begin{bmatrix} 1.000 & 0.182 \\ 0.182 & 1.000 \end{bmatrix},\ M_1=\begin{bmatrix} 0.978 & 0.197 \\ 0.241 & 0.712 \end{bmatrix}$$

$$A_1=\begin{bmatrix} 0.974 & 0.020 \\ 0.115 & 0.691 \end{bmatrix}$$

$$BB^T = \begin{bmatrix} 0.043 & 0.034 \\ 0.034 & 0.480 \end{bmatrix}$$

$$B = \begin{bmatrix} 0.207 & 0 \\ 0.164 & 0.673 \end{bmatrix}$$

于是两变量（站）一阶季节性自回归模型为

$$\begin{bmatrix} z_t'^{(1)} \\ z_t'^{(2)} \end{bmatrix} = \begin{bmatrix} 0.974 & 0.020 \\ 0.115 & 0.691 \end{bmatrix} \begin{bmatrix} z_{t-1}'^{(1)} \\ z_{t-1}'^{(2)} \end{bmatrix} + \begin{bmatrix} 0.207 & 0 \\ 0.164 & 0.673 \end{bmatrix} \begin{bmatrix} \varepsilon_t^{(1)} \\ \varepsilon_t^{(2)} \end{bmatrix} \tag{7-34}$$

式中：t 指 5 月 2 日；$\varepsilon_t^{(1)}$ 和 $\varepsilon_t^{(2)}$ 为标准正态随机变量。

同样可建立其他各日一阶季节性自回归模型。限于篇幅，未列出参数估计成果和模型适用性分析内容。当然要考虑二阶相关特性，也可以建立二阶两变量季节性自回归模型。

第四节　空间典型解集模型

第六章介绍了适合于单变量季节性水文序列随机模拟的时间解集模型。对于描述空间上多个变量之总量与分量间关系时，可用空间解集模型，如图 6-1 所示，总量 D 由分量 A、B、C 组成。按解集方式可分为空间典型解集模型和空间相关解集模型。本节介绍空间典型解集模型，第五节介绍空间相关解集模型。

一、空间平稳水文序列的随机模拟

当总量和分量都是以年为时间尺度的平稳随机序列时（如同时模拟流域干流、支流、区间年径流），空间典型解集模型模拟步骤如下：

（1）建立总量平稳随机模型（如自回归模型）并模拟出总量序列 x_1'，x_2'，$\cdots$，x_N'。

（2）根据实测资料计算空间典型分配系数为

$$k_{i,j} = y_{i,j}/x_i \tag{7-35}$$

式中：x_i 为第 i 年实测总量值；$y_{i,j}$ 为第 i 年空间第 j 分量值；$k_{i,j}$ 为空间典型分配系数，$i(i=1,2,\cdots,n)$ 为年序号，$j(j=1,2,\cdots,m$；m 为分量数）为空间分量序号，见表7-1。

（3）按某种规则从大量实测典型空间分配系数中（表 7-1）选择一个空间典型分配比。

表 7-1　实测空间典型分配系数

年序号	空间典型分配系数			
1	$k_{1,1}$	$k_{1,2}$	$\cdots$	$k_{1,m}$
2	$k_{2,1}$	$k_{2,2}$	$\cdots$	$k_{2,m}$
$\vdots$	$\vdots$	$\vdots$	$\vdots$	$\vdots$
n	$k_{n,1}$	$k_{n,2}$	$\cdots$	$k_{n,m}$

（4）将步骤（1）模拟的总量转换成空间上的分量，即用选择的 $k_{l,1}$、$k_{l,2}$、$\cdots$、$k_{l,m}$ 将模拟的总量 x_l' 分解成空间分量 $y_{l,j}' = k_{l,j} x_l'(l=1,2,\cdots,N$；$j=1,2,\cdots,m)$。

$y_{l,j}'(l=1,2,\cdots,N$；$j=1,2,\cdots,m)$ 就是用空间典型解集模型模拟的分量序列（如区间、支流年径流序列）。

空间典型解集模型的本质是按实际观测到的空间分配典型将模拟的总量分解到空间各个站点或区间上去。该模型简单可行，但模拟效果受实测典型影响。因此，应用空间典型解集模型的关键在于合理地选择空间典型分配系数，这在第六章有所论述。限于篇幅，这里不再给出计算实例。

二、空间季节性水文序列的随机模拟

当建模的总量和分量都是季节性水文序列时，可将第六章第三节讲述的典型解集模型推广到多站，即变为空间季节性典型解集模型。这里以月径流量为例列出该模型的特点和模拟方法。

（1）应用前面介绍的方法建立空间上各站年径流量随机模型（如多变量平稳自回归模型），模拟各站年径流量序列，见表 7-2。

表 7-2 模拟的年径流量序列

年序号	1 站	2 站	...	m 站	合计
1	$X_{1,1}$	$X_{2,1}$	...	$X_{m,1}$	XX_1
2	$X_{1,2}$	$X_{2,2}$	...	$X_{m,2}$	XX_2
⋮	⋮	⋮	⋮	⋮	⋮
N	$X_{1,N}$	$X_{2,N}$	...	$X_{m,N}$	XX_N

表 7-2 中的"合计"指同一年份各站模拟的年径流量之和，即

$$XX_t = \sum_{k=1}^m X_{k,t} \qquad (7-36)$$

式中：$X_{k,t}$ 为第 $k(k=1,2,\cdots,m)$ 站第 $t(t=1,2,\cdots,N)$ 年模拟年径流量。

（2）列出各站实测年、月径流量序列，见表 7-3，表中 $y_{k,t,j}$ 表示第 k 站第 t 年第 j 月实测月径流量，$x_{k,t}$ 表示第 k 站第 t 年实测年径流量，n 为实测年数。

表 7-3 实测年、月径流量序列

第 1 站

年序号	月 径 流				年径流
1	$y_{1,1,1}$	$y_{1,1,2}$	...	$y_{1,1,12}$	$x_{1,1}$
2	$y_{1,2,1}$	$y_{1,2,2}$	...	$y_{1,2,12}$	$x_{1,2}$
⋮	⋮	⋮	⋮	⋮	⋮
n	$y_{1,n,1}$	$y_{1,n,2}$	...	$y_{1,n,12}$	$x_{1,n}$

⋮

第 m 站

年序号	月 径 流				年径流
1	$y_{m,1,1}$	$y_{m,1,2}$	...	$y_{m,1,12}$	$x_{m,1}$
2	$y_{m,2,1}$	$y_{m,2,2}$	...	$y_{m,2,12}$	$x_{m,2}$
⋮	⋮	⋮	⋮	⋮	⋮
n	$y_{m,n,1}$	$y_{m,n,2}$	...	$y_{m,n,12}$	$x_{m,n}$

（3）分别将表 7-3 中各站月径流序列转换为以各站相应年的年径流量为分母的典型空间分配系数 $T_{k,t,j}$，见表 7-4。

$$T_{k,t,j} = y_{k,t,j}/x_{k,t} \qquad (7-37)$$

式中：k 为站序；t 为年序；j 为月序。

表 7 - 4 月径流典型空间分配系数

第 1 站

年序号	月径流相对值				年径流
1	$T_{1,1,1}$	$T_{1,1,2}$	$\cdots$	$T_{1,1,12}$	$x_{1,1}$
2	$T_{1,2,1}$	$T_{1,2,2}$	$\cdots$	$T_{1,2,12}$	$x_{1,2}$
$\vdots$	$\vdots$	$\vdots$	$\vdots$	$\vdots$	$\vdots$
n	$T_{1,n,1}$	$T_{1,n,2}$	$\cdots$	$T_{1,n,12}$	$x_{1,n}$

$\vdots$

第 m 站

年序号	月径流相对值				年径流
1	$T_{m,1,1}$	$T_{m,1,2}$	$\cdots$	$T_{m,1,12}$	$x_{m,1}$
2	$T_{m,2,1}$	$T_{m,2,2}$	$\cdots$	$T_{m,2,12}$	$x_{m,2}$
$\vdots$	$\vdots$	$\vdots$	$\vdots$	$\vdots$	$\vdots$
n	$T_{m,n,1}$	$T_{m,n,2}$	$\cdots$	$T_{m,n,12}$	$x_{m,n}$

（4）将步骤（1）模拟的各站年径流量序列分解为各站逐年的月径流量序列 $y'_{k,t,j}$。对模拟序列的第 1 年，各站模拟的年径流量值为 $X_{1,1}$，$X_{2,1}$，$\cdots$，$X_{m,1}$，其总和为 XX_1。在表 7 - 5 合计列 $xx_i(i=1,2,\cdots,n)$ 中寻找与 XX_1 最接近的值所在的年份，如为第 2 年，则以各站第 2 年为典型，将该年各站各月的典型空间分配系数 $T_{k,2,j}(k=1,2,\cdots,m；j=1,2,\cdots,12)$ 作为各站各月的分配比进行缩放。计算公式如下

$$\left.\begin{array}{ll}\text{第 1 站} & y'_{1,1,j}=T_{1,2,j}X_{1,1} \\ \text{第 2 站} & y'_{2,1,j}=T_{2,2,j}X_{2,1} \\ \quad\vdots & \qquad\vdots \\ \text{第 } m \text{ 站} & y'_{m,1,j}=T_{m,2,j}X_{m,1}\end{array}\right\}(j=1,2,\cdots,12) \tag{7-38}$$

对于模拟的第 2，3，$\cdots$，N 年径流量序列，同样可按上述步骤获得各站各月模拟月径流量序列。

表 7 - 5 实 测 年 径 流 量 序 列

年序号	1 站	2 站	$\cdots$	m 站	合计
1	$x_{1,1}$	$x_{2,1}$	$\cdots$	$x_{m,1}$	xx_1
2	$x_{1,2}$	$x_{2,2}$	$\cdots$	$x_{m,2}$	xx_2
$\vdots$	$\vdots$	$\vdots$	$\vdots$	$\vdots$	$\vdots$
n	$x_{1,n}$	$x_{2,n}$	$\cdots$	$x_{m,n}$	xx_n

由上述步骤可见，空间典型解集模型的核心建模环节是典型年选择。选典型年的常用方法有两种，现分述如下：

（1）利用实测年径流总和 xx_i 分组示意图。根据实测各站年径流总和 xx_i 的大小将其分为若干组，如特丰、丰、中、枯、特枯五组如图 7 - 2 所示。各站各月相应 xx_i 的 $T_{k,t,j}$ 值也相应分为五组，应用时根据模拟的各站年径流总和 xx_i 的大小在图 7 - 2 中确定其分组位置，然后从相应分组中，随机抽出一个年径流总量。该年径流总量所对应的年份便被选作典型年。

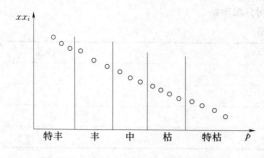

图 7-2 多站年径流总和分组示意图

（2）利用判别式。在选定典型年时，总希望该典型年各站的实测年径流量 $x_{k,t}$ 和各站的模拟年径流量 $X_{k,t}$ 较接近，即

$$\min_{t=1\sim n}\left\{\sum_{k=1}^{m}|X_{k,t}-x_{k,t}|\right\} \qquad (7-39)$$

式（7-39）表示在 n 年实测序列中，选择这样一年作为典型，该年各站的实测径流量和相应模拟年径流量之差的绝对值之和为最小。

空间季节性典型解集模型曾被用来模拟洪水河 4 个测站的月径流量序列。模型适用性检验结果表明该模型能反映各站月径流的主要统计变化特性。

以上通过年径流量分解为月径流量说明了空间季节性典型解集模型的概念和计算步骤。这种典型解集模型可将多站各种时段的总量（如 10 日洪量）分解为分量，所以可适用于各种需要。此外，在解集时总量和分量之间的关系未作任何人为的假定，解集的各分量在时间和空间上都能符合水文特性，不会出现明显不合理的现象。加之空间季节性典型解集概念清晰，计算简单，在实际应用中颇受欢迎。但是正如前面指出的，它的致命缺点是模拟分量的时空分布特性受实测典型的制约。

第五节　空间相关解集模型

空间相关解集模型既可以模拟总量和分量都是平稳的随机水文序列（如年径流），又可以模拟总量和分量都是季节性的随机水文序列（如月径流）。这里以前一种情况为例进行介绍。在建立相关解集模型时，先将总量、分量做中心化处理。

一、模型形式

当考虑各站滞时为 0、1 的相关关系时（一般是符合客观实际的），空间相关解集模型的形式为

$$Y_t=AX_t+CY_{t-1}+B\boldsymbol{\varepsilon}_t \qquad (7-40)$$

式中：空间总量矩阵 $X_t=(x_t)$；Y_t 为 t 时空间分量矩阵（仅考虑 4 个），即

$$Y_t=\begin{bmatrix} y_{1,t} \\ y_{2,t} \\ y_{3,t} \\ y_{4,t} \end{bmatrix}$$

Y_{t-1} 为 $t-1$ 时空间分量矩阵，即

$$Y_{t-1}=\begin{bmatrix} y_{1,t-1} \\ y_{2,t-1} \\ y_{3,t-1} \\ y_{4,t-1} \end{bmatrix}$$

A 为反映 t 时总量和 t 时分量间统计关系的参数，即

$$A = \begin{bmatrix} a_1 \\ a_2 \\ a_3 \\ a_4 \end{bmatrix}$$

C 为反映 t 时各分量与 $t-1$ 时各分量统计关系的参数，即

$$C = \begin{bmatrix} c_{11} & c_{12} & c_{13} & c_{14} \\ c_{21} & c_{22} & c_{23} & c_{24} \\ c_{31} & c_{32} & c_{33} & c_{34} \\ c_{41} & c_{42} & c_{43} & c_{44} \end{bmatrix}$$

B 为反映 t 时分量之间的统计关系和随机性因素综合影响的参数，即

$$B = \begin{bmatrix} b_{11} & b_{12} & b_{13} & b_{14} \\ b_{21} & b_{22} & b_{23} & b_{24} \\ b_{31} & b_{32} & b_{33} & b_{34} \\ b_{41} & b_{42} & b_{43} & b_{44} \end{bmatrix}$$

$\underline{\varepsilon}_t$ 为标准化独立随机矢量，即

$$\underline{\varepsilon}_t = \begin{bmatrix} \varepsilon_{1,t} \\ \varepsilon_{2,t} \\ \varepsilon_{3,t} \\ \varepsilon_{4,t} \end{bmatrix}$$

且具有如下统计特性

$$\begin{cases} E(X_t \underline{\varepsilon}_t) = \underline{0} \\ E(Y_{t-1} \underline{\varepsilon}_t) = \underline{0} \\ E(\underline{\varepsilon}_t \underline{\varepsilon}_t^T) = \underline{I} \end{cases} \tag{7-41}$$

若只考虑各分量滞时为 0 的互相关关系，式（7-40）简化为

$$Y_t = AX_t + B\underline{\varepsilon}_t \tag{7-42}$$

此时，这与时间相关解集模型在形式上完全相同。

式（7-40）中主站总量 X_t 的随机模拟，可采用合适的单变量模型独立地进行。这对于分站资料较短而主站资料很长的情形，可使主站资料得到充分的利用。例如在研究三峡水库的洪水组成时，宜昌站有上百年的观测资料，而寸滩和武隆只有近 30 年的平行观测资料，此时用空间解集模型无疑是十分合适的。

二、参数估计

模型参数有 A、C、B 及随机项 $\underline{\varepsilon}_t$ 的偏态系数矩阵 C_{s_ε}，各参数估计如下：

以 X_t^T 右乘式（7-40）两边，取数学期望并考虑式（7-41），得

$$S_{X,Y,0} = AS_{X,X,0} + CS_{X,Y,1}^T \qquad (7-43)$$

以 $Y_{t-1}{}^T$ 右乘式（7-40）两边，取数学期望并考虑式（7-41），得

$$S_{Y,Y,1} = AS_{X,Y,1} + CS_{Y,Y,0} \qquad (7-44)$$

以 $Y_t{}^T$ 右乘式（6-35）两边，取数学期望并考虑式（7-37），得

$$S_{X,Y,0} = AS_{X,Y,0} + CS_{Y,Y,1}^T + BB^T \qquad (7-45)$$

式中：$S_{X,X,0} = \mathrm{E}[X_t X_t{}^T]$ 为 X_t 滞时为 0 的方差矩阵，即 X_t 的方差；$S_{Y,Y,0} = \mathrm{E}[Y_t Y_t{}^T]$ 和 $S_{Y,Y,1} = \mathrm{E}[Y_t Y_{t-1}{}^T]$ 分别为 Y_t 滞时为 0、1 的（4×4）阶协方差矩阵；$S_{X,Y,0} = \mathrm{E}[X_t Y_t{}^T]$ 和 $S_{X,Y,1} = \mathrm{E}[X_t Y_{t-1}{}^T]$ 分别为 X_t 与 Y_t 滞时为 0、1 的（1×4）协方差矩阵。

由式（7-43）、（7-44）、（7-45）联解可得

$$A = [S_{X,Y,0} - S_{X,Y,1} S_{Y,Y,0}^{-1} S_{X,Y,1}^T][S_{X,X,0} - S_{X,Y,1} S_{Y,Y,0}^{-1} S_{X,Y,1}^T]^{-1} \qquad (7-46)$$

$$C = [S_{Y,Y,1} - AS_{X,Y,1}]S_{Y,Y,0}^{-1} \qquad (7-47)$$

$$BB^T = S_{Y,Y,0} - AS_{X,Y,0} - CS_{Y,Y,1}^T \qquad (7-48)$$

式（7-48）中，矩阵 B 用下三角矩阵法求解。

水文序列一般是偏态的，因此模型中的总量和分量也具有偏态性。偏态系数矩阵 $C_{s_\varepsilon} = (C_{s_{\varepsilon,1}}, C_{s_{\varepsilon,2}}, \cdots, C_{s_{\varepsilon,m}})^T$ 的估计同前，限于篇幅，不再赘述。

三、实例分析——空间洪水过程的随机模拟

将空间相关解集模型用于洪水地区组成的分析。选用嘉陵江的北碚站及其上游支流上的武胜、罗渡溪和小河坝站作为研究对象，其位置如图 7-3 所示。

所用的基本资料系北碚站的 10 日洪量和上游三个支流上武胜、罗溪渡和小河坝的相应洪量。由水量平衡原理，可计算得区间的洪量。

在上述情况下，相关解集模型中的总量（高聚集水平量）是北碚站的 10 日洪量，分量（低聚集水平量）是武胜、罗溪渡、小河坝和区间四处的 10 日洪量，也就是将北碚站的 10 日洪量解集为四处相应的 10 日洪量。由于空间上的前后年份的洪量是独立的，因此采用式（7-42）这种模型结构。

模型建立所依据的基本资料，为四个站相对应的 22 年实测洪水。

1. 北碚 10 日洪量模型的建立

实测资料表明：北碚 10 日洪量相互之间是独立的，其分布可用 P-Ⅲ型概率模型描述，而参数由适线法确定。

2. 参数估计和残差模型

参数估计公式均同前，不再赘述。残差选用 P-Ⅲ型概率模型描述。

3. 模型适用性检验

总共模拟 100 个容量为 22 的样本，采用短序列法进行模型适用性检验。检验的参数有各站洪量均值、C_v 和 C_s。其结果如图 7-4～图 7-6 所示。图 7-4～图 7-6 显示，除小河坝 C_s 外，其余各站的样本统计特征量均在一个标准差范围之内，这说明，模型是适

当的；模拟出大量洪水序列能表征 10 日洪量在地区上各种可能的组合情况。

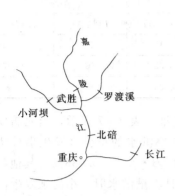

图 7-3 各站位置示意图

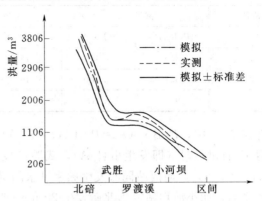

图 7-4 实测与模拟的各站 10 日
洪量均值的比较

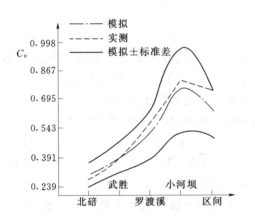

图 7-5 实测与模拟的各站 10 日
洪量 C_v 的比较

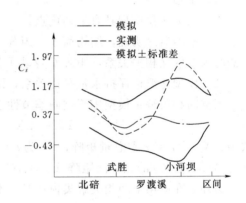

图 7-6 实测与模拟的各站 10 日
洪量 C_s 的比较

4. 条件概率的推求及其应用

上述空间相关解集模型可用来建立条件频率曲线，进而推求人们感兴趣的成果。为叙述方便，先定义四个事件，见表 7-6。表中的 $(W_北)_P$ 为北碚站频率为 P 的 10 日洪量，余类推。

表 7-6 各种事件的定义

事件符号	定义	事件符号	定义
A	北碚站发生 $W > (W_北)_P$	C	罗渡溪站发生 $W > (W_罗)_P$
B	武胜站发生 $W > (W_武)_P$	D	小河坝站发生 $W > (W_小)_P$

当发生事件 A 时，其上游武胜、罗渡溪和小河坝出现各种可能的洪水组合，用前述洪水空间相关解集模型生成出这三个站的 10 日洪量序列。由此分别绘制出洪量频率曲线，称这样的曲线为条件频率曲线，因为它是发生事件 A 的条件下而出现的。利用这三个站的条件频率曲线并同时应用一般的洪量频率曲线，得到表 7-7 所示成果。

表 7-7　　　　　　　　　　**各 种 事 件 的 频 率 表**

站名	武胜/%		罗渡溪/%		小河坝/%	
$P\%$	$P(B/A)$	$P(B \cdot A)$	$P(C/A)$	$P(C \cdot A)$	$P(D/A)$	$P(D \cdot A)$
1	3.5	0.035	14	0.14	26	0.026
2	3.7	0.074	16	0.32	36	0.072
5	9.5	0.475	18	0.90	37	1.85

在表 7-7 中，$P(B \cdot A) = P(B/A) \cdot P(A)$，余类推。表 7-7 显示，当北碚发生百年一遇 10 日洪量时（即发生事件 A），武胜站发生同频率洪水的机会（发生事件 B）为 $P(B/A) = 3.5\%$，而两站同时发生频率洪水的机会为 $P(B \cdot A) = 0.035\%$，其他站可作类似的说明，如小河坝站，当北碚发生 20 年一遇的 10 日洪量洪水时，小河坝发生同频率洪水的机会为 37%，而两站同时发生同频率洪水的机会为 1.85%。类似表 7-7 的计算成果是我国现行典型法、同频率法难以得到的。

四、小结

空间相关解集模型具有下列优点：

（1）模型概念明确，结构简单。矩阵 A 反映了总量的分配关系，矩阵 B 反映了各分量滞时为 0 的互相关关系，矩阵 C 反映了各分量滞时为 1 的自、互相关关系。

（2）模型能严格保持水量平衡关系，即各分量水量之和等于总水量。

当空间相关解集模型用于空间季节性水文序列，则式（6-39）变为

$$Y_{t,\tau} = A_\tau X_{t,\tau} + C_\tau Y_{t,\tau-1} + B_\tau \underline{\varepsilon}_{t,\tau} \tag{7-49}$$

式中：$X_{t,\tau}$ 为 t 年 τ 季总量矩阵；$Y_{t,\tau}$ 为 t 年 τ 季分量矩阵；$Y_{t,\tau-1}$ 为 t 年 $\tau-1$ 季分量矩阵；矩阵 A_τ、B_τ、C_τ 的意义同矩阵 A、B、C，只是它们随季节而变。

另外，在应用空间相关解集模型时，不宜将水文序列做对数变换处理，否则，难于保持水量平衡。

第六节　多变量水文序列随机模拟的主站模型

当同时模拟几个站的水文序列时，可以从中选择一个站为主站，其他站作为从站。主站按资料条件以及水资源系统规划分析的要求综合确定，从站的个数不宜太多。先对主站单独建立所需的水文随机模型，然后将主站模拟的水文序列分别转移到各从站去，以达到多变量（多站）序列模拟的要求。20 世纪 60 年代提出的这一方法既可模拟空间上平稳水文水资源序列（如年径流），又可以模拟空间上季节性水文序列（如月径流）。下面以模拟多站月径流量序列为例叙述主站模型的要点及其应用。

一、主站模型

设主站的编号为 1，从站的编号为 2、3、4、…，先讨论主站 1 和从站 2 的关系。为简便，研究标准化变量。主站和从站在空间上有一定的相关关系，用线性回归模型表示：

$$Z_{t,\tau}^{(2)} = \rho_{0,\tau}^{(1)(2)} Z_{t,\tau}^{(1)} + \sqrt{1 - (\rho_{0,\tau}^{(1)(2)})^2}\, u_{t,\tau}^{(2)} \tag{7-50}$$

式中：$Z_{t,\tau}^{(2)}$ 为从站 t 年 τ 月的标准化月流量；$Z_{t,\tau}^{(1)}$ 为主站标准化月流量；$\rho_{0,\tau}^{(1)(2)}$ 为 τ 月主站和

从站之间滞时为零的互相关系数；$u_{t,\tau}^{(2)}$ 为随机变量。若 $u_{t,\tau}^{(2)}$ 为独立随机变量，则由式 (7-50)模拟而得到的从站序列 $Z_{t,\tau}^{(2)}$ 不能反映时序上的相依性，因此为了弥补这一缺陷，$u_{t,\tau}^{(2)}$ 应为时序上的相依变量，经数学推导可用下式计算

$$u_{t,\tau}^{(2)} = h_\tau Z_{t,\tau-1}^{(2)} + \sqrt{1-h_\tau^2}\,\Phi_{t,\tau} \tag{7-51}$$

式中：$\Phi_{t,\tau}$ 为标准化 P-Ⅲ型随机变量，h_τ 由下式计算

$$h_\tau = \left[\rho_{1,\tau}^{(2)} - \rho_{1,\tau}^{(1)}(\rho_{0,\tau}^{(1)(2)})^2\right] / \sqrt{1-(\rho_{0,\tau}^{(1)(2)})^2} \tag{7-52}$$

式中：$\rho_{1,\tau}^{(2)}$ 为从站 τ 月滞时为 1 的自相关系数；$\rho_{1,\tau}^{(1)}$ 为主站 τ 月滞时为 1 的自相关系数；$\rho_{0,\tau}^{(1)(2)}$ 的意义同前。只要用式 (7-51)模拟 $u_{t,\tau}^{(2)}$，就能保证由式 (7-50)模拟出的从站月径流序列反映时序上的相依性。

$\Phi_{t,\tau}$ 的偏态系数 $C_{s_\Phi}(\tau)$ 估算为

$$C_{s_\Phi}(\tau) = \frac{C_{s_u}(\tau) - h_\tau^3 C_{s_z}^{(2)}(\tau-1)}{(1-h_\tau^2)^{3/2}} \tag{7-53}$$

其中

$$C_{s_u}(\tau) = \frac{C_{s_z}^{(2)} - (\rho_{0,\tau}^{(1)(2)})^3 C_{s_z}^{(1)}(\tau)}{(1-\rho_{0,\tau}^{(1)(2)})^{3/2}} \tag{7-54}$$

式中：$C_{s_z}^{(1)}$ 和 $C_{s_z}^{(2)}$ 分别为主站和从站的偏态系数。

用主站模型模拟月径流序列的主要步骤如下：

(1) 对主站 1 建立合适的月径流模型（如季节性的一阶自回归模型），然后模拟出序列 $Z_{t,\tau}^{(1)}$。

(2) 由式 (7-53)确定的 $C_{s_\Phi}(\tau)$ 模拟出标准化的 P-Ⅲ型随机变量。

(3) 由式 (7-51)模拟出 $u_{t,\tau}^{(2)}$。

(4) 利用式 (7-50)得从站序列 $Z_{t,\tau}^{(2)}$，这样由主站 1 的 $Z_{t,\tau}^{(1)}$ 便得到从站 2 的模拟月径流序列。

对从站 3，4，…，可建立类似于式 (7-50)至式 (7-54)的计算式，由主站 1 的模拟序列便可转移得 $Z_{t,\tau}^{(3)}$，$Z_{t,\tau}^{(4)}$，…。

主站模型形象、简单灵活、适用性强。

二、实例分析

月径流量受众多因素的影响，既随时间变化亦随空间变化，而且这种变化无法准确预测，具有明显的随机性。选用我国四大河（长江、黄河、松花江、西江）的月径流作为研究对象（各河代表站见表 7-8）探索主站模型的模拟效果。选宜昌站作为主站，其他三个站作为从站。

表 7-8　　　　　　　　　　　基 本 资 料 情 况 表

河名	测站名	流域面积/km²	资料起讫年代	资料年数
长江	宜昌	1005000	1877—1984 年	108
黄河	陕县	687800	1919—1984 年	66
松花江	哈尔滨	389000	1989—1984 年	87
西江	梧州	329000	1941—1985 年	45

（一）月径流随机变化特性

1. 以年为周期的循环性

月径流量的时序变化的特点是在各月之间有一定的相依关系，在年际之间有显著的相似性，即大致表现出以年为周期的循环性。这一特点可由四站的月径流长滞时相关图清楚地看出。

2. 相依程度的衰减性

年内月际之间径流的相依程度随着相隔时间的增长（滞时加长）呈现出逐步减弱的趋势。图 7-7 是宜昌站 1—8 月短滞时的自相关图。图 7-7 显示，各月的自相关系数 r_k 随着相隔月份 k 的增长而减少，枯季月径流量之间的相依性较强而汛期相对较弱。其他 3 个站的情况和宜昌站类似。以多年平均流量作为切割水平，由上述四站的月径流序列估算出平均负轮长和最大负轮长，其成果列于表 7-9。表 7-9 显示，月径流量小于多年平均值的持续时间，一般为 5—6 月；最大持续时间，四站相差很大，哈尔滨站出现 36 个月的长持续时间是很少见的。

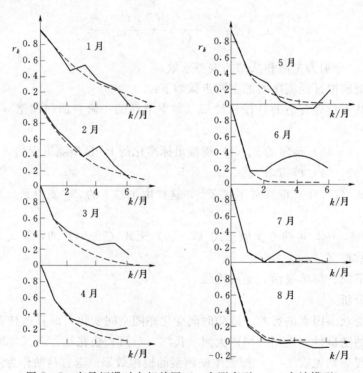

图 7-7 宜昌短滞时自相关图（—实测序列，---主站模型）

表 7-9 　　　　　　　　　　　　四大河的负轮长 　　　　　　　　　　　　单位：月

测站	平均负轮长	最大负轮长	测站	平均负轮长	最大负轮长
宜昌	6	9	哈尔滨	6	36
陕县	5	20	梧州	5	11

3. 边际分布的偏态性

各月径流量的边际分布经验具有大致相似的偏态形式，而且水文中广泛应用的 P-Ⅲ

型可以表征其统计分布特性。

4. 月径流量空间变化的特性

就四站的月径流量序列计算出互相关系数，并绘出四站互相关图。这里仅列四站的零滞时互相关系数于表 7 - 10，该表中 r 的上标 1、2、3 和 4 分别表示宜昌站、陕县站、哈尔滨站和梧州站。结果显示：

（1）宜昌站和陕县站的月径流是正相关，这说明长江和黄河月径流的变化趋势基本是同步的。

（2）宜昌站和哈尔滨站的月径流量呈现出微弱的负相关，这暗示长江和松花江月径流的变化趋势是不一致的。

（3）除宜-陕月径流相关系数相对来说较大外，其余的较小。这意味着各河月径流量变化彼此关系较弱。

表 7 - 10　　　　　　　　　　四站零滞时互相关系数

月份	$r_{0;\tau}^{1,2}$	$r_{0;\tau}^{1,3}$	$r_{0;\tau}^{1,4}$	$r_{0;\tau}^{2,3}$	$r_{0;\tau}^{2,4}$	$r_{0;\tau}^{3,4}$
1	0.211	-0.193	0.097	-0.301	0.023	0.176
2	0.041	-0.039	0.019	-0.173	0.146	-0.0161
3	0.330	-0.043	0.219	0.047	0.219	-0.009
4	0.299	0.150	0.299	-0.044	0.284	0.154
5	0.583	-0.060	0.034	-0.116	0.054	-0.221
6	0.362	0.031	0.379	-0.179	0.241	-0.287
7	0.347	-0.040	0.131	-0.121	0.06	-0.158
8	0.161	-0.015	0.051	-0.126	0.107	-0.227
9	0.239	-0.058	0.303	-0.127	0.079	-0.357
10	0.401	-0.147	0.124	-0.216	0.115	-0.193
11	0.605	-0.020	0.171	-0.014	0.035	-0.071
12	0.199	-0.247	-0.09	-0.212	0.030	0.157

（二）主站宜昌站月径流模拟模型

由以上计算和分析清楚地说明，月径流时序变化是以年为周期的，即具有季节性变化的特点；月径流之间是相依的，其程度随滞时的增大而逐渐减弱；月径流的边际分布呈偏态，可用 P - Ⅲ 型来表示。若以随机模型来描述月径流量的时序变化特性，则该模型必须反映上述月径流量变化上所固有的三大特性。这里采用 SAR（1）模型。为了反映偏态特性，这里采用了独立随机项变换法。

设 $x_{t,\tau}$（t 代表年份，$t=1,2,\cdots,n$，n 为年数；τ 代表年内的月份，$\tau=1,2,\cdots,12$）为原始月径流量，对其标准化得 $z_{t,\tau}$，则 SAR（1）模型为

$$z_{t,\tau}=\varphi_{1,\tau}z_{t,\tau-1}+\sqrt{1-\varphi_{1,\tau}^2}\,\Phi_{t,\tau} \tag{7-55}$$

式中：$\varphi_{1,\tau}$ 为第 τ 月的一阶自回归系数；$\Phi_{t,\tau}$ 为标准化的 P - Ⅲ 型分布随机变量，见式（6-

16），其中偏态系数 $c_{s_{\Phi,\tau}}$ 由式（6-18）估计；其余参数估计参见第六章第二节。

为检验上述 SAR(1) 模型是否能表征月径流的随机变化特性，需要进行模型适用性分析，特别是各月径流量之间的相关关系分析。将宜昌站模拟的各月径流量短滞时自相关图和对应实测月径流量相应的自相关图绘在一起，如图 7-7 所示。总起来看，该模型基本能反映月径流量的统计特性。

（三）主从站之间关系模型的建立

根据前述思路建立主从站之间的关系模型。鉴于篇幅，未列出有关成果。

（四）模型适用性检验

对模型进行如下适用性检验：

（1）模拟序列和实测序列统计特征参数（均值、变差系数、偏态系数和一阶自相关系数）的对比。用长序列法做检验。总计模拟 1000 年序列。模拟序列和实测序列的参数比较见表 7-11、表 7-12（$r_{1,\tau}$ 表示 τ 月一阶自相关系数），该表显示，模型基本上反映了月径流量的主要统计特征。

表 7-11　　　　宜昌站、陕县站模拟和实测序列参数对比表　　　流量单位：m^3/s

月份	宜昌站								陕县站							
	$\bar{x}_\tau$		C_{v_τ}		C_{s_τ}		$r_{1,\tau}$		$\bar{x}_\tau$		C_{v_τ}		C_{s_τ}		$r_{1,\tau}$	
	实测	模拟	实测	模拟	实测	模拟	实测	模拟	实测	模拟	实测	模拟	实测	模拟	实测	模拟
1	4310	4300	0.11	0.11	0.75	0.63	0.74	0.72	471	472	0.29	0.31	0.16	0.21	0.47	0.54
2	3940	3940	0.12	0.12	1.34	1.39	0.72	0.71	535	530	0.32	0.34	−0.07	−0.10	0.55	0.60
3	4440	4450	0.17	0.17	0.36	0.45	0.57	0.55	879	875	0.31	0.31	1.14	1.19	0.12	0.10
4	6690	6660	0.22	0.22	0.47	0.57	0.58	0.59	908	912	0.30	0.31	0.34	0.41	0.54	0.57
5	12030	11880	0.22	0.22	0.30	0.24	0.42	0.43	912	913	0.36	0.39	0.97	0.93	0.67	0.57
6	18400	18260	0.21	0.21	0.17	0.13	0.18	0.10	972	947	0.45	0.48	0.41	0.36	0.52	0.53
7	29770	29800	0.21	0.21	0.10	0.10	0.14	0.17	1993	1971	0.43	0.42	0.36	0.28	0.52	0.53
8	27950	28200	0.23	0.23	0.61	0.52	0.22	0.21	2647	2640	0.41	0.41	0.87	0.81	0.63	0.59
9	26510	26600	0.25	0.25	0.44	0.45	0.26	0.26	2520	2568	0.46	0.46	0.63	0.57	0.58	0.56
10	19490	19400	0.21	0.20	0.23	0.26	0.55	0.53	2135	2162	0.44	0.46	0.59	0.51	0.74	0.68
11	10440	10300	0.17	0.17	0.38	0.33	0.59	0.59	1223	1224	0.39	0.44	1.07	0.81	0.82	0.71
12	5960	5930	0.13	0.13	−0.22	−0.30	0.61	0.62	615	624	0.37	0.42	1.33	1.13	0.69	0.68

表 7-12　　　　哈尔滨站、梧州站模拟和实测序列参数对比表　　　流量单位：m^3/s

月份	哈尔滨站								梧州站							
	$\bar{x}_\tau$		C_{v_τ}		C_{s_τ}		$r_{1,\tau}$		$\bar{x}_\tau$		C_{v_τ}		C_{s_τ}		$r_{1,\tau}$	
	实测	模拟	实测	模拟	实测	模拟	实测	模拟	实测	模拟	实测	模拟	实测	模拟	实测	模拟
1	264	266	0.63	0.71	0.86	2.22	0.74	0.79	1740	1690	0.39	0.37	1.59	1.69	0.76	0.77
2	213	218	0.69	0.77	1.01	1.90	0.89	0.91	1950	1900	0.65	0.59	4.58	3.98	0.15	0.13
3	245	249	0.67	0.75	1.01	1.64	0.92	0.92	2260	2300	0.62	0.66	3.79	3.54	0.31	0.25
4	940	936	0.37	0.37	0.56	0.55	0.27	0.30	4568	4600	0.42	0.43	0.85	0.87	0.28	0.32

续表

月份	哈尔滨站								梧州站							
	$\bar{x}_\tau$		C_{v_τ}		C_{s_τ}		$r_{1,\tau}$		$\bar{x}_\tau$		C_{v_τ}		C_{s_τ}		$r_{1,\tau}$	
	实测	模拟	实测	模拟	实测	模拟	实测	模拟	实测	模拟	实测	模拟	实测	模拟	实测	模拟
5	1217	1237	0.42	0.41	0.70	0.60	0.72	0.69	9360	9370	0.36	0.37	0.07	0.14	0.38	0.42
6	1295	1320	0.45	0.45	0.74	0.67	0.75	0.72	14200	14030	0.40	0.39	0.05	0.02	0.46	0.41
7	1673	1714	0.48	0.47	1.13	0.84	0.76	0.75	14990	15040	0.45	0.49	0.56	0.56	0.23	0.23
8	2564	2538	0.63	0.57	2.08	1.38	0.67	0.73	13960	14080	0.34	0.35	−0.01	−0.03	0.35	0.33
9	2485	2458	0.61	0.57	1.22	1.04	0.70	0.67	8990	9050	0.38	0.38	0.84	0.93	0.38	0.37
10	1782	1759	0.59	0.59	0.66	0.64	0.79	0.76	5250	5100	0.39	0.39	1.62	1.77	−0.01	0.04
11	1047	1037	0.60	0.61	0.86	0.82	0.85	0.85	3640	3610	0.43	0.43	2.16	1.93	0.34	0.32
12	480	489	0.72	0.85	1.98	4.70	0.84	0.72	2250	2220	0.39	0.38	1.53	1.62	0.61	0.62

（2）模拟和实测月径流量持续特性的对比，反映流量持续性的指标是负轮长。由上述模型模拟出大量序列并计算出平均负轮长和最大负轮长，结果见表 7 - 13。对比表 7 - 9 和表 7 - 13，可见模型保持了实测月径流量序列的负轮长特性。

表 7 - 13	四大河模拟月径流序列负轮长			单位：月	
测 站	平均负轮长	最大负轮长	测 站	平均负轮长	最大负轮长
宜 昌	6	9	哈尔滨	6	34
陕 县	5	24	梧 州	5	17

综上所述，主站模型的模拟序列能保持实测序列的主要统计特性，是一种比较适用的多站随机模型。

习　题

1. 一阶多变量平稳自回归模型和一阶多变量季节性自回归模型的主要区别在哪里？是否可以说前者是后者的一种特例？

2. 空间解集模型的实质是什么？该模型的主要优缺点是什么？

3. 多变量水文序列随机模拟的主站法的特点是什么？该法与一阶多变量自回归模型的主要区别是哪些？

4. 在实际应用时，选择合适的多变量随机模型应主要考虑哪几方面的问题？

5. 试根据空间上甲、乙两站 48 年同步年平均流量资料（表 7 - 14）建立多变量自回归模型，并进行模型适用性检验。

表 7 - 14	甲、乙站年平均流量资料			单位：m³/s	
年序号	甲站年径流	乙站年径流	年序号	甲站年径流	乙站年径流
1	2704	4615	25	3116	4854
2	2766	4890	26	2906	6112
3	2325	3502	27	3159	5650

年序号	甲站年径流	乙站年径流	年序号	甲站年径流	乙站年径流
4	2525	3994	28	2753	3763
5	2688	4062	29	2938	5347
6	3262	5168	30	2231	3792
7	2615	4342	31	2474	4480
8	3705	4904	32	2469	4077
9	3480	5540	33	2172	3671
10	3983	6057	34	2500	3856
11	2716	4449	35	2754	5857
12	2905	4688	36	2896	3765
13	2842	4566	37	2790	3759
14	2848	4284	38	2666	3877
15	3463	6148	39	2633	4556
16	3054	5430	40	2718	4148
17	2609	4201	41	2836	4790
18	2688	5222	42	2987	4482
19	2875	4066	43	2608	4890
20	2483	3653	44	2543	5223
21	3004	4169	45	2846	5229
22	3159	4121	46	3182	3520
23	2935	5097	47	2340	4720
24	2649	4447	48	2388	3370

第八章 新型随机模型

第一节 概　述

前面各章介绍的随机模型，如 $AR(p)$ 模型、$SAR(p)$ 模型、解集模型等，一般都是假定研究的水文序列是线性的，然后用一定的模型形式和有限个参数来描述其统计变化特性。我们称这类传统随机模型为线性参数随机模型。线性参数随机模型结构简单，参数容易估计，实用性较强，能反映水文序列的主要统计特性。但线性参数随机模型存在一些不足：

（1）线性参数随机模型认为概率密度函数 $f_1(x_t, x_{t+1}, \cdots, x_{t+m})$ 与 $f_2(x_t, x_{t-1}, \cdots, x_{t-m})$ 是相同的，因此它描述的水文序列是一个时间可逆过程，而水文序列是不可逆（inreversible）的，故线性参数随机模型难以客观反映真实水文序列的客观规律。

（2）水文系统是一个高度复杂的、动态的非线性系统，其概率密度函数复杂且未知，某一指定概率分布（正态分布、P-Ⅲ型分布、对数正态分布等）与真实分布存在着差异，甚至可能有较大偏离。

（3）水文序列的相依关系随变量的大小不同而不同，是一种状态相依关系，而大多数线性参数随机模型中的相关结构是固定的。

（4）线性参数模型仅能表征水文序列的线性相依关系，忽略了客观存在的非线性关系。

为了使随机模型更客观地反映水文序列的变化特性，水文工作者展开了大量的随机模型研究，一是对传统随机模型进行改进，二是提出了一些新的随机模型。目前已取得了较大的进展，有关内容已在第一章绪论里做了基本叙述。

本章主要介绍一些较成熟的新型随机模型，如门限自回归模型、基于核密度估计的非参数模型、基于核密度估计的非参数解集模型和基于小波分析的组合随机模型。更多的新随机模型可参见有关文献。本章介绍的新型模型的目的在于抛砖引玉，更多的新型随机模型可参见有关文献。

第二节 门限自回归模型

水文水资源系统是非线性的，如洪水涨快落慢；河道枯季径流退水呈指数变化规律；河流水系、流量过程存在分数维数，洪水在区域上具有多重分形特征；暴雨过程中流域产流机制不同，前期小而慢，后期大而快，等等。因此，线性随机模型仅能对水文序列的主要变化特性进行描述。为了更好地描述水文序列的非线性特性，提出了许多非线性随机模型，如门限自回归模型、双线性模型、指数自回归模型等。这里仅介绍门限自回归模型。

一、模型形式

当对水文序列进行非线性建模时，全局非线性律常常是不可能的。为此，1978 年汤家豪（H. Tong）提出了解决一类非线性问题的门限回归模型。其思路是：把状态空间分割成几个子空间，每个子空间上使用线性逼近。也就是说，将传统的全局线性逼近分成几段线性逼近；分割由"门限，threshold"变量来控制。当各个子空间建立的是自回归模型时，则称为门限自回归模型（Threshold autoregressive model，TAR），将这些自回归模型组合起来就可以描述研究水文序列的非线性特性。

对于水文序列 $z_t(t=1,2,\cdots,n)$，TAR 模型的一般形式为

$$z_t = \begin{cases} \varphi_0^{(1)} + \sum_{i=1}^{p_1} \varphi_i^{(1)} z_{t-i} + \varepsilon_t^{(1)} & (z_{t-d} \leqslant r_1) \\ \varphi_0^{(2)} + \sum_{i=1}^{p_2} \varphi_i^{(2)} z_{t-i} + \varepsilon_t^{(2)} & (r_1 < z_{t-d} \leqslant r_2) \\ \cdots \\ \varphi_0^{(L)} + \sum_{i=1}^{p_L} \varphi_i^{(L)} z_{t-i} + \varepsilon_t^{(L)} & (z_{t-d} > r_{L-1}) \end{cases} \qquad (8-1)$$

式中：z_{t-d} 为门限变量；d 为门限迟时，整数；r_1，r_2，$\cdots$，r_{L-1} 为门限值，它们将 $(-\infty, +\infty)$ 分割成不交叉的区间 $A_j(j=1,2,\cdots,L)$；L 为门限区间数，整数；$\varphi_0^{(j)}$，$\varphi_1^{(j)}$，$\cdots$，$\varphi_{p_j}^{(j)}$ 为第 j 门限区间 A_j 对应的自回归系数，$p_j(j=1,2,\cdots,L)$ 为第 j 区间模型阶数；$\varepsilon_t^{(j)}$ 是第 j 门限区间均值为 0 的独立随机变量。

式（8-1）中，在每一个门限区间上拟合一个自回归模型，所以，TAR 模型是将 z_t 按门限值 z_{t-d} 的大小采用对应区间的线性自回归模型来描述整水文序列的。通过分割状态空间建模，可以在一定程度上反映了水文序列的非线性特性。

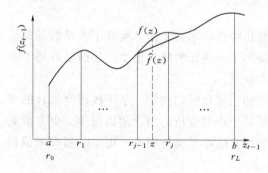

图 8-1　非线性自回归模型示意

下面以一阶非线性自回归模型 ［1 order non - linear autoregressive model，NLAR (1)］为例进行说明。NLAR(1) 模型形式为

$$z_t = f(z_{t-1}) + \varepsilon_t \qquad (8-2)$$

式中：$f(z_{t-1})$ 为区间 $[a,b]$ 上的连续非线性函数；ε_t 为白噪声序列。

若将 $z_{t-1}(t=2,3,\cdots,n)$ 的取值区间划分成 L 个小区间，如图 8-1 所示。当某一 z 落在 j 区间 (r_{j-1},r_j) 时，$f(z)$ 由 $\hat{f}(z)$ 逼近，即 $f(z) \approx \hat{f}(z) = f(r_{j-1}) + \alpha_j z(j=1, 2,\cdots,L)$，其中 $f(r_{j-1})$ 和 α_j 的取值由第 j 区间 (r_{j-1},r_j) 所决定。因此有

$$z_t = f(r_{j-1}) + \alpha_j^{(j)} z_{t-1} + a_t^{(j)} \qquad (j=1,2,\cdots,L) \qquad (8-3)$$

取 $f(r_{j-1}) = \varphi_0^{(j)}$，$\alpha_j^{(j)} = \varphi_1^{(j)}$，则 NLAR(1) 模型可由下式近似表达

$$\left. \begin{array}{l} z_t = \varphi_0^{(j)} + \varphi_1^{(j)} z_{t-1} + a_t^{(j)} \\ r_{j-1} < z_{t-1} \leqslant r_j \quad (j=1,2,\cdots,L) \end{array} \right\} \qquad (8-4)$$

式（8-4）即所谓的一阶门限自回归模型。类似地，对于一般高阶非线性自回归模型可用高阶门限自回归模型逼近。

下面进一步说明 TAR 模型能描述非线性特性。考虑具有两个分段的简单模型

$$z_t = \begin{cases} -0.7z_{t-1}+\varepsilon_t & (z_{t-1}\geqslant r) \\ 0.7z_{t-1}+\varepsilon_t & (z_{t-1}<r) \end{cases} \tag{8-5}$$

其中
$$\varepsilon_t \sim N(0,0.5^2) \tag{8-6}$$

取 r 分别等于 $-\infty$，-1，-0.5 和 0，由模型（8-5）、（8-6）模拟 4 组长度为 500 的样本，并分别绘制散点图，如图 8-2 所示。对 $r=-\infty$，模型变成线性 AR(1)；其他三种情形，非线性在图中被清楚地显示出来。因此，TAR 模型能够刻画非线性特性。

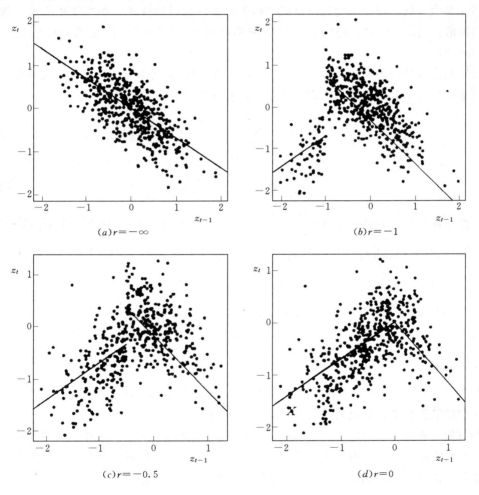

图 8-2　由 TAR 模型生成的样本散点图

图中实线是真实回归函数

二、模型参数估计

TAR 模型参数有：门限参数（门限区间数 L，门限值 r_1，r_2，$\cdots$，r_{L-1} 和门限迟时 d）

和自回归系数 $\varphi_0^{(j)}, \varphi_1^{(j)}, \cdots, \varphi_{p_j}^{(j)} (j=1,2,\cdots,L)$。

TAR 模型是分区间的 AR 模型，因此在建模中，只需沿用一般 AR 模型的参数估计方法和模型检验准则。目前多采用最小二乘法和 AIC 准则。与 AR 建模有所不同的是，建立 TAR 模型的关键在于确定门限参数。严格讲，这是一个对 $L, r_1, r_2, \cdots, r_{L-1}$ 和 d 的多维寻优问题。建议按以下步骤估计模型参数：

(1) 给定门限参数（门限区间数 L，门限值 $r_1, r_2, \cdots, r_{L-1}$ 和门限迟时 d），采用最小二乘法确定各区间 A_j 对应的模型阶数 p_j 和自回归系数 $\varphi_0^{(j)}, \varphi_1^{(j)}, \cdots, \varphi_{p_j}^{(j)}$（$j$ 同上）。

L 和 d 的选取要结合研究对象的物理成因和一般变化规律，取值范围可得到有限的缩小。例如结合研究对象 L 取 2，3，4 等，d 取 1，2，3 等。门限值可按研究对象在变幅范围内取值的经验频率分布来确定。一般要求在各区间内样本的资料数据大致相当，以便可靠地估计模型参数。例如先均匀划分经验频率，然后据经验频率在频率分布曲线上找出相应的门限值；当 $L=2$ 时，门限值对应的频率可取 0.5；$L=3$，门限值对应的频率可取 0.33 和 0.67。

(2) 假定各种门限参数，以式（8-7）极小和 AIC 准则作为估计模型参数的依据，即当两者都达到极小时对应的参数即为所求。目标函数为

$$\sum_{j=1}^{L} \Delta x_j \tag{8-7}$$

其中

$$\Delta x_j = \sum_{z_{t-d} \in A_j} \left[z_t - (\varphi_0^{(j)} + \sum_{i=1}^{p_j} \varphi_i^{(j)} z_{t-i}) \right]^2 \tag{8-8}$$

根据上述步骤，对长江寸滩站 1893—1972 年平均流量序列 x_t 建立了 TAR 模型，即

$$x_t = \begin{cases} 7730 + 0.893 x_{t-1} + 0.434 x_{t-2} - 0.257 x_{t-3} - 0.653 x_{t-4} + \varepsilon_t^{(1)}, & x_{t-1} \leqslant 10770 \\ 6840 + 0.400 x_{t-1} + \varepsilon_t^{(2)}, & 10770 < x_{t-1} \leqslant 12000 \\ 14660 - 0.228 x_{t-1} + \varepsilon_t^{(3)}, & x_{t-1} > 12000 \end{cases}$$

$$\tag{8-9}$$

三、实例分析

收集了金沙江屏山站 1940—1992 年共 53 年日流量序列，将 TAR 模型尝试于该站日流量序列的随机模拟，以反映日流量序列的统计特性。

为方便，将每年 2 月取 28 天，故一年共 365 天。以 $x_{t,\tau}$ 表示第 t 年 τ 截口（日）的日流量，并假定同一截口所有元素来自同一总体，各截口具有相同的分布形式。另外，建模前对原始日流量 $x_{t,\tau}$ 做标准化［式（6-1）］和 W-H 逆变换法［式（6-20）］预处理为 $z_{t,\tau}$，再将 $z_{t,\tau}$ 写成长序列 $z_t(t=1,2,\cdots,365 \times 53)$。

1. TAR 模型的建立

日流量序列上、中和下三部分之间的统计关系存在明显差异，因此门限区间数以 3 左右为宜，即 $L=2,3,4$ 三个优选备用值。相应的门限值可由均匀划分的经验频率估计。由于日流量前后关系密切，门限迟时 d 取 1 或 2 即可。根据组合优化，得到如下 TAR 模型：

$$z_t = \begin{cases} \begin{aligned} &-0.08+0.9674z_{t-1}-0.0501z_{t-2}+0.0130z_{t-3}+0.0348z_{t-4}\\ &\quad -0.0537z_{t-5}+\varepsilon_t^{(1)} \quad (z_{t-1}\leqslant -0520,\ \sigma_\varepsilon^{(1)}=0.300)\\ &1.3678z_{t-1}-0.3524z_{t-2}-0.0714z_{t-3}+0.0365z_{t-4}+\varepsilon_t^{(2)}\\ &\quad -0.520<z_{t-1}\leqslant 0.533 \quad (\sigma_\varepsilon^{(2)}=0.200)\\ &\cdots\\ &0.01+1.3371z_{t-1}-0.4428z_{t-2}+0.0799z_{t-3}-0.0653z_{t-4}\\ &\quad +0.0589z_{t-5}+\varepsilon_t^{(3)} \quad (0.533<z_{t-1},\ \sigma_\varepsilon^{(3)}=0.208) \end{aligned} \end{cases} \quad (8-10)$$

式中：$\varepsilon_t^{(1)}$，$\varepsilon_t^{(2)}$，$\varepsilon_t^{(3)}$ 是均值为 0，方差分别为 0.300^2、0.200^2、0.208^2 的独立正态序列。

2. TAR 模型的随机模拟

模型随机模拟全年日流量序列的步骤为：①由式（8—10）模拟标准正态日流量 $z_{t,\tau}$（$t=1,2,\cdots,N$，N 为模拟年数；$\tau=1,2,\cdots,365$）；②对 $z_{t,\tau}$ 进行 W—H 变换和逆标准化，获得模拟日流量序列 $x_{t,\tau}$。

3. TAR 模型的检验

这里只对 TAR 模型进行适用性检验（长序列法，模拟序列长度 $N=5200$ 年）。

（1）截口统计参数检验。截口统计参数有截口均值、C_v、C_s 和一阶、二阶自相关系数 r_1、r_2，检验成果见表 8—1。由表 8—1 知，各参数的通过率都很高，说明模型对截口参数保持很好。通过率定义为小于容许误差 e 的截口数与总截口数（这里为 365）的百分比。

表 8—1　　　　　　　　　　截口统计参数通过率

容许误差	截口统计参数通过率				
	均值	C_v	C_s	r_1	r_2
$e<10\%$	100	90.1	74.1	99.7	97.8
$e<15\%$	100	100	100	100	100

（2）时段径流量统计参数检验。检验 1、3、7、15、30 天的时段径流量 $W_{1日}$、$W_{3日}$、$W_{7日}$、$W_{15日}$、$W_{30日}$ 的均值、C_v、C_s，检验成果见表 8—2。可见，模拟成果介于适线法成果和概率权重矩法（PWM）成果之间，与适线法成果接近，较 PWM 成果略大。说明模型能保持时段径流量的统计参数。

表 8—2　　　　　　　时段径流量统计参数适用性检验　　　　　　　均值单位：亿 m³

时段径流量		$W_{1日}$			$W_{3日}$			$W_{7日}$			$W_{15日}$			$W_{30日}$		
参数		均值	C_v	C_s	均值	C_v	C_s	均值	C_v	C_s	均值	C_v	C_s	均值	C_v	C_s
实测	适线法	15.3	0.30	1.20	44.2	0.30	1.20	97	0.30	1.20	186	0.29	1.16	327	0.28	1.12
	PWM	14.6	0.24	0.82	42.4	0.24	0.80	92.5	0.23	0.87	181	0.22	0.87	319	0.22	0.75
模拟		14.8	0.28	1.17	42.7	0.28	1.16	93.6	0.27	1.17	185	0.26	1.08	336	0.25	0.97

（3）月径流统计参数检验。对 5—10 月月径流统计参数进行了检验，成果见表 8—3中。该表显示，5—10 月月径流统计参数保持较好。

表 8-3　　　　5—10月月径流统计参数适用性检验

月份	5			6			7			8			9			10		
参数	均值	C_v	C_s	均值	C_v	C_s	均值	C_v	C_s	均值	C_v	C_s	均值	C_v	C_s	均值	C_v	C_s
实测	2238	0.21	0.50	4895	0.27	0.94	9342	0.27	0.62	10079	0.30	1.11	9942	0.31	0.54	6657	0.25	0.86
模拟	2254	0.23	0.74	5026	0.29	0.67	9588	0.31	0.65	10400	0.34	1.03	10220	0.26	0.58	6835	0.26	1.02

（4）年最大日流量季节性变化检验。年最大日流量季节性变化用它在各月中出现的频率来表示表征。对模拟过程和实测过程分别加以统计，成果见表8-4。可见模拟与实测在各月出现的频率基本一致。

表 8-4　　　　年最大日流量各月中出现的频率　　　　%

月份	5	6	7	8	9	10
实测	0.0	1.9	20.8	41.5	32.1	3.7
模拟	0.0	2.7	25.7	38.0	28.9	4.6

（5）日流量过程形状特性检验。过程形状特性以峰型、主峰位置和两峰间隔历时表征。以年最大30日洪量为准，选择对应30日洪水过程进行统计分析，成果见表8-5。由表8-5显示，模拟的洪水过程具有实测洪水过程的峰型特征。

表 8-5　　　　洪水过程峰型特征检验　　　　%

项 目	峰 型				主峰出现位置			两峰间隔历时		
	单峰	双峰	三峰	多峰	前	中	后	2～3 天	4～5 天	5 天以上
实测洪水	0.0	15.1	22.6	62.3	25.6	33.3	41.1	21.2	29.7	49.1
模拟洪水	0.0	16.1	25.8	58.1	30.6	26.3	43.1	17.4	29.1	53.5

四、评述

（1）TAR 模型是一种结构简单、概念清楚的非线性随机模型（实质是分区间的自回归模型），可用来反映水文序列的非线性变化特性。

（2）应用研究表明，TAR 模型能很好地表征日流量序列的随机变化特性，模拟的日流量过程合理。TAR 模型可以广泛应用于水文水资源系统建模、预测和随机模拟中。

（3）TAR 模型的不足之处在于参数较多，而且估计稍困难。研究发现，门限参数（门限区间个数，门限值和门限迟时）可根据研究对象的变化特性和参数的物理意义并结合遗传算法等优化方法合理确定，从而可大大减少工作量和降低模型应用的困难性。

第三节　基于核密度估计的非参数模型

水文序列变化复杂，其概率分布和相依形式也复杂。传统的参数随机模型一般假定水文序列的概率分布形式（P-Ⅲ型分布、对数正态分布等）和相依形式（线性或非线性）。事实上，假定的概率分布形式和相依形式与其真实概率分布形式和相依形式存在着一定的差异。基于假定前提建立的随机模型一般只能反映水文序列的主要统计特性，难以完全反映水文序列的全部特性。为此，提出了基于数据驱动（data driven）的非参数模型，其中应用核密度估计理论构造的非参数模型就是一类。本节介绍基于核密度估计的非参数模型及其应用。

一、核密度估计理论

1. 核密度估计

设 $x_1, x_2, \cdots, x_n$ 为随机变量 X 的一样本，X 的概率密度函数 $f(x)$ 的核密度估计定义为

$$\hat{f}(x) = \frac{1}{nh\,\hat{\sigma}} \sum_{i=1}^{n} K\left(\frac{x - x_i}{\hat{\sigma}h}\right) \tag{8-11}$$

式中：$\hat{f}(x)$ 为 $f(x)$ 的核密度估计；$K(\cdot)$ 为核函数；$\hat{\sigma}$ 为样本均方差；h 为带宽系数；n 为样本容量。

若随机变量 X 为 d 维时，（8-11）式可扩展为多维核密度估计

$$\hat{f}(X) = \frac{1}{nh^d \det(S)^{1/2}} \sum_{i=1}^{n} K\left[\frac{(X - X_i)^T S^{-1}(X - X_i)}{h^2}\right] \tag{8-12}$$

式中：$X = (X_1, X_2, \cdots, X_d)^T$，$X_i = (X_{i1}, X_{i2}, \cdots, X_{id})^T (i = 1, 2, \cdots, n)$，$d$ 为向量 X 的维数；S 是 X 的 $d \times d$ 维对称样本协方差矩阵；其余符号意义同上。

2. 核密度估计精度评价

在给定样本后，$\hat{f}(x)$ 的估计精度取决于核函数 $K(\cdot)$ 及带宽系数 h。当选定 $K(\cdot)$ 时，若 h 选得过大，则 $\hat{f}(x)$ 对 $f(x)$ 有较大的平滑，使得 $f(x)$ 的某些特征被掩盖起来；反之 $\hat{f}(x)$ 有较大的波动。图 8-3 清晰地表明，在高斯核函数下不同带宽系数 h 估计的密度函数形式不同。另一方面，当 h 一定时，$K(\cdot)$ 对 $\hat{f}(x)$ 的影响较小，故 $K(\cdot)$ 的选择具有多样性。

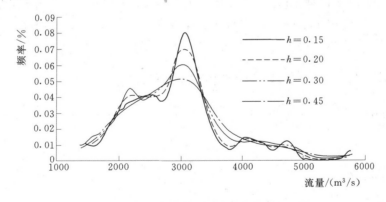

图 8-3 基于核估计的年平均流量密度函数

3. $K(\cdot)$ 的选择和 h 的估计

研究表明，满足下列条件的核函数都是合适的：①对称且 $\int K(t)\mathrm{d}t = 1$；②光滑连续；③一阶矩为零，方差有限。常用的有均匀核、Epanechnikov 核、Bisquare 核、高斯核等。实际工作中，一般先选定 $K(\cdot)$，然后寻求最优的 h。

一般，h 随 n 增大而减小，当 $n \to +\infty$，$h \to 0$。同时，h 的确定还要考虑数据的密集程度，在数据密集区，h 选小一点；在数据稀疏区，h 选大一点。h 的估计方法很多，如

参数参考法（parametric reference method）、极大似然互证实法（maximum likelihood cross validation）、最小二乘互证法（least square cross validation，LSCV）等。

二、基于核密度估计的非参数模型

这里只介绍单变量情形，对于多变量可参考有关文献。

1. 模型建立

设有水文序列 $x_t(t=1,2,\cdots,n)$，x_t 依赖于前 p 个值 $x_{t-1},x_{t-2},\cdots,x_{t-p}$，令 $V_t=(x_{t-1},x_{t-2},\cdots,x_{t-p})^T$，则 x_t 的条件概率密度函数为

$$f(x_t/x_{t-1},x_{t-2},\cdots,x_{t-p})=f(x_t/V_t)=\frac{f(x_t,V_t)}{\int f(x_t,V_t)\mathrm{d}x_t}=\frac{f(x_t,V_t)}{f_V(V_t)} \qquad (8-13)$$

式中：$f(x_t,V_t)$ 为 $p+1$ 维联合密度函数，$f_V(V_t)$ 为 p 维边缘密度函数。

由核密度估计有（高斯核函数）

$$\hat{f}(x_t,V_t)=\frac{1}{(n-p)}\sum_{i=p+1}^{n}\frac{1}{(2\pi h^2)^{\frac{(p+1)}{2}}\det(S)^{1/2}}\exp\left\{-\frac{\begin{pmatrix}x_t-x_i\\V_t-V_i\end{pmatrix}^T S^{-1}\begin{pmatrix}x_t-x_i\\V_t-V_i\end{pmatrix}}{2h^2}\right\}$$

$$(8-14)$$

$$\hat{f}_V(V_t)=\frac{1}{(n-p)}\sum_{i=p+1}^{n}\frac{1}{(2\pi h^2)^{\frac{p}{2}}\det(S_V)^{1/2}}\exp\left[-\frac{(V_t-V_i)^T S_V^{-1}(V_t-V_i)}{2h^2}\right]$$

$$(8-15)$$

其中
$$S=\begin{pmatrix}S_x & S_{xV}\\ S_{xV}^T & S_V\end{pmatrix} \qquad (8-16)$$

式中：S 为 (x_t,V_t) 的 $(p+1)\times(p+1)$ 阶对称样本协方差矩阵；S_x 为 x_t 的样本方差；S_{xV} 为 x_t 与 V_t 的 $1\times p$ 阶样本协方差阵；S_V 为 V_t 的 $p\times p$ 阶对称样本方差阵。

$V_i=(x_{i-1},x_{i-2},\cdots,x_{i-p})^T$ 和 x_i 来自实测样本（$i=p+1,p+2,\cdots,n$）。

将式（8-14）和式（8-15）代入式（8-13）整理得

$$\hat{f}(x_t/V_t)=\sum_{i=p+1}^{n}W_i\frac{1}{(2\pi)^{1/2}\det(c)^{1/2}}\exp\left[-\frac{(x_t-b_i)^2}{2c}\right] \qquad (8-17)$$

其中 $W_i=\exp\left\{-\frac{(V_t-V_i)^T S_V^{-1}(V_t-V_i)}{2h^2}\right\}\Big/\sum_{j=p+1}^{n}\exp\left\{-\frac{(V_t-V_j)^T S_V^{-1}(V_t-V_j)}{2h^2}\right\}$

$$(8-18)$$

$$\sum_{i=p+1}^{n}W_i=1.0$$
$$b_i=x_i+(V_t-V_i)^T S_V^{-1}S_{xV}^T$$
$$c=h^2(S_x-S_{xV}S_V^{-1}S_{xV}^T)$$

由式（8-17）知，条件密度函数 $\hat{f}(x_t/V_t)$ 是 $(n-p)$ 个高斯函数（均值 b_i，方差 c）的加权平均和；当 V_i 越接近 V_t，其对应的高斯函数对 $\hat{f}(x_t/V_t)$ 的贡献权重 W_i 越大。应用式（8-17）可随机模拟 x_t，其模拟式为

$$x_t=b_i+\sqrt{c}e_t \qquad (8-19)$$

式中：e_t 为均值 0、方差 1 的独立高斯随机变量。

式（8-19）就是基于核密度估计的 p 阶非参数模型。该模型不需对水文序列的概率

分布形式和相依形式作假定，模型结构简单，模拟序列来源于实测资料建立的非参数模型而又不同于实测资料。

2. 模型算法

模型算法如下：①从实测资料中构造 x_i 和 V_i（$i=p+1,p+2,\cdots,n$）；②确定模型阶数 p（可根据 AIC 准则确定），计算协方差矩阵 S 和最优带宽系数 h；③给 V_t 赋初值；④根据给定 V_t，由式（8-18）计算抽样概率 W_i；⑤以概率 W_i 抽样 x_i；⑥按式（8-19）随机模拟 x_t；⑦给 V_t 重新赋值，转向第④步，继续模拟，满足模拟数时停止。

三、实例分析

将基于核密度估计的非参数模型应用于水文序列的随机模拟。

（一）年平均流量序列的随机模拟

收集了某水文站 48 年（1940—1987 年）年平均流量资料。建立了基于核密度估计的非参数模型。由 AIC 准则知，模型阶数 $p=2$。估计得 $h=0.55$。

由非参数模型随机模拟大量的年平均流量序列。用长序列法对模型进行适用性检验。检验内容有年平均流量均值、均方差、C_v、C_s、滞时为 1、2、3、4 的自相关系数 r_1、r_2、r_3、r_4 和最大值（max）和最小值（min），检验成果见表 8-6。为对比，表中同时给出了 AR(2) 模型的检验结果。可见，该模型能很好地表征年径流序列的统计特性。

表 8-6　　　　　　　　　　年径流各统计参数检验成果

参数	均值	均方差	C_v	C_s	r_1	r_2	r_3	r_4	max	min
实测	3239	416	0.13	0.99	0.338	0.250	0.020	0.142	4579	2497
AR(2) 模拟	3237	415	0.13	0.96	0.351	0.266	0.122	0.058	5522	2367
本模型模拟	3234	410	0.13	0.87	0.354	0.250	−0.019	0.113	4790	2300

（二）日平均流量的随机模拟

收集了某站 48 年（1940—1987 年）日平均流量资料。考虑带宽系数 h 的季节性，将全年日流量过程分为汛期（5 月 1 日至 10 月 31 日）与非汛期（11 月 1 日至次年 4 月 30 日）两段。

1. 模型建立

设 $z_{i,j}$（$i=1,2,\cdots,48$；$j=1,2,\cdots,365$）为日流量序列，构造各截口（日）对应的 x_i 和 V_i。当 $j>p$ 时，$x_i=z_{i,j}$，$V_i=(z_{i,j-1},z_{i,j-2},\cdots,z_{i,j-p})^T$（$i=1,2,\cdots,48$）；对于 $j\leqslant p$ 的各截口（$i=2,3,\cdots,48$），x_i、V_i 如下：

$j=1$（第一截口）时，$V_i=(z_{i-1,365},z_{i-1,364},\cdots,z_{i-1,365-p+1})^T$，$x_i=z_{i,1}$；

$j=2$（第二截口）时，$V_i=(z_{i,1},z_{i-1,365},\cdots,z_{i-1,365-p+2})^T$，$x_i=z_{i,2}$；

　　　　　　$\cdots$

$j=p$（第 p 截口）时，$V_i=(z_{i,p-1},z_{i,p-2},\cdots,z_{i-1,365})^T$，$x_i=z_{i,p}$。

通过计算，$p=2$，汛期 $h=0.405$，非汛期 $h=0.320$；计算各截口斜方差矩阵 S。对各截口分别建立基于核密度估计的非参数模型。

2. 模型适用性检验

用短序列法对模型进行适用性检验。

（1）截口统计参数检验。截口统计参数有截口均值、均方差、C_v、C_s、r_1、r_2、max 和 min。统计了各统计量在两个均方差标准下的通过率，结果见表 8-7。表中显示截口各统计参数的通过率是很理想的。

表 8-7　　　　　　　　　　　　　截口各统计参数通过率　　　　　　　　　　　　　　　　%

均值	均方差	C_v	C_s	r_1	r_2	max	min
100	100	100	100	97	86	99	100

（2）时段洪量统计参数检验。检验 1、3、7、15、30 天时段洪量 $W_{1日}$、$W_{3日}$、$W_{7日}$、$W_{15日}$、$W_{30日}$ 的均值、C_v、C_s，成果见表 8-8。可以看出，均值、C_v、C_s 几乎都控制在一个均方差标准下。

表 8-8　　　　　　　　　　　时段洪量统计参数实用性检验　　　　　　洪量均值单位：$\times 10^8\,m^3$

时段量	$W_{1日}$			$W_{3日}$			$W_{7日}$			$W_{15日}$			$W_{30日}$		
参数	均值	C_v	C_s	均值	C_v	C_s	均值	C_v	C_s	均值	C_v	C_s	均值	C_v	C_s
实测样本	14.8	0.24	0.79	42.9	0.23	0.78	93.4	0.23	0.89	182	0.22	0.87	321	0.22	0.79
模拟均值	15.1	0.24	0.69	43.8	0.24	0.74	95.4	0.23	0.80	185	0.23	0.73	327	0.22	0.52
模拟均方差	0.6	0.02	0.35	1.6	0.02	0.38	3.5	0.02	0.40	6.9	0.02	0.34	12.0	0.02	0.28

（3）月径流统计参数检验。对 5—10 月月径流统计参数进行了检验，成果见表 8-9。该表显示，除极个别 C_s 控制在两个均方差标准下外，其余都控制在一个均方差标准下。

表 8-9　　　　　　　5—10 月月径流统计参数适用性检验（Sd 为均方差）

参数	均值/(m³/s)			C_v			C_s		
月份	实测	模拟	Sd	实测	模拟	Sd	实测	模拟	Sd
5	2218	2216	73.3	0.21	0.22	0.02	0.31	0.26	0.34
6	4901	4899	190	0.26	0.27	0.03	0.74	0.42	0.26
7	9410	9417	372	0.27	0.28	0.02	0.63	0.28	0.22
8	10168	10214	475	0.30	0.32	0.04	1.09	0.62	0.31
9	9942	9924	413	0.24	0.25	0.02	0.54	0.40	0.27
10	6541	6542	262	0.25	0.25	0.02	0.92	0.45	0.28

（4）年最大日流量季节性变化检验。模拟 4800 年日流量过程，统计年最大日流量在各月出现的百分比，见表 8-10。可以看出模型能反映年最大日流量季节性变化。

表 8-10　　　　　　　　　　年最大日流量在各月出现的百分比　　　　　　　　　　　　%

月份	5	6	7	8	9	10
实测	0.0	2.6	26.3	39.5	26.7	4.8
模拟	0.0	3.0	30.6	38.7	24.7	2.9

四、评述

（1）根据核密度估计理论构造的非参数模型是一类基于数据驱动的模型，避开了模型选择和参数估计不确定性问题，能描述各种平稳和非平稳时间序列复杂的关系，因而具有广泛的适应性和优良的稳健性。

（2）将基于核密度估计的非参数模型用于单站年径流过程、日平均流量序列随机模拟，研究表明该模型是适合于水文水资源系统随机模拟的。

（3）非参数模型简单、直观，其关键是带宽系数的估计。

第四节　基于核密度估计的非参数解集模型

解集模型之所以在随机水文学中得到大量应用，是因为它能保持总量与分量、分量与分量在时间尺度或空间尺度上的主要统计特性。传统解集模型是一种参数解集模型（Parameter disaggregation model，PDM），有其自身的缺陷：①仅仅考虑了研究变量间的线性相依关系，而真实水文变量是非线性的；②总量与分量的概率分布作了某种特定假设，这种假定概率分布与真实情况可能存在着差异；③模型参数太多，在现有资料情况下往往不能满足参数吝啬原则；④自（互）相关结构不一致性，即在求解参数时要应用 S_{yy} 协方差矩阵，这一矩阵反映各分量之间的相关结构，但其中存在不一致性，如年水量分解成季水量，S_{yy} 仅能反映年内第一季度与第四季度水量的关系，实际上需要反映的是第四季度水量与下一年第一季度的关系。因此，PDM 难以反映真实水文水资源系统的非线性、多峰形态、边际特性等。为此，基于核密度估计理论构造了一种非参数解集模型（Nonparametric disaggregation model，NPDM）。

本节介绍 NPDM 及其在水文序列随机模拟中的应用。

一、NPDM 模型

设总量（如年径流）为 Z；分量为 $X=(x_1,x_2,\cdots,x_d)^T$，d 为分量数；$Z=x_1+x_2+\cdots+x_d$。在条件 Z 下，X 的条件概率密度函数为

$$f(x_1,x_2,\cdots,x_d/Z)=f(X/Z)=\frac{f(X,Z)}{f(Z)} \tag{8-20}$$

式中：$f(X,Z)$ 为 $d+1$ 维联合概率密度函数；$f(Z)$ 为 Z 的边缘概率密度函数。

将 X 进行如下坐标变换

$$Y=RX \tag{8-21}$$

式中：$Y=(y_1,y_2,\cdots,y_d)^T$；$R=(e_1,e_2,\cdots,e_d)^T$ 为单位正交矩阵，即 $R^T=R^{-1}$。

定义 $e_d=(1/\sqrt{d},1/\sqrt{d},\cdots,1/\sqrt{d})$，则 $e_j(j=1,2,\cdots,d-1)$ 可由 Gram Schmidt 变换推求，即

$$\left.\begin{array}{l} e_j=e'_j/|e'_j| \\ e'_j=i_j^T-\sum_{k=j+1}^{d}(e_k i_j)e_k \end{array}\quad (j=d-1,d-2,\cdots,1)\right\} \tag{8-22}$$

式中：$i_1=(1,0,0,\cdots,0)^T$，$i_2=(0,1,0,\cdots,0)^T$，$\cdots$，$i_d=(0,0,0,\cdots,1)^T$。

由（8-21）式知，$y_d=\dfrac{1}{\sqrt{d}}(x_1+x_2+\cdots+x_d)=Z/\sqrt{d}$。定义 $Z'=y_d=Z/\sqrt{d}$，$U=(y_1,y_2,\cdots,y_{d-1})^T$，则 $Y=(y_1,y_2,\cdots,y_d)^T=(U^T,Z')^T$。式（8-20）的条件概率密度函数就转化为下式

$$f(U/Z') = \frac{f(U,Z')}{\int f(U,Z')\mathrm{d}U} = \frac{f(U,Z')}{f(Z')} \tag{8-23}$$

由核密度估计知（高斯核函数）

$$\hat{f}(U,Z') = \frac{1}{n} \sum_{i=1}^{n} \frac{1}{(2\pi h^2)^{\frac{d}{2}} \det(S_y)^{1/2}} \exp\left\{ -\frac{\begin{pmatrix} U-U_i \\ Z'-Z'_i \end{pmatrix}^T S_y^{-1} \begin{pmatrix} U-U_i \\ Z'-Z'_i \end{pmatrix}}{2h^2} \right\} \tag{8-24}$$

式中：h 为带宽系数；S_y 为 $(U，Z')$ 的样本协方差矩阵，见 （8-25） 式；U_i 和 Z'_i 可从实测样本中获取，n 为样本容量。

$$S_y = \begin{pmatrix} S_u & S_{uz} \\ S_{uz}^T & S_z \end{pmatrix} \tag{8-25}$$

式中：S_u 为 U 的 $(d-1) \times (d-1)$ 阶样本方差矩阵；S_{uz} 为 U 与 Z' 的 $(d-1) \times 1$ 阶样本协方差矩阵；S_z 为 Z' 的样本方差。S_y 可由实测资料估计。$f(Z')$ 估计如下

$$\hat{f}(Z') = \frac{1}{n} \sum_{j=1}^{n} \frac{1}{(2\pi h^2)^{1/2} S_z^{1/2}} \exp\left[-\frac{(Z'-Z'_j)^2}{2h^2 S_z} \right] \tag{8-26}$$

将式 （8-24） 和式 （8-26） 代入式 （8-23），整理得

$$\hat{f}(U/Z') = \frac{1}{(2\pi h)^{(d-1)/2} \det(S')^{1/2}} \sum_{i=1}^{n} W_i \exp\left(-\frac{(U-b_i)^T S'^{-1}(U-b_i)}{2h^2} \right) \tag{8-27}$$

其中

$$W_i = \exp\left\{ -\frac{(Z'-Z'_i)^2}{2h^2 S_z} \right\} \bigg/ \sum_{j=1}^{n} \exp\left\{ -\frac{(Z'-Z'_j)^2}{2h^2 S_z} \right\} \tag{8-28}$$

$$\left. \begin{array}{l} \sum_{i=1}^{n} W_i = 1.0 \\ b_i = U_i + S_{uz}(Z'-Z'_i)/S_z \\ S' = h^2(S_u - S_{uz}S_{uz}^T/S_z) \end{array} \right\} \tag{8-29}$$

由式 （8-27） 知，条件密度函数 $\hat{f}(U/Z')$ 是 n 个 $(d-1)$ 维高斯函数（均值向量 b_i，方差矩阵 S'）的加权（权重为 W_i）平均和。则基于核密度估计得非参数解集模型为

$$U = b_i + AE \tag{8-30}$$

式中：A 为 $(d-1) \times (d-1)$ 阶标准差矩阵，且 $S' = AA^T$；E 为均值为 0、方差 1 的 $d-1$ 维独立高斯随机向量。

用适当随机模型模拟总量 Z，由 Z 可得 Z'；再用式 （8-30） 随机模拟 U，从而获得 $Y(Y=(U^T, Z')^T)$；最后通过式 （8-21） 逆变换得到模拟分量 $X = R^T Y$。

二、实例分析

将 NDPM 应用于金沙江屏山站月径流（1940—1992 年）的随机模拟。NDPM 分解年径流为月径流之前，必须先模拟年径流 Z_t，年径流由上节提出的非参数模型模拟。该站年径流量一阶、二阶自相关系数分别为 0.105 和 0.035，建立一阶非参数模型（$h=0.35$）。由 NDPM 可把 Z_t 分解成月径流 $X_t = (x_{t,1}, x_{t,2}, \cdots, x_{t,12})^T$。NDPM 模型的带宽系数 $h = 0.345$。

采用短序列法（100 组，每组 52 年）对模型进行适用性检验。检验成果见表 8-11 和

表8-12。表8-11中，NPDM对各月径流均值、均方差、C_v、C_s都保持得很好。表8-12中，1月的一阶、二阶自相关系数r_1、r_2和2月的二阶自相关系数r_2得不到保持，其他各月的一阶、二阶自相关系数r_1、r_2都保持很好。模型模拟的最大值（max）和最小值（min）符合流域情况。

表 8-11　月径流统计参数检验成果

月份	均值/亿 m^3			均方差			C_v			C_s		
	实测	模拟	均方差	实测	模拟	均方差	实测	模拟	均方差	实测	模拟	均方差
1	43.9	43.9	0.7	5.1	5.3	0.5	0.12	0.12	0.01	0.49	0.39	0.26
2	33.9	34.0	0.5	3.5	3.6	0.3	0.10	0.11	0.01	0.64	0.50	0.24
3	35.4	35.4	0.4	3.4	3.6	0.3	0.10	0.10	0.01	0.76	0.57	0.23
4	38.9	39.0	0.8	5.6	6.2	1.2	0.15	0.16	0.03	2.12	1.49	0.66
5	60.0	60.1	1.8	12.4	13.0	1.5	0.21	0.22	0.02	0.40	0.32	0.33
6	127	127	5.4	34.2	35.8	3.6	0.27	0.28	0.03	0.70	0.58	0.24
7	250	249	10.0	67.2	68.4	5.1	0.26	0.27	0.03	0.37	0.33	0.22
8	270	270	12.4	81.8	83.7	8.2	0.29	0.31	0.03	0.84	0.71	0.30
9	258	257	11.3	61.5	63.7	5.9	0.24	0.25	0.02	0.33	0.27	0.30
10	178	177	6.3	45.3	45.1	3.8	0.25	0.26	0.02	0.52	0.46	0.23
11	90.0	89.5	2.5	16.0	16.5	2.2	0.18	0.18	0.02	0.86	0.69	0.30
12	58.4	58.3	1.3	8.3	8.5	0.9	0.14	0.15	0.0	0.64	0.54	0.26

表 8-12　月径流 r_1、r_2、max、min 检验成果

月份	r_1			r_2			max/亿 m^3			min/亿 m^3		
	实测	模拟	均方差	实测	模拟	均方差	实测	模拟	均方差	实测	模拟	均方差
1	0.963	0.221	0.155	0.893	0.262	0.155	56	56	2	36	34	1
2	0.964	0.964	0.01	0.917	0.227	0.152	43	42	2	28	27	1
3	0.890	0.893	0.028	0.860	0.863	0.034	44	44	1	29	29	1
4	0.630	0.643	0.094	0.481	0.492	0.111	61	60	3	29	28	2
5	0.464	0.443	0.132	0.319	0.298	0.145	92	92	5	34	33	4
6	0.559	0.552	0.122	0.194	0.181	0.155	212	216	11	68	58	9
7	0.487	0.490	0.098	0.141	0.159	0.122	372	391	14	156	129	16
8	0.501	0.493	0.092	0.354	0.353	0.121	500	492	38	153	130	19
9	0.459	0.454	0.095	0.244	0.225	0.124	417	413	29	143	136	16
10	0.493	0.485	0.094	0.402	0.402	0.109	270	278	11	110	98	10
11	0.757	0.759	0.070	0.404	0.396	0.122	139	136	9	65	60	4
12	0.948	0.946	0.014	0.793	0.797	0.049	80	80	4	46	43	2

三、评述

（1）NDPM避开了序列相依结构（线性或非线性）和概率密度函数形式（正态或非正态）的假定，保留了PDM模型的优良特性，克服了其缺点。

（2）应用研究表明，NDPM 随机模拟效果满意，可在实际中推广应用。

（3）NPDM 也存在的首尾自相关结构不一致问题，如模拟的月径流序列的 1 月、2 月的自相关结构得不到保持。将 NPDM 用于空间上的量的解集时，也不能反映空间上各子站间的滞时为 1 的自、互相关结构。因此，需进一步对 NPDM 进行改进。

第五节　基于小波分析的组合随机模型

小波分析是一种窗口大小固定但形状可变的时频局部化分析方法，它具有自适应的时频窗口：高频段时，频域窗口增大，时间窗口减小；低频段时，时间窗口增大，而频率窗口减小。因此能对时间序列进行多分辨率（多尺度）分析。小波分析使人类的时间序列分析与处理真正地发生了质的飞跃，解决了 Fourier 变换和窗口 Fourier 变换无法完成时域和频域同时局部化分析的要求。

小波分析在信号处理、图像压缩、语音编码、模式识别、地震勘探、大气科学以及许多非线性科学领域内得到了较为广泛的应用。最近几年包括本书作者在内的一些水文工作者将小波分析引入到随机水文学中，开展了大量的研究工作，提出了许多基于小波分析的计算、评价、预测和随机模拟新方法。本节介绍一种基于小波分析的组合随机模型。

一、小波分析

1. 小波变换

对于水文序列 $f(t) \in L^2(R)$，小波变换定义为

$$W_f(a,b) = |a|^{-1/2} \int_{t=-\infty}^{+\infty} f(t) \bar{\psi} \left(\frac{t-b}{a} \right) \mathrm{d}t = \langle f(t), \psi_{a,b}(t) \rangle \qquad (8-31)$$

式中：$W_f(a,b)$ 为小波变换系数；$\psi(t)$ 为基本小波或母小波（mother wavelet）；$\langle , \rangle$ 为内积；a 为尺度伸缩因子，b 为时间平移因子；$\psi_{a,b}(t)$ 是由 $\psi(t)$ 伸缩和平移而成的一族函数

$$\psi_{a,b}(t) = |a|^{-1/2} \psi \left(\frac{t-b}{a} \right) \qquad (a,b \in R, \ a \neq 0) \qquad (8-32)$$

称 $\psi_{a,b}(t)$ 为分析小波或连续小波。

从式（8-31）可知小波分析的原理：当 a 减小时，$\psi_{a,b}(t)$ 的时域波形在时间轴方向上收缩，分析序列的细节，得到序列的高频信息；当 a 增大时，$\psi_{a,b}(t)$ 的时域波形在时间轴方向上展宽，分析序列的概貌，获得序列的低频信息。也就是说，通过调整 a 的大小，改变时频窗口的时宽和频宽，从而实现了序列时频局部不同分辨率的分析。如图 8-4 所示：用大尺度 a_2，对应宽时窗口 T_2，分析信号的轮廓——"看见森林"；用小尺度 a_1，对应短时窗口 T_1，分析序列的细节——"观察树木"。

$W_f(a,b)$ 既包含 $f(t)$ 的信息，又包含 $\psi(t)$ 的信息。当水文序列分解成小波变换系数后，对水文序列的分析就转化为对小波变换系数的研究。

2. 小波变换算法

小波变换系数计算一般不宜直接进行数值积分，而采用快速小波算法，如 Mallat 算法和 A Trous 算法。这里介绍 A Trous 算法。

A Trous 分解算法为

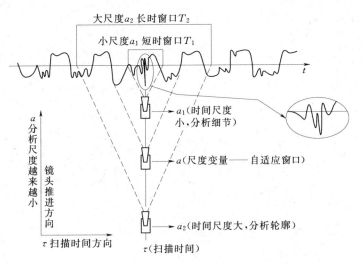

图 8-4 水文序列小波分析的原理

$$C^j(t) = \sum_{l=-k}^{k} h(l) C^{j-1}(t + 2^j l) \tag{8-33}$$

$$W^j(t) = C^{j-1}(t) - C^j(t) \quad (j = 1, 2, \cdots, J) \tag{8-34}$$

式中：J 为最大分解尺度数，一般认为至多有 $\lg n$（n 为序列长度）个尺度；$h(l)$ 为低通滤波器系数，由小波函数 $\psi(t)$ 构造而得；k 为与滤波器长度有关的常数；$C^0(t)$ 一般近似看作研究的水文序列 $x_t (t = 1, 2, \cdots, n)$。称 $\{W^1(t), W^2(t), \cdots, W^J(t), C^J(t)\}$ 为在尺度 $a = 2^J$ 下的小波变换序列。

$W^j(t)(j = 1, 2, \cdots, J)$ 为尺度 $a = 2^j$ 下的高频信息，即水文序列的细节信息。$C^J(t)$ 为在尺度 $a = 2^J$ 下的高频信息，即水文序列的概貌。这样通过小波变换就即看到森林，又看到树木。

A Trous 算法重构为

$$C^0(t) = C^J(t) + \sum_{j=1}^{J} W^j(t) \tag{8-35}$$

A Trous 算法简单、快捷，计算量小。

在应用 A Trous 算法时，需先确定滤波器系数 $h(l)$。低通滤波器 $h(l)$ 可选用，如

$h(l) = (h_{-1}, h_0, h_1) = \dfrac{1}{\sqrt{2}}\left(\dfrac{1}{2}, 1, \dfrac{1}{2}\right)$，$h(l) = (h_{-2}, h_{-1}, h_0, h_1, h_2) = \left(\dfrac{1}{16}, \dfrac{1}{4}, \dfrac{3}{8}, \dfrac{1}{4}, \dfrac{1}{16}\right)$，$h(l) =$

$(h_{-3}, h_{-2}, h_{-1}, h_0, h_1, h_2, h_3) = \dfrac{1}{\sqrt{2}}\left(-\dfrac{1}{16}, 0, \dfrac{9}{16}, 1, \dfrac{9}{16}, 0, -\dfrac{1}{16}\right)$。

对长江支流清江流域某水文站 1951—2002 年年平均流量用 A Trous 算法进行 3 次分解，如图 8-5 所示。采用的滤波器为 $h(l) = \dfrac{1}{\sqrt{2}}\left(\dfrac{1}{2}, 1, \dfrac{1}{2}\right)$。

二、基于小波分析的组合随机模型

从上面看出，小波分析能将复杂的水文序列分解成不同尺度下的小波变换序列，小波变换序列经过重构又可得到原始水文序列。根据小波分解和重构思想，提出了基于小波分

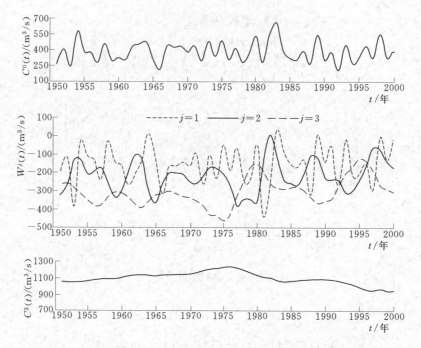

图 8-5　某水文站年平均流量序列 A Trous 算法小波变换序列

析的组合随机模型，其基本步骤是：

（1）先确定最大分解尺度数 J。

（2）将水文序列分解成小波变换序列 $W^1(t),W^2(t),\cdots,W^J(t),C^J(t)$，如图 8-5 所示。

（3）对分解所得的小波变换序列按一定原则分割为若干子序列。对于 n 年季节性（月、旬、日等）水文序列，以年为周期分割为 L 个子序列，此时 $L=n$；对于以年为尺度的水文序列，可将 n 等分为 L 个子序列。如图 8-6 所示。

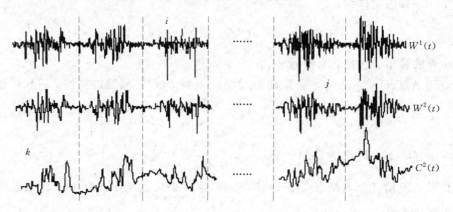

图 8-6　用小波变换序列分割示意图

（4）分别从各系数序列中随机选择一子序列，然后对选择的子序列进行小波重构，可得到模拟的水文序列。取 $J=2$ 进行说明，从 $C^2(t)$ 中的 L 个子序列里随机抽取第 k 段并保持不变，再分别从 $W^1(t)$ 和 $W^2(t)$ 的 L 个子序列中随机选取第 i 段和第 j 段进行小波重构（i，j，k 不能同时相等），得到一模拟水文序列。经无条件随机组合，可得大量的模拟水文序列。

基于小波分析的组合随机模型的实质在于：由实测水文序列分解而得的小波变换序列 $[W^1(t)$、$W^2(t)$ 和 $C^2(t)]$ 是相互独立的，且蕴涵着实测序列固有变化特性，经小波变换序列所形成的各种子序列无条件的随机组合，重构的水文序列必然客观地反映了实测过程变化特性。将子序列无条件地随机组合，无疑会出现各种各样的模拟水文序列，从而达到随机模拟的目的。

三、实例分析

将基于小波分析的组合随机模型应用于某水文站日流量过程随机模拟研究，以检验该模型的可行性和有效性。该站具有 48 年（1940—1987 年）日流量资料，则 $n=48\times365$，最大尺度数为 4；分别取 $L=2$、3、4 进行对比计算，随机模拟结果接近，故这里选 $L=2$。另外，需先对实测日平均流量序列进行标准化处理。

1. 模型的建立

采用 A Trous 分解算法，低通滤波器用 $h(l)=(1/16,1/4,3/8,1/4,1/16)$。计算小波变换 $W^1(t)$、$W^2(t)$、$C^2(t)$ 三者之间一定滞时的互相关系数，可以推断 $W^1(t)$、$W^2(t)$、$C^2(t)$ 三者之间是两两独立的。

按前述步骤可以随机模拟大量日平均流量序列。这里不再多述。

2. 随机模型的适用性检验

采用短序列法（组数为 100 组，每组容量 48 年）进行模型适用性检验。

（1）日平均流量序列截口统计参数检验。截口统计参数有截口均值、均方差、C_v、C_s、自相关系数 r_1，r_2 和最大值（max）、最小值（min），检验结果见表 8-13。表中显示，在两个均方差标准下，截口统计参数的通过率除 C_s 稍差外都比较理想。

表 8-13　　　　　　　　　　截口各统计参数通过率　　　　　　　　　　　　　%

均值	均方差	C_v	C_s	r_1	r_2	max	min
100	100	100	75.3	85.2	88.5	91.2	86

（2）时段径流量统计参数检验。对 1、3、7、15、30 天时段径流量 $W_{1日}$、$W_{3日}$、$W_{7日}$、$W_{15日}$、$W_{30日}$ 的均值、C_v、C_s 进行检验，成果见表 8-14。可以看出，均值、C_v 和 C_s 都能控制在一个均方差标准下。

表 8-14　　　　　　　　　时段径流量统计参数适用性检验　　　　　径流量单位：$\times10^8\,\text{m}^3$

时段洪量	$W_{1日}$			$W_{3日}$			$W_{7日}$			$W_{15日}$			$W_{30日}$		
参数	均值	C_v	C_s	均值	C_v	C_s	均值	C_v	C_s	均值	C_v	C_s	均值	C_v	C_s
实测	14.8	0.24	0.79	42.9	0.22	0.87	93.4	0.23	0.89	182	0.23	0.78	321	0.22	0.79
模拟	15.1	0.22	0.72	44.0	0.20	0.72	96.2	0.21	0.89	186	0.21	0.72	326	0.21	0.55
均方差	0.5	0.02	0.34	1.3	0.02	0.35	3.0	0.02	0.71	6.0	0.02	0.34	11.0	0.02	0.25

（3）月平均流量统计参数检验。对各月平均流量统计参数进行了检验，成果见表 8-15。该表显示，各参数保持较好。

表 8-15　　　　　　　各月流量统计参数适用性检验（Sd 表示均方差）

参数	均　值			C_v			C_s		
月份	实测 /(m³/s)	模拟 /(m³/s)	模拟 Sd	实测	模拟	模拟 Sd	实测	模拟	模拟 Sd
1	1628	1628	25	0.12	0.11	0.01	0.68	0.68	0.28
2	1392	1395	19	0.1	0.1	0.01	0.81	0.72	0.25
3	1312	1311	17	0.1	0.09	0.01	0.9	0.95	0.29
4	1487	1488	27	0.14	0.13	0.03	1.97	1.46	0.92
5	2218	2216	67	0.21	0.21	0.02	0.32	0.3	0.31
6	4901	4885	218	0.26	0.25	0.02	0.53	0.57	0.27
7	9410	9434	434	0.26	0.26	0.02	0.36	0.49	0.26
8	10168	10213	489	0.29	0.29	0.02	0.85	0.73	0.25
9	9942	9947	361	0.24	0.23	0.02	0.47	0.32	0.25
10	6541	6593	253	0.24	0.25	0.02	0.58	0.53	0.25
11	3447	3460	92	0.18	0.18	0.02	0.99	1.0	0.41
12	2172	2177	48	0.14	0.14	0.01	0.77	0.72	0.3

（4）年最大日流量季节性变化检验。模拟 4800 年日流量过程，统计年最大日平均流量在各月出现的百分比，见表 8-16。可以看出，模型能反映年最大日流量季节性变化特性。

表 8-16　　　　　　　年最大日流量在各月出现的百分比　　　　　　　　　　%

月 份	5	6	7	8	9	10
实 测	0	2.6	26.3	39.5	26.7	4.8
模 拟	0	1.4	31.4	42.9	23.5	0.9

四、评述

以上介绍了基于小波分析的组合随机模型并举例说明如何应用于水文序列的随机模拟。该模型表明：

（1）基于小波分析的组合随机模型不需对研究序列作任何概率分布和相依性的假定，只需选择合适的分解算法就可以得到大量的模拟水文序列。组合模型简单，概念清楚。

（2）组合随机模型的实质是：由实测水文序列分解而得的小波变换序列蕴涵着实测序列固有变化特性，经小波变换序列所形成的各种子序列无条件的随机组合，重构的水文序列必然客观地反映了实测过程变化特性。将子序列无条件地随机组合，无疑会出现各种各样的模拟水文序列，从而达到随机模拟的目的。

（3）将组合随机模型尝试于某水文站日平均流量序列的随机模拟，适用性检验表明，该模型是有效的。对于其他水文序列（年平均流量序列、月平均流量序列、旬平均流量序列平均流量序列等）可望同样适用。

习　题

1. 试述线性参数随机模型的优缺点。

2. 门限自回归模型的实质是什么？如何确定该模型的参数？

3. 基于核密度估计的非参数随机模型与一般参数模型的区别何在？如何建立非参数随机模型？

4. 小波分析的优势何在？基于小波分析的组合随机模型的实质是什么？

第九章　随机模型在水文学中的应用

第一节　概　　述

随机水文学的关键在于建立合适的随机模型。水文水资源学中的各种时间序列都可以用前面各章讨论的合适的水文随机模型来描述。也就是说，选用合适的随机模型可以刻画给定水文序列的统计变化特性。我们已经了解和掌握了一定的随机模型，这些随机模型必须在实际工作中加以应用，才能进一步完善模型的性能，推动随机水文学的发展。随着人们认识水平的提高和技术水平的进步，随机模型在水文学中的应用范围在不断拓宽，成果也越来越丰富，并且被列入水文计算规范和洪水设计规范中。在第一章里简要介绍了其应用现状，本章讨论一些具体的应用实例。

本章主要内容有：随机模型的选择，随机模型在水文系统分析计算中的应用，随机模型在水文系统预测中的应用，随机模型在设计洪水过程线法适用性探讨中的应用，随机模型在水文系统频率分析中的应用。这些应用仅沧海一粟，更多的应用可参见有关文献，读者也可进一步推广和发展。

第二节　随机模型的选择

一、模型选择需考虑的因素

选择随机模型时考虑的首要因素是建模的目的，即用随机模型来模拟序列或预测所要达到的目的；其次是流域水文变量的统计特性；再次是流域水文资料的多寡以及其他信息可供利用的情况；最后是其他条件的限制等。

1. 建模目的

出自模型的模拟序列的应用范围十分广泛。在水文水利计算、水文测验和站网规划以及水文预报中均有应用。显然，不同的建模目的要求有不同的模拟序列，即不同的模型。例如，为了决策年调节水库的库容大小，一般需要月径流序列，也就是要选择描述月径流序列的随机模型。但月径流模型繁多，究竟选哪一种呢？这就还要考虑下面的因素。

2. 流域水文变量的统计特性

选用模型是从总体上表征水文变量的统计特性。水文变量统计特性的差异，无疑要求我们挑选不同的模型。例如，若年径流的统计性质表现出自相关系数随着滞时的增加衰减很快，这时可选用平稳 AR(1) 模型；否则可选用 AR(2) 或 AR(3) 模型，甚至长持续性模型等。作为一个建模者，一方面要对水文变量的统计性质做深入分析，另一方面要对各种模型的主要性能有充分的了解，只有这样，才能正确地选用适当的随机模型。

3. 水文信息量

模型识别和参数估计均与取得的水文信息（水文资料和其他有关信息）有关。复杂模型在其识别和参数估计时所需要的信息量要比简单模型多一些。因此，当信息量很少而不便建立复杂模型时，就选择简单模型。例如，当模拟月径流量时，解集模型是一个较好的模型，但是包含的参数较多，需要更多的水文信息才能可靠地估计参数。因此，当信息量较少时，就另选 SAR(1) 等简单模型。

目前我们拥有的水文信息量总的说来是不充分的，在实际中首先应选用简单模型。简单模型能达到目的，就不选较之复杂的模型。例如，用 AR(1) 模型能解决问题，就不选用 AR(2) 等更复杂的模型。

在选择模型时，必须考虑参数的多少。显然，在信息量较多时，可以选用参数较多的模型。在信息一定的情况下，参数数目是多少才最为合适呢？这就是所谓参数数目"吝啬"（parsimony）问题。这个问题目前尚未定论。多数人倾向于用指标 R 加以判断，即

$$R = \frac{\text{信息量（参数总量）}}{\text{参数数目}} \tag{9-1}$$

例如，有 40 年年径流量资料，若建立 AR(1) 模型，需要考虑 4 个参数（均值、均方差、偏态系数和一阶自相关系数），则 $R = 40/4 = 10$。在选用模型时，总希望信息量（资料总数）尽可能多，参数数目适当少，即希望 R 较大。在实测资料较短时，若选用参数数目较多的模型，R 往往较小（如 $R < 5$），从参数数目的角度来看，这一模型是不可接受的。至于 R 的临界值，不同的模型有不同的标准，而且各学派的意见不尽一致。根据我国水文资料的情况，暂时考虑 R 在 $5 \sim 10$ 为宜。

4. 其他条件

此外还应考虑建模者的经验、建模时间长短、模型管理、经费情况以及计算手段等。

二、水文特征量模型的选择

在水资源规划设计中，应用较多的水文特征量是年、月、旬和日径流量，一定时段的洪水量及其分配，一定时段的枯水量及其分配等。为了模拟这些特征量，实际工作中又应如何选用随机模型呢？

一般说来，有两条基本途径获得水文特征量的模拟序列：一是累加途径，二是解集途径。前者的程序是先选择合适的模型模拟出日径流量，然后累加得旬径流量，由旬径流量得月径流量，最后由月径流量得年径流量。后者则是相反的程序，即先选择合适的模型模拟出年径流量，然后分解成月径流量，由月径流量再分解成旬径流量，最后由旬径流量分解成日径流量。累加途径的关键在于日流量模型的选择，而解集途径关键则是年径流量模型的选择以及解集的方法。由于解集较累加复杂得多，一些水文学者强调前一条途径是主要的，而且日流量模型是最基本的。但是，日流量是短时段的水文特征量，其变化较长时段的水文特征量复杂得多。建立模型来表征日流量的统计变化通常会遇到不少困难。尽管目前已有不少日径流随机模型，但均不完善，多数处在试用阶段。因此，实用上更多的是根据具体情况选择不同模型分别模拟水文特征量；或者适当地应用第二条途径，由一种水文特征量分解为时段更短的另一种水文特征量。

下面介绍几种常用的水文特征量随机模型。

1. 年径流量模型

年径流量模型是随机水文学中发展最早的一种模型，现已用于生产实际中。一般根据年径流量的相关结构特性选用不同的模型。若年径流量显示出短相关结构（短持续性）的

特性，多采用 AR(1) 模型或 AR(2) 模型；若显示出长相关结构（长持续性），多采用快速高斯噪声模型或折线模型。以上是就单变量（站）情况而言。对于多变量（站）情况，通常应用多变量 AR(1) 模型。在资料条件允许时，还可以考虑应用空间解集模型。在建立年径流量模型时，应根据建模目的选定日历年或水文年。一般说来，当研究年径流量的统计特性，并探求它的一般规律时，多采用日历年的年径流量；当为某一特殊目的研究年径流量的统计变化规律时，则采用水文年度的年径流量。

在选择模型时，除研究年径流量序列的统计性质外，还应特别重视序列成因分析。如对流域气候和下垫面条件，特别是流域调节性能的分析。这有助于模型选择和参数合理性论证。

2. 月径流量模型

实践表明，描述月径流量序列应优先选择 SAR(1) 模型。在信息较多时，可以考虑解集模型。用 SAR(1) 模型模拟月径流量序列时，常出现模拟的月径流序列相加得到的年径流序列的统计特性不反映年径流量序列统计特性的情况。这就是说，SAR(1) 模型虽然能保持住月径流量的特性，但却不能同时保持年径流量的统计特性。为使这种模型在月和年的水平上的径流统计特性均能保持，常常应用一种修正的方法——双层次模型法，即先用适当的模型模拟出年径流量序列 Q_i，然后用 SAR(1) 模型模拟出月径流量序列 $q_{i,j}$，最后用下式进行修正：

$$q'_{i,j} = \frac{q_{i,j}}{\sum\limits_{j=1}^{12} q_{i,j}} Q_i \tag{9-2}$$

式中：$q'_{i,j}$ 为调整后的第 i 年第 j 月径流量。

用这样的方法得到的月径流序列，累加后的年径流量的统计特性达到预期要求。这种方法优点非常明显，不足之处是本年末月径流量与下年初月径流量的相关系数可能难以反映实际情况。

对于月径流模型，尽管多数情况用 SAR(1) 模型，但有时也可用 SAR(2) 模型。

当选用解集模型时，要区别典型解集和相关解集模型两种情况。前者主要取决于作为典型的实测序列的时序变化特性。后者主要取决于月径流序列的统计参数（各月的均值、方差和偏态系数以及月际之间的相关系数）。相关解集模型较 SAR(1) 模型包含的参数为多，据前述参数数目"吝啬"原则，该模型则需更多的信息量。一般说来，当实测月径流序列有 20～30 年以上时，方可选用这种模型。

有时将季节性自回归模型和解集模型联合用于模拟月径流量系列，如在洪水季节用解集模型，在枯水季节用季节性自回归模型。

3. 旬径流量模型

旬径流量的模型选择原则上和月径流类似。年内旬径流季节单位数比月径流多 3 倍，为了减少参数的数量和抽样的影响，一般可先对各旬的径流平均值和标准差配以 Fourier 级数，然后建立 SAR(1) 模型。

由月径流序列解集得旬径流序列是一种可行的途径。在实测资料条件较长的情况下可以选用相关解集模型；若实测资料较短，可选用典型解集模型。

4. 日径流量模型

日径流量的随机模拟可以考虑用季节性 $AR(p)$ 模型 [如 $SAR(1)$ 模型或 $SAR(2)$ 模型] 和解集模型等。

日径流量季节性 $AR(p)$ 模型与月径流量、旬径流量的情况相同，只是年内的季节单位数大大增加。各日的径流平均值和标准差通常配以 Fourier 级数。日际之间径流量相关关系较为密切，而且随着滞时的增加衰减较慢，通常需要用多阶季节性 $AR(p)$ 模型。若日际之间径流量的相关关系随季节变化较小（相关结构平稳），对标准化的日流量序列可应用一般的自回归模型来描述。

对于日径流量，典型解集模型能迅速而方便地得到模拟序列。典型解集模型迄今尚存在着不少争议，但在受到资料条件限制无更好模型可供选择时，不少人还是乐于应用该模型。当选用相关解集模型时，常用依次连续解集方式获得日径流量模拟序列。

5. 定时段洪量及其分配模型

前述两条途径通常也可以用来模拟定时段洪量及其分配（即洪水过程）。

累加途径是依次求得各短时段洪量，然后累加而得长时段洪量。这里所谓短时段洪量随流域大小的差异，可以是日径流量、12h 径流量或 6h 径流量等。它们的模拟可以选用季节性自回归模型。这和模拟日、旬、月径流量时应用这类模型有相似之处。但是洪水过程是整个年内过程的一部分，而且在年内发生的时间每年不尽相同。这和年内完整的日、旬和月径流过程显然有区别。因此，为了选用季节性自回归模型来模拟洪水过程，必须对实测洪水过程进行适当地挑选和处理，这涉及两方面的问题：一是选择，二是移位。所谓选择，是指在每年的多次洪水中，选择一次峰高量大的洪水过程。峰高和量大往往不一致，实际上常根据模拟的目的，按照某一时段的洪量最大来选译，如长江宜昌站洪水过程的模拟是以连续 30 日洪量最大为标准来选择的。有些情况下，亦可按照洪峰最大来选择。所谓移位，是指对每年挑选出的洪水过程在时间轴上左右平移，以达到各个流量截口表现出明显的统计规律。经过这样的移位，时间坐标只具有相对意义。对于通过移位而得到的一组洪水过程，仍是基本的实测序列，可以应用季节性 $AR(p)$ 模型来描述。至于模型的阶数，通过统计检验模型的残差项的统计检验并配合经验判断来确定。

在用季节性 $AR(p)$ 模型进行洪水模拟时，某年洪水期末的流量与下一年洪水期初的流量不自然相接。不像模拟月径流那样，由某年最后一个月的流量模拟计算出下一年最初一个月的流量。每年洪水的起始流量（第一个流量截口）必须按一定的随机模型模拟。经常采用 $P-Ⅲ$ 型概率模型表征第一个流量截口的统计变化特性。

分解途径是先求得定时段洪量，然后通过解集模型获得定时段洪量的分配，即洪水过程。大量的实测资料表明：定时段洪量在年际之间的变化是无关的，即为独立随机变量。我国常用 $P-Ⅲ$ 型来刻画它的分布。至于对定时段洪量的分解，典型解集模型和相关解集模型均可使用。

以上讨论仅涉及单变量（站）洪水的模型选择，至于多变量（站）的情况，多变量季节性自回归模型和空间解集模型可供选用。

6. 定时段枯水量及其分配模型

对实测枯水过程（枯水量分配）的挑选和处理以及建模方法等，原则上和定时段洪量及其分配相同，这里不再赘述。

第三节　随机模型在水文系统分析计算中的应用

前面介绍了许多随机模型。建立随机模型的目的之一就是模拟大量的水文序列，以用于水文系统的分析和计算。这方面的应用比较多，本节介绍当前常见的、成功的应用。

一、在确定水库兴利设计库容中的应用

在河流某处修建一座年调节水库，要求其供水量为 q，保证率为 p，求所需的设计库容 V_p（工程设计所需的兴利库容应是库容频率曲线上符合保证率 p 的那个库容）。

若有 n 年实测径流资料，现有两种常规方法推求 V_p：一是典型年法，由典型年径流过程推求设计年径流过程，并进行一次调节即可得到 V_p，方法简单，但成果受典型影响很大，可靠性差；二是时历法，如图 9-1 所示，对实测序列进行调节计算，得出供水流量为 q 的各年所需库容 V_1，V_2，…，V_n，由此推求频率曲线（图 9-2），求出设计库容 V_p。显然，时历法较典型年法优越，但是只有 n 足够大时，用时历法计算才可望得到比较可靠的结果。由于现有的水文资料一般不长，所得设计库容 V_p 将有较大抽样误差（不确定性）。若用大量模拟序列就能较好地解决这个问题。下面以大渡河铜街子水库为例予以说明。

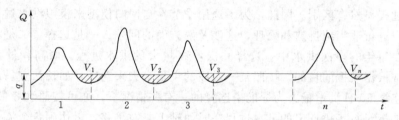

图 9-1　时历法调节示意图

在大渡河铜街子处修建了一座水库（铜街子水库），要求提供 $q=700\text{m}^3/\text{s}$ 的供水流量（其保证率 $p=95\%$），求所需的兴利设计库容 V_p。现用典型年法、实测序列时历法以及模拟序列时历法分别推求。

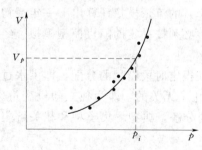

图 9-2　库容频率曲线示意图

1. 典型年法

按选择典型年的原则，选 1972—1973 水利年为典型，用同倍比法（放大倍比 $K=1.082$）求出 $p=95\%$ 的设计枯水年径流过程线。以此设计年来水过程进行年调节计算，求得保证率为 95% 的兴利设计库容为 $V_{95\%}=1182\text{m}^3/\text{s·月}$。

2. 实测序列时历法

对 43 年实测序列逐年进行调节计算，求出库容序列。以此序列进行频率分析计算，求得 $V_{95\%}=1291\text{m}^3/\text{s·月}$。

3. 模拟序列时历法

利用第四章已建立的铜街子站年径流量模型，并配合典型解集模型模拟出 1000 年的

月径流序列。根据这组长序列作年调节计算，得到相应的调节库容序列，进而求出 $V_{95\%}=$ $1316\text{m}^3/\text{s}\cdot$ 月。

以上三种方法的成果列于表 9-1。1000 年的月径流序列全面反映未来各种各样的水文情况，以此序列为基础计算得到的成果较其他两种方法更为可靠。

表 9-1   各种方法求得的库容成果对比

方　法	$V_{95\%}$ /($\text{m}^3/\text{s}\cdot$月)	在模拟库容分布曲线上所对应的保证率 /%
典型年法	1182	87
实测序列时历法	1291	93.7
模拟序列时历法	1316	95

二、在梯级电站参数分析中的应用

红水河是珠江支流西江的主支，位于贵州、广西两省境内，流域面积近 20 万 km^2，水力资源丰富，是我国水电重点开发地区。红水河梯级电站共 9 级，但有调节库容的电站仅 4 座，即必须选择死水位的有 4 个，其基本情况见表 9-2。

表 9-2   4 个具有调节性能的梯级水库的情况

水库名	大藤峡	岩滩	龙滩	天生桥
流域面积/km^2	190000	106000	98500	50100
多年平均流量/(m^3/s)	4310	1800	1660	631
正常高水位/m	61	223	440	780
由样本序列选定的死水位/m	57.5	213	391	741
水库调节性能	年调节	年调节	多年调节	多年调节

进行月径流序列模拟和应用的目的，是在 4 个梯级水库已选定正常蓄水位和死水位的条件下（表 9-2 中第 4 行和第 5 行），利用这 4 个水库的模拟来水量分析总保证出力的不确定性。

收集 4 个水库 1941—1983 年的径流观测（包括查补）序列。当然可以使用传统的时历法，以梯级总保证出力最大为目标选择各级水库的死水位，并得到相应的总保证出力。但是 1941—1983 年的径流序列只是一个样本序列，所得水电参数仅仅是一个样本值，具有一定的抽样误差（即不确定性）。以样本序列为依据的时历法无法回答抽样误差的大小，需要建立随机模型，通过大量模拟序列来估计。

选择、判别径流随机模型优劣的主要标志是模型能否反映各种径流变化的特性（保持径流特征量的主要统计参数）。不同类型的工程有不同的径流特性要求。年调节水库主要反映径流年内各月及各月之间的特性，多年调节水库还要求反映年及年际之间关系的径流特性，水库群问题还要求反映各库年、月径流之间的关系特性。因此，一个良好的随机模型，应能最大限度地反映工程上所要求的各种径流特性。

红水河水电站是一个梯级水库群系统，主导电站龙滩与天生桥都是多年调节水库，因此上述各种径流特性，即年与年之间、年内各月与各月之间以及各库之间的径流特性，都要求尽可能得到反映。基于这种考虑所选定的模型是：先建立各种梯级区间的多站年径流模型，再用解集模型将各梯级区间的年径流量分解为该区间的各月径流量。

具体说来，先建立天生桥以上、天生桥至龙滩、龙滩至岩滩、岩滩至大藤峡这4个区间的多站年径流模型，然后通过解集模型将模拟的年径流量解集成4个区间的月径流量。经分析比较，三阶自回归模型可以表征这4个区间的年径流变化特性，即选定4站AR(3)为年径流模型。又经分析选取典型解集模型将年径流量分解成月径流量。

<table>
<tr><th colspan="3">表9-3　红水河4个梯级总保证
出力平均值和标准差</th></tr>
<tr><th colspan="2">分　类</th><th>平均总保证出力
/万 kW</th><th>标准差
/万 kW</th></tr>
<tr><td colspan="2">长　序　列</td><td>497</td><td>—</td></tr>
<tr><td rowspan="3">短序列</td><td>$n=20$</td><td>497</td><td>69</td></tr>
<tr><td>$n=30$</td><td>497</td><td>55</td></tr>
<tr><td>$n=40$</td><td>497</td><td>44</td></tr>
</table>

由选定的模型模拟出1000年的月径流序列，并在选定的正常蓄水位与死水位状态下进行调节计算，得到4个梯级的总保证出力列于表9-3。然后模拟100组容量为20年的月径流序列，以类似的方法可得到相应各组的总保证出力，并进而计算出标准差来表征其抽样误差的大小。同样以100组容量为30年的月径流序列和100组容量为40年

的月径流序列分别估算出总保证出力及其标准差，所有数值均列于表9-3中。

由表9-3可见，若以40年序列来估计总保证出力，其误差以一个标准差来衡量达到44。这样，通过大量的模拟序列估计出以样本计算总保证出力所可能出现的抽样误差（不确定性），这有助于工程设计时方案的合理决策。

三、在防洪安全设计中的应用

用设计洪水过程线进行水库的防洪安全设计，方法简单且已沿用多年并列入规范，但在水利界一直存在争议。其焦点是这种方法获得的成果能否达到指定的防洪标准，即指定的洪水破坏风险率。在本章第五节将看到现行方法是难以达到上述目标的。就水库防洪安全而言，最重要的指标是坝前年最高水位。防洪安全设计标准应当以超过坝前设计年最高水位的频率度量。坝前年最高水位与入库洪水以及调度方式密切有关。在调度方式一定的情况下，它取决于洪水。通过观测的洪水资料，建立洪水随机模型，由此模型模拟出大量的洪水过程线。根据这些过程线，在一定的调度方式下作调洪演算可得到相应的坝前年最高水位，从而得到年最高水位的频率曲线（因年最高水位序列很长，直接按大小次序排队便得频率曲线）。根据年最高水位频率曲线及所要求的防洪安全标准 p，即可得到坝前设计年最高水位。这里以岷江紫坪铺水库为例进行阐述。

1. 紫坪铺站洪水过程的随机模型

据紫坪铺站实测31年的洪水资料和最近100年内调查到的历史特大洪水资料，建立的季节性一阶自回归模型［SAR(1)］为

$$z_{i,j}=r_{1,j}z_{i,j-1}+\sqrt{1-r_{1,j}^2}\varepsilon_{i,j} \tag{9-3}$$

$$y_{i,j}=\frac{2}{C_{s_j}}\left(1+\frac{C_{s_j}z_{i,j}}{6}-\frac{C_{s_j}^2}{36}\right)^3-\frac{2}{C_{s_j}} \tag{9-4}$$

$$x_{i,j}=\overline{x}_j+y_{i,j}s_j \tag{9-5}$$

式中：$x_{i,j}$ 为第 i 个序列第 j 个截口流量；$y_{i,j}$ 为 $x_{i,j}$ 的标准化值；$z_{i,j}$ 为 $y_{i,j}$ 的标准化正态值；$\overline{x}_j$，s_j 和 C_{s_j} 分别为第 j 个截口的均值、标准差和偏态系数；$r_{1,j}$ 为标准化正态序列 $z_{i,j}$ 第 j 个截口的一阶自相关系数；$\varepsilon_{i,j}$ 为独立标准化正态序列。

由资料计算出各截口的统计参数见表9-4。经过统计检验和模型适用性分析，这一模型能反映紫坪铺站的洪水特性，可以接受为表征该站洪水过程随机变化的总体。

表9-4 紫坪铺站洪水过程各截口统计参数

时段号	$\overline{x}_j$	C_v	C_s	r_1	时段号	$\overline{x}_j$	C_v	C_s	r_1
1	1095	0.374	0.469	0.994	21	1859	0.227	1.032	0.99
2	1114	0.365	0.342	0.996	22	1808	0.225	0.994	0.995
3	1132	0.355	0.306	0.99	23	1766	0.228	1.063	0.996
4	1162	0.339	0.35	0.961	24	1725	0.227	1.157	0.996
5	1205	0.34	0.664	0.975	25	1686	0.226	1.213	0.996
6	1251	0.33	0.702	0.844	26	1652	0.226	1.25	0.996
7	1322	0.378	1.361	0.993	27	1620	0.221	1.32	0.985
8	1336	0.356	1.136	0.948	28	1597	0.216	1.273	0.992
9	1329	0.31	0.476	0.986	29	1575	0.221	1.319	0.995
10	1356	0.294	0.305	0.984	30	1550	0.222	1.416	0.995
11	1395	0.272	0.213	0.974	31	1524	0.227	1.601	0.994
12	1466	0.244	0.166	0.954	32	1500	0.237	1.824	0.998
13	1572	0.226	0.011	0.937	33	1471	0.241	1.919	0.999
14	1714	0.216	0.093	0.881	34	1444	0.242	1.93	0.998
15	1885	0.236	0.848	0.921	35	1412	0.237	1.868	0.998
16	2069	0.303	1.824	0.978	36	1381	0.228	1.761	0.997
17	2207	0.376	2.351	0.982	37	1352	0.22	1.728	0.996
18	2095	0.304	1.851	0.975	38	1325	0.211	1.638	0.997
19	1989	0.254	1.345	0.992	39	1303	0.202	1.583	0.993
20	1918	0.238	1.117	0.988	40	1287	0.194	1.411	

注 时段长为2h，每个截口的 C_v 和 C_s 均由概率权重矩法估计。

表9-5 各种频率的总体坝前年最高水位

频率/%	现行法/m	随机模拟法/m
0.01	879.30	876.35
0.05	877.35	874.75
0.1	876.58	874.61
1	876.42	872.20

2. 紫坪铺水库防洪安全设计成果

紫坪铺水库采用控制泄流方案进行调洪演算。用季节性一阶自回归模型模拟 10^5 条洪水过程线，然后调洪得到容量为 10^5 的坝前年最高水位序列，由此得到坝前年最高水位经验频率曲线。由于模拟数量大，此曲线可作为坝前年最高水位总体的频率曲线，进而得到各种频率的坝前年最高水位，见表9-5。为对比，表9-5中给出了现行方法计算成果，可见两种方法计算成果相差较大。

在本章第五节里将看到，现行法具有固有的缺点，其计算成果有很大的不确定性，有时超过指定标准，有时低于指定标准。影响不确定性的主要因素是时段设计量的抽样误差和典型选择的主观性。大量模拟洪水经调洪计算，得到坝前年最高水位，其频率分布可直接用于水库工程的防洪安全设计。这种新途径较现行的设计洪水过程线法客观且适用性强，其关键在于建立一个能表征洪水变化特性的随机模型。

四、在多水库防洪安全设计中的应用

用多个水库来防御下游防洪保护地区的洪水是河流防洪规划中经常采用的有效方法。为了合理地确定各水库的防洪库容和设计库容并拟定防洪操作方式，库群的防洪水利计算必须依据有关断面和一些区间的洪水过程，即必须依据洪水的地区组成。拟定洪水地区组成的常规方法有相关法、典型地区组成同倍比放大法和同频率地区组成法。这些方法存在一定的局限性。洪水随机模拟法是确定洪水地区组成的较好方法。下面通过龙羊峡和刘家峡水库联合运行防护下游兰州地区洪水的实例，说明多站洪水随机模拟及其在防洪安全设计中应用。

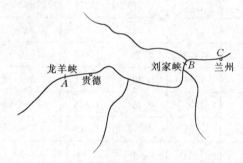

图 9-3　黄河龙羊峡水库、刘家峡水库及兰州防洪区示意图

如图 9-3 所示，A 库为龙羊峡水库，其设计标准为 $p_a = 0.1\%$；B 库为刘家峡水库，其设计标准为 $p_b = 0.1\%$；B 库下游为兰州（地区 C），有防洪要求，其防洪标准 $p_c = 1\%$，相应的安全泄量 $Q_c = 4290 \text{m}^3/\text{s}$。现在通过洪水随机模拟法，推求满足下游防洪标准的两库防洪库容及满足两库设计标准的设计库容。

（一）洪水随机模型的建立

1. 基本资料

黄河上游洪水涨落较缓，历时较长，一次洪水过程平均为 40 天左右，洪水大都为单峰。龙羊峡水库下游贵德站的洪水可作为刘家峡水库的入库洪水。贵德至刘家峡区间的洪水是以下述原则选取的，即选定贵德站的洪水过程，贵德至刘家峡区间的洪水过程按同步对应选取。

一次洪水的历时大多在 40 天左右。因此，选取样本时，以 45 天洪量作控制。洪水过程的时段取为 1 天。由于各次洪水发生的时间不一致，需对挑选的洪水过程作平移处理，考虑的原则是使所取样本各截口的参数均匀地随时间变化且方差尽可能地小。对贵德站的洪水作平移时，让洪峰尽可能地一致，并兼顾各次洪水涨落的完整性。由 31 条洪水过程线估计出的各截口参数随时间的变化比较均匀。通过以上的选择和处理，可以得到两个站（贵德站和贵德至刘家峡区间）的基本数据。这些数据是建立洪水模型的基础。

2. 正态化处理

本书前面讲述了几种正态化变换方法，这里介绍幂对数转换法。幂对数转换法是一种弹性很大的变换方法，其转换公式为

$$Y = \text{sign}[\ln(X-a)] | \ln(X-a) |^{\lambda} \tag{9-6}$$

式中：a 和 λ 为参数，且 $a > 0$，$\lambda > 0$；X 为原始序列，$X > a$；Y 为变换后的正态序列；‖为取绝对值；sign 为符号函数，即

$$\text{sign}(u) = \begin{cases} -1 & (u<0) \\ 1 & (u \geqslant 0) \end{cases} \qquad (9-7)$$

由原始序列作式（9-6）的变换，需求出参数 a 和 λ。一般以试算法估计这两个参数，即确定一个目标函数（度量选定参数后反变换的 X' 与原始变量 X 二者统计参数之间的差异），将 a 和 λ 限制在一定范围内进行优选，求使目标函数达最小的那一组参数。一般取 $\lambda = 1 \sim 4$，a 限制在 $(0, X_{min})$ 内，其中 X_{min} 为原始序列的最小值，这里指某截口的最小值。

3. 模型选择

分别计算了贵德站和区间洪水过程各截口一阶至三阶自相关系数。结果表明，两站各截口的一阶至三阶自相关系数差异不大，即相关结构呈现平稳趋势。此外，自相关函数随时间平滑递减、拖尾，具有正相依自回归模型的特性。考虑到 AR(1) 模型形式简单，数学处理方便，参数少，特别是在多站模型和现有资料系列比较短的情况下，应尽量采用参数少的模型。因此，最后选定多变量平稳 AR(1) 模型，即

$$Y_t = AY_{t-1} + B\varepsilon_t \qquad (9-8)$$

4. 模型形式和参数估计

对式（9-6）的 Y 作标准化处理得 Z，则 Z 是均值为 0、方差为 1 的正态分布序列。就变量 Z 而言，统计参数（如均值、方差、相关系数）不随截口变化，是平稳的，可用第六章讲述的多站平稳自回归模型描述。结合本例的情况，简化为两站一阶自回归模型。为了估计模型中的参数 A，相关系数采用各截口相关系数的平均值（因各截口相关系数变化不大，取平均值，即考虑相关结构平稳）。最后估计得到的参数 A 矩阵为

$$A = \begin{bmatrix} 0.961 & 0.034 \\ -0.009 & 0.966 \end{bmatrix}$$

应用了下三角形矩阵法求解 B 矩阵为

$$B = \begin{bmatrix} 0.197 & 0.000 \\ 0.102 & 0.261 \end{bmatrix}$$

5. 模型的检验和适用性分析

依据建立的洪水随机模型由实测资料反求残差序列，对此序列既作独立性检验又作正态性检验。结果表明，贵德站独立性检验通过率为 81%，贵德至刘家峡区间为 93%；而贵德站正态性检验通过率为 68%，贵德至刘家峡区间为 77%。总的说来，该模型通过了独立性和正态性检验。

本例采用短序列法做模型适用性检验。检验的统计参数有截口均值、均方差、偏态系数、自相关系数、互相关系数，另外还有各截口的流量最小值和流量最大值。除截口参数外，时段量的各种参数（均值、均方差、偏态系数）和时段量的设计值也作了检验。结果表明，样本偏态系数落在 $\pm 2\sigma$ 以内，而其余参数均落在 $\pm\sigma$ 之内。这说明模型通过了适用性检验。由模型模拟出的洪水过程是合理的，其模拟的洪水序列可用于防洪安全计算中。

（二）洪水模拟序列在防洪计算中的应用

1. 龙羊峡水库、刘家峡水库联合调度方案的制定

根据两水库的特性和水库的运行要求等情况，拟定了各种情况的蓄泄规则，这里不再介绍。

2. 满足下游防洪标准的两库防洪库容的推求

兰州的防洪标准 $p_c=1\%$，需要推求 $V_{龙,1\%}$ 和 $V_{刘,1\%}$。用已建立的模型模拟出 10^4 年洪水序列，对每一年的模拟洪水序列按调度规则作两库调节，得出所需的防洪库容 $V_龙$ 和 $V_刘$。由此可以求得库容序列 $V_{龙,i}$ 和 $V_{刘,i}(i=1,2,\cdots,10000)$，进而由满足下式

$$p(V_龙>V_{龙,1\%},V_刘>V_{刘,1\%})=1\% \tag{9-9}$$

求得

$$V_{龙,1\%}=270.7\times10^8\,\mathrm{m}^3$$

$$V_{刘,1\%}=63.8\times10^8\,\mathrm{m}^3$$

在调节规划中引入了参数 K，其定义为

$$K=\frac{V_{龙,蓄}}{V_{刘,蓄}} \tag{9-10}$$

式中：$V_{龙,蓄}$ 为蓄洪过程中龙羊峡水库每个时刻的蓄洪量；$V_{刘,蓄}$ 为刘家峡水库每个时刻的蓄洪量。引入这个参数的目的是为了兼顾两库库容，以便在调洪过程中更充分地利用两库的防洪库容和总库容。由于 K 的作用，$V_龙$ 和 $V_刘$ 存在一种近似的线性关系，因此，由式（9-10）确定的 $V_{龙,1\%}$ 和 $V_{刘,1\%}$ 具有唯一性。

3. 满足两库设计标准的设计库容的推求

对 10000 年模拟洪水过程中的每一年均按调洪规划运算得 $V_{龙,i}$ 和 $V_{刘,i}(i=1,2,\cdots,10000)$。由经验频率法求得 $V_{龙,1\%}$ 和 $V_{刘,1\%}$，结果见表 9-6。

表 9-6	设计库容成果	单位：$10^8\,\mathrm{m}^3$
库容	$V_{龙,1\%}$	$V_{刘,1\%}$
经验频率法	400.8	99.1

五、枯水径流模拟及其在水环境容量研究中的应用

为探索四川省沱江水环境容量变化规律，需获取大量枯水过程。选择沱江登瀛岩站 29 年的最枯 49 日枯水总量及其过程，为了使枯水过程各截口的统计特性比较有规律，需对

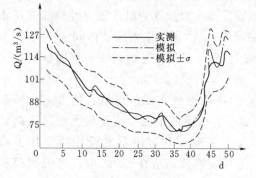

图 9-4　登瀛岩站模拟和实测枯水过程最大值比较

每年从实测资料中挑选出的枯水过程在时间坐标上移位，并以移位后的枯水过程作为建立解集模型的样本序列。建立了相关解集模型，由 49 日的枯水总量解集为 49 日内的日径流过程。解集模型如式（6-25）所示。这里 X 为 49 日的总量矩阵，Y 是维数为 49 的日径流矩阵。采用短序列法（100 组容量为 29 的样本）对模型做适用性分析，模拟序列参数和实测序列参数对比情况如图 9-4 至图 9-8 所示。根据这些图可推断，建议模型被接受为登瀛岩站的枯

水过程的推论总体。

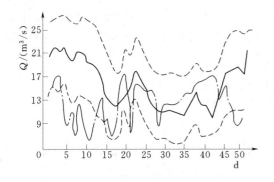

图 9-5　登赢岩站模拟和实测枯水
过程最小值比较

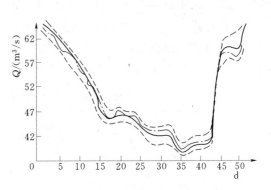

图 9-6　登赢岩站模拟和实测枯水
过程均值比较

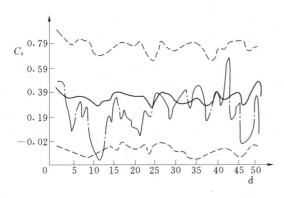

图 9-7　登赢岩站模拟和实测枯水
过程偏态系数比较

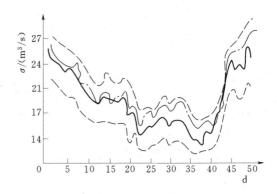

图 9-8　登赢岩站模拟和实测枯水
过程标准差比较

由相关解集模型模拟出的大量枯水过程可探讨四川省沱江水环境容量的变化特性，限于篇幅，不再赘述。

六、在制定水库最佳控制运用方案中的应用

对于已建成的水库，若模拟大量的径流序列并将其作为水库的输入，根据输出的要求便可制订出最佳的控制运用方案。下面举出一例说明模拟序列在这方面的应用。

M-Y 水库是华北地区一座大型的综合利用水库。为减轻下游地区的洪水威胁，当下游发生 50 年一遇以下洪水时，允许水库下泄量为 $1200 m^3/s$。此外，水库的主要任务是尽可能提高对下游重要城市生活及工业用水的供水量和保证率，并适当照顾农业用水。水电站发电用水一般均与工、农业及生活用水相结合，只有水库处于高水位时，为减少弃水，增加发电用水量。根据该水库承担的任务制订了 16 种控制运用方案。现在以径流模拟序列作为水库的输入，对这 16 种控制运用方案进行全面的分析，以便寻求满足防洪和兴利要求的最佳方案。

1. 径流序列的模拟

M-Y 水库有 65 年入库流量资料，以此建立一种混合模型——典型解集模型和季节性一阶自回归模型的混合。该模型首先模拟出 7 月、8 月两个月的径流量序列，然后用典型解集法，求出这两个月内的径流过程，最后以季节性一阶自回归模型推求出 9 月至次年 6 月的径流量。7 月、8 月两月径流量经分析为独立随机序列，并以 P-Ⅲ 型概率模型来描述，其参数由适线法估计。为了检验混合模型的适用性，模拟了 150 个样本，其样本容量为 65，模拟序列和样本序列的各种统计参数见表 9-7。

表 9-7　　　　　　　　　　M-Y 水库实测序列和模拟序列的统计参数比较

统　计　量		实测序列	模　拟　序　列		
			$\bar{x}$	σ	$\bar{x}-\sigma \sim \bar{x}+\sigma$
$W_{年}$	均值	15.0	15.0	1.40	13.6～16.4
	C_v	0.78	0.749	0.110	0.639～0.859
	C_s	1.95	2.132	0.674	1.458～2.806
$W_{汛}$	均值	10.6	10.5	1.30	9.20～11.80
	C_v	0.96	0.944	0.123	0.821～1.067
	C_s	2.4	2.109	0.655	1.454～2.764
$W_{7,8月}$	均值	8.18	8.00	1.10	6.90～9.10
	C_v	1.1	1.072	0.134	0.938～1.206
	C_s	2.5	2.126	0.652	1.474～2.778
$W_{30天}$	均值	6.65	6.30	0.90	5.40～7.20
	C_v	1.15	1.118	0.146	0.972～1.264
	C_s	2.5	2.187	0.684	1.503～2.871
$W_{15天}$	均值	4.58	4.30	0.60	3.70～4.90
	C_v	1.25	1.166	0.153	1.013～1.319
	C_s	2.8	2.224	0.672	1.552～2.896
$W_{7天}$	均值	3.26	3.00	0.50	2.50～3.50
	C_v	1.3	1.177	0.155	1.022～1.332
	C_s	2.9	2.185	0.681	1.504～2.866
Q_m	均值	1500	1414	209	1205～1623
	C_v	1.35	1.144	0.172	0.972～1.316
	C_s	3.2	2.132	0.778	1.354～2.910

注　水量 W 以 $10^8 \, m^3$ 计，最大流量 Q_m 以 m^3/s 计。

　　由表 9-7 看出，实测序列的统计参数绝大多数落在各自对应的一个标准差的变化范围内。因而混合模型可以接受为 M-Y 水库径流的推论总体。

　　2. 水库控制运用方案的随机模拟分析

　　据 10000 年的模拟序列对 M-Y 水库的 16 个调度方案分别作计算，最后求得该水库的运行特性成果，见表 9-8（仅列举部分成果）。综合防洪兴利的要求，并通过与实测序列调洪结果的对比分析，最后认为方案（4，6）是最佳的运行调度方案。这个方案较合理地解决了综合利用水库防洪与兴利的矛盾，使 M-Y 水库最大限度地发挥效益。

表 9－8　　　　M－Y 水库运行特性的模拟成果（根据模拟的 10000 年序列操作）

方　案	(1, 1)	(2, 1)	(3, 1)	(3, 5)	(4, 5)	(4, 6)	…
保证供水量/$\times 10^8 m^3$	8.5	8.5	8.5	9.5	9.5	9.0	…
供水量 保证率 /% —— $W_p \geqslant 11.0 \times 10^8 m^3$	45.44	45.68	46.65	49.31	51.45	49.89	…
$W_p \geqslant 9.0 \times 10^8 m^3$	66.47	66.69	68.05	95.45	95.79	94.74	…
$W_p \geqslant 8.0 \times 10^8 m^3$	97.36	98.18	98.39	96.81	97.03	97.20	…
多年平均供水量/$\times 10^8 m^3$	10.737	10.756	10.810	10.774	10.813	11.311	…
多年平均发电专用水量/$\times 10^8 m^3$	1.928	2.493	2.402	2.423	2.344	1.946	…
多年平均无效弃水量/$\times 10^8 m^3$	1.293	0.709	0.746	0.762	0.802	0.791	…
$p(Q_{泄} > 600 m^3/s)$/%	1.33	1.95	2.01	2.00	2.07	2.02	…
$p(Q_{泄} > 1200 m^3/s)$/%	0.70	0.84	0.89	0.90	0.92	0.87	…

第四节　随机模型在水文系统预测中的应用

随机模型的主要应用是水文序列的随机模拟和预测（报）。前面已介绍了水文序列随机模拟的部分应用，本节则介绍水文序列的预测。水文序列的预测，是根据建立的随机模型，对未来水文现象在期望意义下作出的预测，而模型中的纯随机成分通常视为预测误差，并由此作出区间预测。具体说来，就是根据实测水文资料和其他有关信息，按前述方法，对序列进行统计和成因分析，以此为基础建立随机模型，然后利用现在和过去的资料，根据预测公式和预测方法由模型作出预测（有时尚需进一步作实时改正预测和给出置信概率为 α 的区间预测），最后根据预测误差分析进行模型评定和检验。常见的水文预测对象有降水、径流、洪水、地下水埋深及水质等水文序列。

水文序列随机模型的建立已在前面各章讲述。本节重点解决根据选定的模型进行预测的问题。先讨论线性最小方差意义下的预测，然后分别介绍几种常用的随机模型在水文水资源系统预测中的应用。

一、ARMA（p,q）模型的预测

对平稳序列 x_i 建立 ARMA(p,q) 模型。已知 t，$t-1$，$t-2$，…时刻序列值 x_t，x_{t-1}，x_{t-2}，…，欲做出未来 $t+l$ 时刻序列值 x_{t+l} 的预测（称为 l 步预测），预测值记为 $\hat{x}_t(l)$。我们希望预测误差的平方和最小

$$\min[e_t(l)] = E[x_{t+l} - \hat{x}_t(l)]^2 \tag{9－11}$$

式中：$e_t(l)$ 为 l 步预测误差。

在正态分布条件下，$\hat{x}_t(l)$ 是 x_{t+l} 对于序列值 x_t，x_{t-1}，x_{t-2}，…的条件数学期望，即

$$\hat{x}_t(l) = E[x_{t+l} | x_t, x_{t-1}, x_{t-2}, \cdots] \tag{9－12}$$

ARMA(p,q)模型若写成传递形式，有

$$x_t = \sum_{j=0}^{\infty} G_j \varepsilon_{t-j} \tag{9－13}$$

式中：G_j 为 Green 函数，它取决于 ARMA(p,q)模型中的参数 φ_j 和 θ_j，其关系式为

$$G_0 = 1$$
$$G_1 = \varphi_1 - \theta_1$$
$$G_2 = \varphi_1 G_1 + \varphi_2 - \theta_2$$
$$G_3 = \varphi_1 G_2 + \varphi_2 G_1 + \varphi_3 - \theta_3$$
$$\cdots$$
$$G_j = \varphi_1 G_{j-1} + \varphi_2 G_{j-2} + \cdots + \varphi_{j-1} G_1 + \varphi_j - \theta_j$$

$$(9-14)$$

将式（9-13）中的 t 用 $t+l$ 代替，则有

$$x_{t+l} = \sum_{j=0}^{\infty} G_j \varepsilon_{t+l-j} \qquad (9-15)$$

对式（9-15）两边取数学期望，即

$$\hat{x}_t(l) = E[x_{t+l}]$$
$$= G_0 E[\varepsilon_{t+l}] + G_1 E[\varepsilon_{t+l-1}] + \cdots + G_{l-1} E[\varepsilon_{t+1}] + G_l E[\varepsilon_t] + G_{l+1} E[\varepsilon_{t-1}] + \cdots$$

其中，右端从 t 时刻开始，未来 $\varepsilon_{t+l-j}(j=0,1,\cdots,l-1)$ 各项为独立随机变量且未知，其数学期望为 0。

则预测值为

$$\hat{x}_t(l) = G_l E[\varepsilon_t] + G_{l+1} E[\varepsilon_{t-1}] + \cdots = \sum_{j=l}^{\infty} G_j \varepsilon_{t+l-j} = \sum_{j=0}^{\infty} G_{j+l} \varepsilon_{t-j} \qquad (9-16)$$

式（9-16）为传递形式的预测公式。

由式（9-16）还可以得到递推形式的预测公式为

$$\hat{x}_{t+1}(l) = \sum_{j=0}^{\infty} G_{j+l} \varepsilon_{t+1-j} = G_l \varepsilon_{t+1} + \sum_{j=1}^{\infty} G_{j+l} \varepsilon_{t+1-j}$$

$$= G_l [x_{t+1} - \hat{x}_t(1)] + \sum_{i=0}^{\infty} G_{l+1+i} \varepsilon_{t-i}$$

$$= G_l [x_{t+1} - \hat{x}_t(1)] + \hat{x}_t(l+1) \qquad (9-17)$$

式中：$x_{t+1} - \hat{x}_t(1)$ 表示取得新的实测值 x_{t+1} 后带来的"新信息"。

上式意味着 $t+1$ 时刻的 l 步预测值等于 t 时刻 $l+1$ 步预测值与"新信息"的加权和。此式可用于实时改正预测中。

从上面可以看出，这是一种统计预报或期望预报。

由式（9-16）可知预测误差为

$$e_t(l) = G_0 E[\varepsilon_{t+l}] + G_1 E[\varepsilon_{t+l-1}] + \cdots + G_{l-1} E[\varepsilon_{t+1}] \qquad (9-18)$$

经推导，可得预测误差的方差为

$$D(e_t(l)) = (1 + G_1^2 + G_2^2 + \cdots + G_{l-1}^2) \sigma_\varepsilon^2 \qquad (9-19)$$

式中：σ_ε^2 为 ε_{t+l}，ε_{t+l-1}，$\cdots$ 的方差。

假设预测误差服从正态分布，给定置信水平 α，则 x_{t+l} 的区间预测为

$$[\hat{x}_t(l) - u_{\alpha/2} \sqrt{D(e_t(l))}, \hat{x}_t(l) + u_{\alpha/2} \sqrt{D(e_t(l))}] \qquad (9-20)$$

（一）AR(p）模型的预测

对于中心化平稳序列 y_t 的建立 AR(p）模型：

$$y_t = \varphi_1 y_{t-1} + \varphi_2 y_{t-2} + \cdots + \varphi_p y_{t-p} + \varepsilon_t$$

其预测公式为

$$\left.\begin{aligned}
\hat{y}_t(1) &= \varphi_1 y_t + \varphi_2 y_{t-1} + \cdots + \varphi_p y_{t-p+1} \\
\hat{y}_t(2) &= \varphi_1 \hat{y}_t(1) + \varphi_2 y_t + \cdots + \varphi_p y_{t-p+2} \\
&\cdots \\
\hat{y}_t(p) &= \varphi_1 \hat{y}_t(p-1) + \varphi_2 \hat{y}_t(p-2) + \cdots + \varphi_{p-1} \hat{y}_t(1) + \varphi_p y_t \\
\hat{y}_t(l) &= \varphi_1 \hat{y}_t(l-1) + \varphi_2 \hat{y}_t(l-2) + \cdots + \varphi_p \hat{y}_t(l-p) \quad (l>p)
\end{aligned}\right\} \tag{9-21}$$

通过式（9-21），可以作出 l 步预测 $\hat{x}_t(l)(l=1,2,\cdots)$。

进一步用式（9-17）作改正预测，由式（9-20）作区间预测。

【例 9-1】 某站已建立中心化年径流序列（假定为正态，下同）y_t 的 AR(2) 模型为

$$y_t = 0.49 y_{t-1} - 0.10 y_{t-2} + \varepsilon_t \quad \varepsilon_t \sim N(0, 41.1^2) \tag{9-22}$$

该站多年平均流量为 $467 \text{m}^3/\text{s}$，均方差为 $46.7 \text{m}^3/\text{s}$，一阶、二阶自相关系数分别为 $r_1 = 0.44$ 和 $r_2 = 0.11$。1981 年和 1982 年实测年流量分别为 $408 \text{m}^3/\text{s}$ 和 $429 \text{m}^3/\text{s}$。试预测 1983—1985 年年均流量。

1. 1982 年 t 时刻进行预测

由式（9-21）有

1983 年，$\hat{y}_t(1) = \varphi_1 y_t + \varphi_2 y_{t-1} = 0.49 \times (429-467) - 0.10 \times (408-467) = -12.8$，则 $\hat{x}_t(1) = 454$

1984 年，$\hat{y}_t(2) = \varphi_1 \hat{y}_t(1) + \varphi_2 y_t = 0.49 \times (-12.8) - 0.10 \times (-38) = -2.5$，则 $\hat{x}_t(2) = 465$

1985 年，$\hat{y}_t(3) = \varphi_1 \hat{y}_t(2) + \varphi_2 \hat{y}_t(1) = 0.49 \times (-2.5) - 0.10 \times (-12.8) = -0.1$，则 $\hat{x}_t(3) = 467$

根据式（9-14）有

$$\left.\begin{aligned}
G_0 &= 1 \\
G_1 &= \varphi_1 = 0.49 \\
G_2 &= \varphi_1 G_1 + \varphi_2 = 0.14 \\
&\cdots
\end{aligned}\right\}$$

由式（9-21）得各年区间预测为（置信水平 $\alpha = 95\%$）

1983 年，$[454 - 1.96 \times \sqrt{D(e_t(1))}, 454 + 1.96 \sqrt{D(e_t(1))}] = [373, 535]$

1984 年，$[465 - 1.96 \times \sqrt{D(e_t(2))}, 465 + 1.96 \sqrt{D(e_t(2))}] = [374, 554]$

1985 年，$[467 - 1.96 \times \sqrt{D(e_t(3))}, 467 + 1.96 \sqrt{D(e_t(3))}] = [337, 557]$

2. 以 1983 年为 $t+1$ 时刻进行实时改正预测

1983 年实测流量为 $429 \text{m}^3/\text{s}$。由式（9-17）有

$$\hat{y}_{t+1}(l) = G_l[y_{t+1} - \hat{y}_t(1)] + \hat{y}_t(l+1) = G_l[-38 - (-12.8)] + \hat{y}_t(l+1) = \hat{y}_t(l+1) - 25.2 G_l$$

则

1984 年的改正预测为 $\hat{y}_{t+1}(1) = -2.5 - 25.2 \times 0.49 = -14.8$，即 $\hat{x}_{t+1}(1) = 452$

1985 年的改正预测为 $\hat{y}_{t+1}(2) = -0.1 - 25.2 \times 0.14 = -3.6$，即 $\hat{x}_{t+1}(2) = 463$

同理，可得置信水平 $\alpha = 95\%$ 下的区间预测为

1984 年，$[452 - 1.96 \times \sqrt{D(e_t(1))}, 452 + 1.96 \sqrt{D(e_t(1))}] = [371, 533]$

1985 年，$[463 - 1.96 \times \sqrt{D(e_t(2))}, 463 + 1.96 \sqrt{D(e_t(2))}] = [373, 533]$

（二）ARMA(p,q)模型的预测。

以 ARMA(1,1)模型为例，说明该类的预测。

【例 9-2】　某站已建立中心化年径流序列 y_t 的 ARMA(1,1) 模型为

$$y_t = 0.685 y_{t-1} - 0.327 \varepsilon_{t-1} + \varepsilon_t, \quad \varepsilon_t \sim N(0, 41.1^2) \tag{9-23}$$

该站多年平均流量为 $1499 \mathrm{m^3/s}$，均方差为 $195 \mathrm{m^3/s}$，一阶、二阶自相关系数分别为 $r_1 = 0.44$ 和 $r_2 = 0.11$。1970—1973 年实测年流量分别为 $1210 \mathrm{m^3/s}$、$1330 \mathrm{m^3/s}$、$1140 \mathrm{m^3/s}$ 和 $1170 \mathrm{m^3/s}$。试预测 1974—1976 年年均流量。

以 $t+l$ 代表式（9-23）中的 t，再对该式两端取数学期望得

$$y_t(l) = 0.685 E[y_{t+l-1}] - 0.372 E[\varepsilon_{t+l-1}] + E[\varepsilon_{t+l}]$$

当 $l=1$ 时，ε_{t+1} 没有发生，则 $E[\varepsilon_{t+1}] = 0$，那么

$$y_t(1) = 0.685 y_t - 0.372 \varepsilon_t$$

当 $l=2(l>p)$ 时，$E[\varepsilon_{t+1}]$ 和 $E[\varepsilon_{t+2}]$ 都等于 0，那么

$$\hat{y}_t(2) = 0.685 \hat{y}_t(1)$$

1973 年 t 时刻进行预测。

假设 $\varepsilon_{t-3} = 0$（初始的计算时刻），由式（9-23）有

$$\varepsilon_{t-2} = y_{t-2} - 0.685 y_{t-3} + 0.327 \varepsilon_{t-3} = (1330 - 1499) - 0.685 \times (1210 - 1499) = 29.0$$

$$\varepsilon_{t-1} = y_{t-1} - 0.685 y_{t-2} + 0.327 \varepsilon_{t-2}$$
$$= (1140 - 1499) - 0.685 \times (1330 - 1499) + 0.327 \times 29 = -234$$

$$\varepsilon_t = y_t - 0.685 y_{t-1} + 0.327 \varepsilon_{t-1}$$
$$= (1170 - 1499) - 0.685 \times (1140 - 1499) - 0.327 \times 234 = -158$$

1974 年，$\hat{y}_t(1) = 0.685 y_t - 0.327 \varepsilon_t = 0.685 \times (1170 - 1499) + 0.327 \times 158 = -174$，则 $\hat{x}_t(1) = 1325$

1975 年，$\hat{y}_t(2) = 0.685 \hat{y}_t(1) = 0.685 \times (-174) = -119$，则 $\hat{x}_t(2) = 1380$

1976 年，$\hat{y}_t(3) = 0.685 \hat{y}_t(2) = 0.685 \times (-119) = -81.6$，则 $\hat{x}_t(3) = 1417$

由式（9-14）有

$$\left.\begin{aligned}
G_0 &= 1 \\
G_1 &= \varphi_1 - \theta_1 = 0.358 \\
G_2 &= \varphi_1 G_1 = 0.245 \\
&\cdots
\end{aligned}\right\}$$

由式（9-21）得各年区间预测为（置信水平 $\alpha = 95\%$）

1974 年，$[1325 - 1.96 \times \sqrt{D(e_t(1))}, 1325 + 1.96 \sqrt{D(e_t(1))}] = [982, 1668] \mathrm{m^3/s}$

1975 年，$[1380 - 1.96 \times \sqrt{D(e_t(2))}, 1380 + 1.96 \sqrt{D(e_t(2))}] = [1016, 1744] \mathrm{m^3/s}$

1976 年，$[1417 - 1.96 \times \sqrt{D(e_t(3))}, 1417 + 1.96 \sqrt{D(e_t(3))}] = [1043, 1791] \mathrm{m^3/s}$

在观测 1974 年的流量后，可对 1975、1976 年流量进行实时改正预测，限于篇幅，不再赘述。

（三）MA(q) 模型的预测

MA(q) 模型预测有直接法和向量递推法。

可以证明，ARMA(p,q) 的逆转形式的预测公式为

$$\hat{x}_t(l) = \sum_{j=1}^{\infty} I_j^{(l)} x_{t+l-j} \tag{9-24}$$

其中

$$\left.\begin{array}{l} I_j^{(l)} = I_{j+l-1} + \sum_{i=1}^{l-1} I_i I_j^{(l-i)} \quad (l>1) \\[3mm] I_j^{(l)} = I_j \end{array}\right\} \tag{9-25}$$

$$\left.\begin{array}{l} I_1 = \varphi_1 - \theta_1 \\[2mm] I_2 = \varphi_2 + \theta_1 I_1 - \theta_2 \\[2mm] I_3 = \varphi_3 + \theta_1 I_2 + \theta_2 I_1 - \theta_3 \\[2mm] \cdots \\[2mm] I_j = \varphi_j + \theta_1 I_{j-1} + \theta_2 I_{j-2} + \cdots + \theta_{j-1} I_1 - \theta_j \end{array}\right\} \tag{9-26}$$

式中：I_j 为逆函数。

下面以 MA(1) 为例进行预测。

【例 9-3】　某站已建立中心化年降水量序列 y_t 的 MA(1) 模型为

$$y_t = \varepsilon_t - 0.35\varepsilon_{t-1} \tag{9-27}$$

该站多年平均降水量为 1350mm，均方差为 200mm。要求由 1980 年及以前的年降水量，预测 1981 年降水量。

预测 1981 年降水量，即一步预测 $\hat{x}_t(1) = \sum_{j=1}^{\infty} I_j^{(1)} x_{t+1-j}$。由式（9-26）有 $I_j^{(1)} = I_j = -\theta_1^j$，代入有

$$\hat{x}_t(1) = -\theta_1 \sum_{i=0}^{\infty} \theta_1^i x_{t-i} \approx -\theta_1 \sum_{i=0}^{k_0} \theta_1^i x_{t-i} \tag{9-28}$$

式中，k_0 为整数，可取 4～10，这里取 10。

将 1970—1980 年实测中心化降水量代入式（9-28），求出 $\hat{x}_t(1) = -30$mm，故 1981 年预测降水量为 1320mm。

类似可以得到区间预测，其结果为 [950mm，1690mm]。

二、SAR(p) 模型的预测

对于季节性水文序列，建立如式（6-2）或式（6-3）的 SAR(p) 模型，重写如下

$$x_{t,\tau} = u_\tau + \frac{\sigma_\tau}{\sigma_{\tau-1}} \varphi_{1,\tau}(x_{t,\tau-1} - u_{\tau-1}) + \cdots + \frac{\sigma_\tau}{\sigma_{\tau-1}} \varphi_{p,\tau}(x_{t,\tau-p} - u_{\tau-p}) + \sigma_\tau \varepsilon_{t,\tau} \tag{9-29}$$

$$z_{t,\tau} = \varphi_{1,\tau} z_{t,\tau-1} + \varphi_{2,\tau} z_{t,\tau-2} + \cdots + \varphi_{p,\tau} z_{t,\tau-p} + \varepsilon_{t,\tau} \tag{9-30}$$

式中：$x_{t,\tau}$ 和 $z_{t,\tau}$ 分别为原始序列和标准化序列；$\varepsilon_{t,\tau}$ 为均值 0 的独立随机序列。

根据统计预报的思想，对式（9-29）或式（9-30）两边取数学期望，得

$$\hat{x}_{t,\tau} = u_\tau + \frac{\sigma_\tau}{\sigma_{\tau-1}} \varphi_{1,\tau}(x_{t,\tau-1} - u_{\tau-1}) + \cdots + \frac{\sigma_\tau}{\sigma_{\tau-1}} \varphi_{p,\tau}(x_{t,\tau-p} - u_{\tau-p}) \tag{9-31}$$

$$\hat{z}_{t,\tau} = \varphi_{1,\tau} z_{t,\tau-1} + \varphi_{2,\tau} z_{t,\tau-2} + \cdots + \varphi_{p,\tau} z_{t,\tau-p} \tag{9-32}$$

式中：$\hat{x}_{t,\tau}(\hat{z}_{t,\tau})$ 为第 t 年第 τ 季的预测值，预见期为 1 季（日、月、旬等）。

类似式（9-21），可以进行各季（截口）l 步（季）预测，这里不再赘述。须注意的是，阶数 p 可按第六章第二节的建议来确定。

【例 9-4】　三磊坝水文站是白龙江流域的出口控制站，也是宝珠寺水库径流入库代表站。收集了该站 1964—2002 年月平均流量资料，其统计特征及自相关系数随季节而变。三磊坝站月平均流量预测（预见期为 1 月）可用 SAR(1) 模型进行

$$\hat{x}_{t,\tau} = \varphi_{0,\tau} + \varphi_{1,\tau} x_{t,\tau-1}$$

用前 34 年（1964—1997 年）资料拟合，后 5 年（1998—2002 年）资料预测。模型参数、拟合与预测合格率见表 9-9。从表 9-9 可以看出，非汛期各月合格率较高，而汛期各月合格率较差。

表 9-9　　　　　　月平均流量 SAR(1) 模型拟合与预测合格率及模型系数

月份	拟合合格率		预测合格率		$\varphi_{0,\tau}$	$\varphi_{1,\tau}$
	$<20\%$	$<30\%$	$<20\%$	$<30\%$		
1	100.0	100.0	100.0	100.0	46	0.530
2	94.1	100.0	80.0	100.0	33	0.649
3	85.3	97.1	80.0	100.0	14	0.967
4	61.8	79.4	80.0	100.0	131	0.525
5	67.7	85.3	60.0	60.0	157	0.959
6	58.8	73.5	60.0	60.0	307	0.266
7	35.3	61.8	20.0	40.0	295	0.717
8	38.2	52.9	60.0	60.0	180	0.553
9	20.6	41.2	40.0	40.0	194	0.736
10	38.2	67.7	20.0	40.0	180	0.360
11	85.3	97.1	100.0	100.0	90	0.375
12	94.1	97.1	100.0	100.0	53	0.444

三、TAR 模型的预测

前面介绍了 TAR 模型结构和参数估计，这里进一步给出它在水文水资源系统预测中的应用。

【例 9-5】　TAR 模型在年径流量预测中的应用。取某站 1919—1970 水文年（7 月—次年 6 月）共 51 年径流资料序列 $x_t(t=1,2,\cdots,51)$ 来建立 TAR 预测模型。采用 AGA 算法优化估计模型参数。计算该序列前 10 阶自相关系数值 r_k 和与之相应的上、下限 $r_{2,k}$、$r_{1,k}$ 值，结果见表 9-10，其中置信水平取 95%。

表 9-10　　　　　　　　　某站年径流序列自相关系数及其上限、下限值

k	1	2	3	4	5	6	7	8	9	10
r_k	0.298	0.228	0.422	0.219	0.043	0.123	-0.110	-0.044	0.089	-0.138
$r_{1,k}$	-0.250	-0.252	-0.255	-0.258	-0.261	-0.264	-0.267	-0.270	-0.274	-0.277
$r_{2,k}$	0.210	0.211	0.213	0.215	0.217	0.220	0.222	0.224	0.226	0.229

表 9-10 显示，$r_1 \sim r_3$ 的相依性在该置信水平下是显著的，r_4 值刚好超出。为减少建模参数，这里取延迟 1～3 步作为门限区间 AR 模型的自回归系数项，TAR 模型的延迟步数 d 取为 1。把 x_{i-1}，x_{i-2} 和 x_{i-3} 轴作为横轴，将其分为均匀的 10 段，分别以 $E(x_i/x_{i-1})$，$E(x_i/x_{i-2})$ 和 $E(x_i/x_{i-3})$ 作为纵轴，分别绘制该年径流序列的点值图。据图中的点群分布，可分为 2 段直线，据此确定门限区间的个数 $L=2$，分段线性的转折点在序列均值 326 附近，从而可确定门限值 r_1 的搜索范围。

为处理方便，将年径流 x_t 中心化为 y_t。用 AGA 算法优化其中的 TAR 模型的参数，得年径流序列的 TAR 预测模型为

$$y_t = \begin{cases} 0.379y_{t-1} + 0.453y_{t-2} + 0.220y_{t-3} & (y_{t-1} \leqslant -21.95) \\ -0.074y_{t-1} - 0.312y_{t-2} + 0.117y_{t-3} & (y_{t-1} > -21.95) \end{cases} \tag{9-33}$$

用该站 1919—1970 年径流资料进行 TAR 模型拟合，1971—1980 年资料进行 TAR 模型检验，它们的误差分析成果见表 9-11。

表 9-11　　　　　　　　　　用 GA 优化年径流 TAR 模型的参数表

分类	合格率/%				残差标准差 /(m³/s)	平均残差绝对值 /(m³/s)	平均相对误差 /%
	[0,20%]	[0,25%]	[0,30%]	[0,35%]			
拟合	66.7	83.3	87.5	95.8	61.62	49.59	15.19
检验	60.0	80.0	80.0	80.0	79.89	60.57	17.74

表 9-11 说明：①TAR 模型的拟合精度和预测精度达到了作业预测的规范要求。②TAR模型虽然仅利用年径流时序自身延迟 1 步至延迟 3 步的相依特征信息，但由于有了门限的控制作用，仅用 7 个模型参数已可以有效地描述该年径流时序分段弱相依特性的非线性复杂动力系统。各预测检验指标值十分接近于拟合检验的相应指标值，显示出 TAR 模型稳健的预测性能。

【例 9-6】　TAR 模型在日径流量预测中的应用。取岷江出口高场站 1940—1977 年共 38 年日径流资料建立 TAR 预测模型，用 1978—1987 年共 10 年日径流资料检验 TAR 预测模型。模型参数采用最小二乘法估计。日流量系统有较强的相关性和非线性特性，可用 TAR 模型描述。预见期为 T 天的日径流 TAR 模型结构为

$$Q_{t+T} = \begin{cases} a_0^{(1)} + a_1^{(1)}Q_t + a_2^{(1)}Q_{t-1} + \cdots + a_{p_1}^{(1)}Q_{t-p_1} + \varepsilon_{t+T}^{(1)} & (Q_t < r_1) \\ a_0^{(2)} + a_1^{(2)}Q_t + a_2^{(2)}Q_{t-1} + \cdots + a_{p_2}^{(2)}Q_{t-p_2} + \varepsilon_{t+T}^{(2)} & (r_1 \leqslant Q_t < r_2) \\ \cdots \\ a_0^{(L)} + a_1^{(L)}Q_t + a_2^{(L)}Q_{t-1} + \cdots + a_{p_l}^{(L)}Q_{t-p_l} + \varepsilon_{t+T}^{(L)} & (Q_t > r_{L-1}) \end{cases} \tag{9-34}$$

式中：Q_t 为 t 日平均流量；$p_i(i=1,2,\cdots,L)$ 为第 i 门限区间自回归模型阶数；$a_0^{(i)}$，$a_1^{(i)}$，$\cdots$，$a_{p_i}^{(i)}$ 为第 i 门限区间自回归模型回归参数；其余符号同前。这里分别建立预见期为 1 天、2 天、3 天的 TAR 模型。预测时将式（9-34）两边同时取数学期望。模型参数见表 9-12，模型拟合和检验合格率见表 9-13，可见模型预测精度较高。

表 9-12　　　　　　　　　各预见期日平均流量门限自回归模型系数

T	门限区间	阶数	模型系数			
			a_0	a_1	a_2	a_3
1 天	≤1120	3	4	0.971	−0.203	0.237
	(1120, 3220)	3	−60	1.328	−0.470	0.194
	>3220	3	1400	0.857	−0.281	0.166
2 天	≤1120	3	−23	0.806	−0.179	0.425
	(1120, 3220)	3	−150	1.223	−0.433	0.329
	>3220	3	2480	0.465	−0.098	0.172
3 天	≤1120	3	−20	0.698	−0.228	0.591
	(1120, 3220)	3	230	1.128	−0.411	0.456
	>3220	3	2910	0.320	−0.016	0.148

表 9-13　　　　　　　日平均流量门限自回归模型拟合和检验合格率　　　　　　　　　　%

分类	$T=1$ 天的合格率			$T=2$ 天的合格率			$T=3$ 天的合格率		
	[0,10%]	[0,20%]	[0,30%]	[0,10%]	[0,20%]	[0,30%]	[0,10%]	[0,20%]	[0,30%]
拟合	60.8	84.4	93.9	44.1	69.5	83.1	38.4	62.9	77.5
检验	59.7	84.9	93.7	41.8	66.1	82.1	38.3	62.9	76.80

径流的预测问题，至今仍是水文水资源中富有挑战性和实用性的课题。将 TAR 模型用于径流预测，通过门限值的控制作用，TAR 模型可以有效地利用径流时序资料所隐含的分段相依性这一重要信息，限制模型误差，从而保证了 TAR 模型预测性能的稳健性，提高了预测精度。

第五节　随机模型在设计洪水过程线法适用性探讨中的应用

水库是综合利用水资源的一项重要工程措施，在兴建时，其防洪安全设计至关重要。若要水库防洪安全绝对可靠，则势必使工程造价增加很多；若要减低工程造价，水库遭受洪水破坏的风险就必然增大。因此，人们在水库设计时必须极其慎重地考虑水库安全并合理地处理经济与安全这一对矛盾。对于这一重大课题，长期以来国内外传统的解决途径是，根据有关部门规定的水库防洪安全设计标准（以下简称指定标准或指定防洪标准），推求一种设计洪水，即设计洪水过程线，作为水库防洪安全设计的重要依据。这条途径的基本出发点在于不同等级的水库，在设计时，水库的防洪安全程度或失事风险应有所不同。失事风险以设计洪水的频率（或重现期）来表示，重要的大型水库取用频率小的设计洪水，即失事风险小，安全可靠程度大；反之，取用频率大的设计洪水。近年来，我国和美国等一些国家，对于特别重要的水库，还取可能最大洪水作为设计依据。

用设计洪水过程线法进行水库的防洪安全设计，方法简单，且已沿用多年并列入国家设计规范，但在水利界一直存在争议。其焦点是这种方法能否达到指定的防洪标准，即指定的洪水破坏风险率。实际上，当前的作法只是认为防洪安全标准等同于设计洪水过程线某种特征量的频率（同倍比法）或多种特征量的频率（同频率法）。显然，安全标准和特征量的频率相等仅是一种假定。这一假定是否符合实际，需要进行研究。为解决上述问题，用随机模拟法进行探讨。

一、设计洪水过程线法的缺陷

1. 以设计洪水的频率作为水库防洪安全标准不能客观度量水库失事风险程度

入库洪水（或坝址洪水，下同）是危及水库防洪安全的主导因素。然而水库的安全与否不仅与入库洪水的大小有关，而且与水库的洪水调度有紧密联系。实践表明，有的水库虽遭遇到超指定标准的特大洪水，由于调度得当，结果安全保存下来；相反，有的水库尚未遭遇到指定标准的洪水，但由于调度不当导致坝前水位超过坝顶，结果漫溢溃坝。因此入库洪水与防洪调度的综合作用得到的坝前最高水位的频率才能衡量水库潜在的洪水风险，仅以设计入库洪水的频率反映水库失事的风险率不符合水库因洪水而失事的客观情况。

2. 以设计洪水的频率作为水库防洪安全标准在概念上是不科学的

大家知道，影响水库防洪安全的不是单一的洪峰，也不是某一特定时段的洪量，而是整个入库洪水过程。洪水过程线是无频率可言的，在这种情况下，以设计洪水的频率作为标准是不科学的。实用上人们以同频率或者同倍比放大得到的设计洪水过程线作为设计的依据，这是一种缺乏客观理论基础的纯经验的权宜处理方法，从而造成设计成果因人而异，使水库的防洪安全设计建立在不可靠的基础上。总之，现行设计洪水过程线法概念不清晰，做法纯经验，必然造成实际水库防洪安全标准与所期望的指定标准相差较大。

3. 以设计洪水的年超过频率为水库防洪标准是不恰当的

以年超过频率为标准，意味水库潜在的洪水破坏风险是以水库的运行期非常长为基础的。事实上，水库的正常运行期不可能非常长。目前倾向于考虑水库正常运行期，即设计基准期内潜在的洪水风险。引入设计基准期的概念使水库的防洪安全设计符合实际，因而较传统的考虑更为合理。

二、探讨设计洪水过程线法适用性的随机模拟方法思路

就水库防洪安全而言，最重要的因素是坝前最高水位。防洪安全设计标准（洪水破坏的潜在风险）应当以超过坝前设计最高水位的频率来度量。这样，以设计洪水过程线作为防洪设计的依据，其结果是否能达到指定标准 p 的探讨，转化为以标准 p 的设计洪水过程线经调洪得到的坝前年最高水位，其频率是否能达到指定标准 p 的探讨。设由标准为 p 的设计洪水过程线得到的坝前年最高水位为 z_p，而相应的总体值为 z_p^0。由于 z_p^0 和 p 呈单调变化关系，因而：①$z_p > z_p^0$，由设计洪水过程线求得的水库实际防洪标准超过指定设计标准；②$z_p = z_p^0$，防洪设计达到指定标准；③$z_p < z_p^0$，防洪设计达不到指定标准。

这样设计洪水过程线法适用性的研究，首先是要根据建立的洪水过程随机模型（当做总体），随机模拟出大量的洪水过程线（例如 10^5 条过程线），经调洪得出相应的坝前年最高水位，从而获得年最高水位的总体频率曲线，并按指定的设计标准 p 求出 z_p^0。然后根据同样的随机模型，随机模拟出若干条洪水过程线，组成一个洪水随机样本，并按现行方法推求标准为 p 的设计洪水过程线，通过调洪求得相应的 z_p。这样获得的大量洪水随机样本，每一个样本均可求出相应的 z_p。大量 z_p 的均值和极差，可以表明用设计洪水过程线法求得的年最高水位的平均情况和变动程度。总体值 z_p^0，z_p 的均值和极差（最大值与最小值之差）是分析和评述设计洪水过程线法是否适用的基础。

三、随机模拟法推求坝前年最高水位总体频率曲线

下面以岷江紫坪铺水库为例进行探讨。

1. 紫坪铺水库洪水过程随机模型的建立

在本章第二节里已介绍紫坪铺水库洪水可用 SAR(1) 模型描述，这里不再赘述。

2. 紫坪铺水库的调洪方式

考虑到研究性质，采用下述三种调洪方案：

方案一：削平头方案，切割水平为 $q_安$；方案二：自由溢流方案，只考虑溢流坝泄洪；方案三：控制泄流方案。

3. 坝前年最高水位总体频率曲线的推求

用 SAR(1) 模型模拟出 10^5 条洪水过程线，然后按上述三种调洪方案分别调洪，得到三组容量为 10^5 的坝前年最高水位序列。对每组水位序列可得经验频率分布曲线。因容量很大，所得经验频率曲线即可作为坝前年最高水位总体分布曲线，进而求得不同频率的总体坝前水位 z_p^0，见表 9-14。

表 9-14　　　　　　　　　各种频率的总体坝前年最高水位 z_p^0

频率/%	方案一	方案二	方案三
0.01	890.44	883.28	876.35
0.05	882.73	881.24	874.75
0.1	880.15	880.25	874.61
1	872.20	878.47	872.20

四、设计洪水过程线法推求坝前年最高水位

由洪水随机模型模拟出 n 条洪水过程，组成一组容量为 n 的洪水样本。根据这个样本，推求出标准 p 的设计洪水过程线，由此经调洪得到相应的坝前年最高水位 z_p。

由样本推求设计洪水过程线涉及典型选择、控制时段确定、时段设计量的估计和典型过程放大四个基本环节。

1. 典型选择

这里应用模糊相似原则来选择典型洪水过程。该法的基本原理是以确定的相似因子为标准，选择与要求对象最相似的典型。

考虑用洪峰流量及 6h、24h、48h 时段洪量作为相似因子，对样本中每一条模拟洪水过程线统计出这些因子的大小。对某一因子（如峰），n 条洪水过程线就有 n 个值，并可将它们从大到小进行排位。相似因子取值最大的洪水过程线序号取 1，取值次之的洪水过程线序号取 2，依此类推，相似因子取值最小的洪水过程线序号取 n。由于有 4 个相似因子，这样对每条洪水过程线相似因子的取值就有 4 个，相应地就有 4 个序号。求出每条洪水过程线的"序号和"。序号和最小的洪水过程线即认为反映了"峰高量大"这一选择典型的基本原则。这种选择典型的方法称为"典型选择方案一"。

现行水利界选择典型洪水过程线时，从安全角度出发，除考虑典型符合峰高量大这一特点外，还要考虑选择对工程安全较为不利的典型。基于这一考虑，本文选择典型的另一方案是：先选出序号和最小和次小的两条洪水过程线，分别放大成设计洪水过程线，并进行调洪计算得到坝前水位，其中坝前水位大者所相应的典型即为所选定的典型。这种方法称为"典型选择方案二"。

2. 控制时段确定

这里选用了三种控制时段方案，见表 9-15 和表 9-16。

表 9-15　　　　　各种计算方案成果表（z_p 的均值和 z_p^0 之差）　　　　单位：m

典型选择方案	放大标准	调洪方案	样本容量	控制峰和最大 1d，3d 洪量			控制峰和最大 6h，1d，3d 洪量			控制峰和最大 6h，12h，1d，2d，3d 洪量		
				$p=1\%$	$p=0.1\%$	$p=0.01\%$	$p=1\%$	$p=0.1\%$	$p=0.01\%$	$p=1\%$	$p=0.1\%$	$p=0.01\%$
方案一	按总体真值放大	方案一	30	-0.05	-0.45	-0.85	-0.05	-0.45	-0.85	-0.06	-0.34	-1.00
			50	-0.01	-0.43	-0.86	-0.01	-0.43	-0.86	-0.06	-0.33	-1.00
			80	0.06	-0.38	-0.85	0.06	-0.38	-0.85	-0.05	-0.32	-0.99
		方案二	30	0.01	0.07	-0.12	-0.02	0.12	0.09	-0.06	0.05	0.01
			50	0.01	0.06	-0.13	-0.02	0.09	0.05	-0.07	0.02	-0.02
			80	-0.01	0.04	-0.15	-0.04	0.04	-0.01	-0.10	-0.03	-0.08
		方案三	30	-0.05	-0.02	0.26	-0.05	-0.03	0.54	-0.06	-0.01	0.41
			50	-0.01	-0.03	0.23	-0.01	-0.04	0.47	-0.06	-0.03	0.33
			80	0.06	-0.05	0.17	0.06	-0.07	0.36	-0.05	-0.05	0.21
	按样本估计值放大	方案一	30	0.07	-1.04	-4.33	0.07	-1.03	-4.32	0.05	-0.95	-4.20
			50	-0.07	-1.31	-4.69	-0.07	-1.31	-4.68	-0.13	-1.26	-4.62
			80	-0.07	-1.37	-4.81	-0.08	-1.37	-4.82	-0.21	-1.37	-4.79
		方案二	30	-0.09	-0.21	-1.16	-0.10	-0.16	-0.98	-0.13	-0.18	-1.08
			50	-0.11	-0.27	-1.26	-0.13	-0.24	-1.11	-0.16	-0.27	-1.15
			80	-0.09	-0.26	-1.25	-0.11	-0.25	-1.12	-0.17	-0.29	-1.18
		方案三	30	-0.60	-0.38	-0.39	-0.60	-0.33	-0.23	-0.62	-0.33	-0.25
			50	-0.48	-0.22	-0.53	-0.48	-0.20	-0.39	-0.51	-0.20	0.44
			80	-0.35	-0.16	-0.53	-0.35	-0.16	-0.46	-0.41	-0.14	-0.50
方案二	按总体真值放大	方案一	30	-0.03	-0.44	-0.85	-0.03	-0.44	-0.85	-0.06	-0.33	-1.00
			50	-0.01	-0.43	-0.85	-0.01	-0.43	-0.85	-0.06	-0.33	-1.00
			80	0.05	-0.39	-0.84	0.05	-0.39	-0.84	-0.05	-0.33	-1.00
		方案二	30	0.02	0.07	-0.12	-0.01	0.12	0.09	-0.05	0.07	0.03
			50	0.01	0.06	-0.14	-0.02	0.09	0.04	-0.07	0.02	-0.04
			80	0.02	0.07	-0.13	-0.01	0.08	0.02	-0.08	0.01	-0.05
		方案三	30	-0.03	-0.01	0.26	-0.03	-0.02	0.55	-0.06	0.00	0.42
			50	-0.01	-0.04	0.22	-0.01	-0.05	0.48	-0.06	-0.03	0.32
			80	0.05	-0.04	0.22	0.05	-0.06	0.42	-0.05	-0.04	0.28
	按样本估计值放大	方案一	30	0.08	-1.06	-4.33	0.08	-1.06	-4.33	0.06	-0.97	-4.24
			50	0.08	-1.13	-4.45	0.02	-1.12	-4.44	-0.04	-1.08	-4.38
			80	0.02	-1.21	-4.59	0.02	-1.21	-4.58	-0.11	-1.20	-4.57
		方案二	30	-0.08	-0.21	-1.15	-0.09	-0.14	-0.97	-0.12	-0.17	-1.00
			50	-0.07	-0.20	-1.15	-0.09	-0.17	-0.99	-0.12	-0.20	-1.03
			80	-0.08	-0.23	-1.20	-0.10	-0.22	-1.07	-0.15	-0.26	-1.11
		方案三	30	-0.60	-0.40	-0.39	-0.60	-0.30	-0.22	-0.61	-0.34	-0.24
			50	-0.39	-0.20	-0.46	-0.40	-0.17	-0.31	-0.42	-0.16	-0.34
			80	-0.25	-0.14	-0.57	-0.25	-0.13	-0.45	-0.31	-0.12	0.48

表 9-16　　　　　　　　各种计算方案成果表（水位极差）　　　　　　　单位：m

典型选择方案	放大标准	调洪方案	样本容量	控制峰和最大 1d，3d 洪量			控制峰和最大 6h，1d，3d 洪量			控制峰和最大 6h，12h，1d，2d，3d 洪量		
				$p=1\%$	$p=0.1\%$	$p=0.01\%$	$p=1\%$	$p=0.1\%$	$p=0.01\%$	$p=1\%$	$p=0.1\%$	$p=0.01\%$
方案一	按总体真值放大	方案一	30	3.45	2.99	1.98	3.46	2.99	1.98	0.65	1.34	1.07
			50	3.50	2.99	1.94	3.50	2.99	1.94	0.63	1.38	1.08
			80	3.65	3.23	2.00	3.65	3.23	2.00	0.63	1.38	1.07
		方案二	30	1.66	1.97	2.79	1.50	2.18	3.25	1.62	2.27	3.36
			50	1.75	2.18	2.77	1.90	2.49	3.23	1.85	2.47	3.30
			80	1.25	1.64	2.16	1.37	2.04	2.91	1.21	1.91	2.87
		方案三	30	3.36	2.89	3.74	3.36	3.01	3.78	0.65	2.25	3.95
			50	3.43	2.91	3.64	3.43	2.93	3.90	0.63	2.24	4.00
			80	3.43	2.91	4.19	3.43	2.93	3.90	0.63	2.05	3.82
	按样本估计值放大	方案一	30	21.35	36.96	85.04	21.34	38.30	78.04	21.31	41.30	63.72
			50	19.21	36.82	66.49	19.22	36.30	66.49	19.36	37.36	66.51
			80	14.08	24.38	31.78	14.06	24.38	32.41	13.58	23.88	32.43
		方案二	30	6.10	9.61	12.85	8.06	10.03	13.22	6.05	9.72	12.99
			50	5.89	9.48	12.71	5.92	9.86	12.87	5.92	9.83	13.12
			80	4.04	5.89	8.20	4.03	5.97	8.31	3.83	5.94	8.49
		方案三	30	8.42	12.32	15.63	8.35	12.70	16.29	8.35	12.39	15.83
			50	8.43	12.35	15.57	8.49	12.86	15.71	8.62	12.78	15.80
			80	6.89	7.96	8.44	6.37	7.98	8.51	6.76	7.39	7.97
方案二	按总体真值放大	方案一	30	3.65	3.23	2.00	3.65	3.23	2.00	0.64	1.50	1.11
			50	3.65	3.23	2.00	3.65	3.23	2.00	0.75	1.40	1.08
			80	3.65	3.23	2.00	3.65	3.23	2.00	0.75	1.38	1.07
		方案二	30	1.65	2.16	2.99	1.55	2.27	3.35	1.64	2.29	3.38
			50	1.75	2.20	2.89	1.96	2.67	3.45	2.02	2.79	3.62
			80	1.45	1.80	2.23	1.68	2.22	2.78	1.60	2.25	2.91
		方案三	30	3.35	2.98	4.20	3.35	3.03	3.89	0.64	2.36	3.80
			50	3.36	3.01	4.20	3.35	2.93	3.90	0.75	2.41	3.99
			80	3.43	2.91	4.20	3.43	2.92	3.90	0.75	2.08	3.86
	按样本估计值放大	方案一	30	21.69	43.16	86.20	21.48	42.80	76.19	21.47	41.80	63.19
			50	19.49	36.71	53.46	19.39	35.56	53.34	19.34	37.49	60.34
			80	14.02	24.30	31.92	14.00	24.30	32.55	13.26	23.79	33.14
		方案二	30	7.02	11.30	14.13	6.94	11.31	14.29	7.12	11.54	14.61
			50	5.71	9.87	13.36	5.82	10.05	13.62	5.98	10.18	13.88
			80	5.91	6.15	8.62	3.92	6.30	8.79	3.93	6.19	8.84
		方案三	30	9.46	15.41	18.52	9.13	5.03	18.69	9.46	15.18	19.33
			50	9.14	13.48	16.94	8.59	13.38	17.56	8.67	13.85	17.63
			80	6.81	7.53	8.40	6.78	7.56	8.62	6.79	7.47	8.81

3. 时段设计量估计

分下列两种情况：

(1) 不考虑抽样误差。用时段设计量的总体值放大典型过程线，探求选择典型的影响。由假定的总体模型，模拟足够数量的洪水过程线（本文取 10^5 条），由此可得时段洪量的经验分布，并看作为总体分布。这样即可求得各种频率时段设计量的总体值。

(2) 考虑抽样误差。以模拟样本估计的时段设计量放大典型过程线，探求抽样和选择典型不同的综合影响。由各种容量（$n=30，50，80$）的模拟样本，统计出时段洪量，并认为服从 P-Ⅲ型分布，以概率权重矩法计算分布参数，进而估计出时段设计量。

4. 典型过程放大

采用分时段同频率控制放大法。由于模拟的洪水过程是以 2 小时的时段平均流量表示的，故放大后的洪水过程线不考虑修匀。求得设计洪水过程线后，分别以上述三种调洪方式作调洪演算，求得各种频率的坝前年最高水位 z_p，最后对重复试验得到的大量 z_p，求均值和极差，其结果见表 9-15 和表 9-16。

五、成果综合和分析

统计试验采用两种选择典型的方法。对典型选择方案一，每套方案均用 1000 个模拟样本计算 z_p 的平均值和极差（1000 个 z_p 中的最大值和最小值之差），而对典型方案二，由于计算工作量太大，每套方案只用 500 个模拟样本计算。需要说明，为便于比较，表 9-15 中列出的不是 z_p 的平均值，而是同总体值 z_p^0（表 9-16）的差值（以下称"平均差值"）。表 9-15 和表 9-16 说明：

(1) 当典型过程线按总体值放大时，平均差值有正有负，且一般都较小。考虑到模拟样本的容量不是太大，因此从期望观点看，现行设计洪水过程线法用于水库的防洪安全设计时，确定的标准大体上接近指定的防洪安全标准。当典型过程线按样本估值放大时，平均差值的大小与参数的估计方法密切有关。在概率权重矩法估算参数情况下，平均差值绝大多数为负。从期望观点看，设计洪水过程线法所确定的标准略低于指定的防洪安全标准。在优化适线法估算参数的情况下，设计洪水过程线法所确定的防洪安全标准会超过指定的标准。

(2) 当按总体值放大典型过程线时，尽管时段设计量无抽样误差，即对于一定的频率，各条设计洪水过程线的时段量均一样，但是过程线的形状却不相同。从表 9-16 来看，按总体值放大典型时，形状差异造成的极差一般在 $0.5 \sim 4.2\text{m}$ 之间。当形状有利于防洪时，调洪水位相对较低，反之，水位便相对较高。当按样本估计值放大典型过程线时，时段设计量的抽样误差和过程线的形状综合影响调洪成果，调洪水位的极差无疑会变得很大（表 9-16）。比较抽样误差和过程线形状这两个因素，前者对成果的影响较为突出。

(3) 按样本估计值放大典型时，在稀遇部分，削平头调洪方案的极差较其他调洪方案为大。这是因为削平头调洪方案有较多的洪水蓄在水库中，形成较高洪水位的缘故。削平头方案的绝对平均差值也是较大的。原因是概率权重矩法尽管对洪水特征量为无偏估计，但洪水经调洪变换为水位后，就水位特征量而言，却显示出负偏。

(4) 设计频率愈小，估计时段设计量的抽样误差愈大，绝对平均差值和极差相应也愈大。

（5）控制时段的三种方案，对成果的影响不显著。这说明采用同频率法放大过程线时，控制时段不宜过多是恰当的。

（6）对于以选择峰高量大典型为原则的两种方案，统计试验结果表明，就绝对平均差值和极差而言，差别不甚明显。但按这种原则选择典型放大后的设计洪水过程线，由于过程线形状不同，对调洪可能有利，亦可能不利。为了提高设计洪水过程线方法的适用性，选择典型时，不能片面地以峰高量大为原则，而要重视过程线形状应具有一般的特性。

六、结论

（1）由大量模拟洪水经调洪估计出坝前年最高水位，其频率分布可直接用于水库工程的防洪安全设计。这种途径较现行的设计洪水过程线法客观且适用性强，其关键在于建立一个能表征洪水变化特性的随机模型。

（2）在自由泄流和控制泄流的调洪情况下，若时段设计量接近总体值（即有代表性，抽样误差小），而且选择的典型一般（并非有利或不利于调洪），则以现行设计洪水过程线法确定的防洪安全设计标准，可期望接近指定的标准。

（3）以现行设计洪水过程线法确定的实际防洪标准，由于受众多因素的影响，具有很大的不确定性，有时超过指定标准，有时低于指定标准。影响不确定性的主要因素是时段设计量的抽样误差和典型洪水过程线的形状。因此，提高设计洪水过程线法适用性的关键在于增强样本的代表性和选择估计时段设计量的优良方法。

（4）设计洪水过程线法的主要弱点有：一是将洪峰、洪量与典型洪水过程简单地组合在一起，孤立了它们三者之间的有机联系，不符合洪水随机变化的本质规律；二是它假定工程实际防洪安全标准等同于设计洪水过程线一种时段洪量的频率或多种时段洪量的频率，显然这一假定是不合理的，无理论依据；三是它忽略了坝前年最高水位是一个随机变量，它受入库洪水过程的水文条件的不确定性影响。

（5）现行洪水过程线法在一定条件下仍有一定的适用性，但在具体应用时，必须注意它的适用条件。

第六节　随机模型在水文系统频率分析中的应用

一、在水文系统防洪频率分析中的应用

前面讨论了随机模拟法用于水库防洪安全设计和设计洪水过程线法的适用性探讨，这里以金沙江溪洛渡水库为例，进一步阐述用于水库防洪频率分析。

（一）溪洛渡水库洪水随机模型的建立

对溪洛渡水库洪水过程（屏山代表站）建立了分期平稳自回归模型。模型适用性检验表明，该模型可以作为屏山站洪水推论总体。

（二）溪洛渡水库坝前年最高水位频率曲线的确定

1. 水库调洪方式

溪洛渡水库采用自由溢流泄洪方式，汛前限制水位为 580m，为洪水起调水位，正常蓄水位 610m。根据水量平衡方程采用试算法进行调洪计算。

2. 坝前年最高水位频率曲线的确定

根据建立的溪洛渡水库洪水随机模型模拟出 10^5 条洪水过程，由调洪方式得到相应的坝前年最高水位系列。对坝前年最高水位系列进行频率分析计算，从而得到一条经验频率曲线。由于洪水为 10^5 条，经验频率曲线已趋稳定，可视为坝前年最高水位总体频率曲线。从该曲线上查算出各防洪标准 p 对应的坝前水位 z_p 就是实际防洪安全标准达到指定标准时所对应的水位，成果见表 9-17。

表 9-17　　　　　　　　　　　　两种方法调洪成果对比

方　法	典　型	0.01%	0.1%	1%
设计洪过程线法	1949 年	613.36	601.86	595.56
	1966 年	612.10	601.43	595.38
随机模拟法		611.16	600.33	594.53

这里进一步说明洪水设计过程线法受典型影响是显著的。选择 1949 年和 1966 年洪水过程作典型，以相同时段洪量设计值（优化适线法估计，P-Ⅲ型分布）进行同频率放大得到设计洪水过程线，调洪演算得到的各种设计标准对应的坝前水位值，见表 9-17。1949 年洪水过程属于一般洪水。可以发现，计算成果的差异是显著的。再任意选若干条实测洪水过程和模拟洪水过程用同频率放大法进行调洪计算，结果同样表明相同设计标准对应的坝前水位值各不相同。因此在时段洪量设计值相同情况下，典型洪水过程线形状起着重要的作用，它是影响调洪成果不稳定的重要因素之一。

（三）水库防洪频率分析

设计洪水过程线法认为，洪峰流量、时段洪量同频率放大典型洪水得到的相应坝前年最高水位是具有同频率的。这里分析了一些实测和模拟洪水，部分成果见表 9-18。

表 9-18 表明：坝前年最高水位频率与洪水过程线各时段洪量频率之间的关系不密切；洪水过程各时段洪量频率之间的关系也不密切；各时段洪量同频率的设计洪水过程经调洪计算，得到对应的坝前水位不一定是同频率的，如由 1966 年获得的千年一遇和万年一遇洪水设计过程线，调洪得到的坝前水位频率分别为 0.12% 和 0.015%，远远低于设计标准，防洪风险增大了。也就是说，设计洪水过程线法导致水库实际防洪安全标准偏离指定标准，具有一定的风险性。

表 9-18　　　　　　　　　部分洪水过程时段洪量和坝前水位及其频率　　　　　　　单位：亿 m³

编号	1 日洪量及频率		3 日洪量及频率		7 日洪量及频率		15 日洪量及频率		30 日洪量及频率		坝前水位及频率	
	洪量	频率/%	洪量	频率/%	洪量	频率/%	洪量	频率/%	洪量	频率/%	水位	频率/%
▽	36.5	0.10	105.4	0.10	229	0.10	423	0.10	728	0.10	600.49	0.12
▽	43.5	0.01	126.1	0.01	273	0.01	518	0.01	892	0.01	611.01	0.015
1966	24.7	4.0	73.7	3.7	163.1	3.6	307	3.8	476.4	6.0	590.13	3.5
1*	28.2	1.10	83.8	0.95	173.2	1.7	284.2	4.6	460	7.8	594.72	0.90
2*	43.0	0.012	125	0.012	253.4	0.034	468	0.048	811	0.026	608.82	0.026
3*	37.5	0.08	105.4	0.10	220	0.142	379	0.36	627	0.55	600.39	0.013
4*	36.5	0.10	103.1	0.127	237.4	0.168	435	0.08	858	0.016	600.37	0.013
5*	37.9	0.07	110.1	0.068	230	0.094	420	0.11	737	0.085	601.86	0.09
6*	37.6	0.077	109.4	0.072	230	0.094	398	0.22	596	0.85	601.89	0.09
7*	39.3	0.05	113.4	0.046	250.4	0.036	452	0.049	754	0.055	605.17	0.055

注　▽表示对 1966 年洪水过程按随机模拟法获得的峰量总体同频率放大；* 表示模拟洪水过程。

二、在水文系统干旱频率分析中的应用

干旱现象自古以来就与人类活动密切相关，它严重危害地区可持续发展。20 世纪 60 年代以来，Yevjevich 教授用时间序列分析方法对干旱作了较为系统的论述，并定义了干旱历时、大小和强度等水文意义上的干旱指标，初步分析了这些特征量的统计规律。干旱历时和干旱程度的水文频率分析需要长历时的实测资料，而现今的地区干旱的实测资料历时一般均较短，通常不足 100 年，据此得到的成果具有很大的不确定性。目前随机模拟方法仍是研究干旱特征量的频率特性分析的有力工具，其思路是依据干旱过程的观测资料，分析干旱过程的统计特性，并在此基础上建立随机模型。这种模型经过统计检验和适用性检验后可作为干旱过程的估计总体，然后利用随机模型生成大量的干旱随机系列，用以探讨严重干旱出现的概率。

（一）以年降雨量为指标的干旱频率分析

度量干旱的指标为地区年降雨量。

1. 年降雨序列随机模型

设实测年降雨序列为 $z_t(t=1,2,\cdots,n;\ n$ 为样本容量）。对年降雨序列的统计特性分析表明，一般可用 AR(1) 模型描述：

$$z_t=u+r_1(z_{t-1}-u)+\varepsilon_t \tag{9-35}$$

式中：z_t 为第 t 年的降雨量；u 为多年平均年降雨量；r_1 为一阶自相关系数；ε_t 为对应 z_t 的独立随机变量。

AR(1) 模型中包含有 3 个基本参数：均值 u、标准差 s 和 r_1，可以根据实测年降雨序列估计。

由于年降雨量序列近似服从 P-Ⅲ型分布，故 AR(1) 随机模型的结构为

$$z_t=u+r_1(z_{t-1}-u)+s\sqrt{1-r_1^2}\Phi_t \tag{9-36}$$

式中：Φ_t 为标准 P-Ⅲ型分布的纯随机变量，其偏态系数为

$$C_{s_\Phi}=C_s(1-r_1^3)/(1-r_1^2)^{1.5} \tag{9-37}$$

2. 在地区干旱频率分析中的应用

用经适用性检验后的 AR(1) 模型模拟大量的年降雨量序列，对其进行轮次分析，从而对地区干旱历时和干旱程度等干旱特征量的频率分布进行估计。设一年降雨量序列 z_t 及给定的切割水平 y，当 z_t 在一个或多个时段连续小于 y 值后，则出现负轮次，称相应各轮次的时段和为负轮次长。假定有 M 个轮次，同样就有 M 个轮次和与之相对应。切割水平一般可取用多年降雨量的均值，负轮长表示干旱的持续年数，而负轮次和表示缺水量（mm），即干旱程度。地区干旱特征量的频率分析的具体计算过程为：

（1）计算年降雨量模拟序列 $z_t(i=1,2,\cdots,N)$ 的负轮长序列 $l_t(t=1,2,\cdots,M)$。

（2）统计在模拟序列长度 N 年内出现负轮长分别为 $1,2,\cdots,M'$（最大负轮长）的次数分别为 $n_1,n_2,\cdots,n_{m'}$，则各负轮长的频率 p_i 可估计为

$$p_i=n_i/N,\ i=1,2,\cdots,M' \tag{9-38}$$

（3）以负轮长为纵坐标，以超过负轮长的累积频率为横坐标，可绘制负轮长与累积频率关系曲线，根据该曲线即可估计干旱历时的频率特征。同理，以负轮次和（干旱程度）为纵坐标，以超过负轮次和的累积频率为横坐标，可绘制负轮次和与累积频率关系曲线，

根据该曲线即可估计干旱程度的频率特征。

【例9-7】 以中国南方某地区为例，进一步说明随机模拟法在地区干旱频率分析中的应用。该区地处热带，尽管降水丰沛，但时空分布不均匀，年内各月的分配相差很大。降水量最多的月是8、9月，达230～320mm，而最少的月是12月、次年1月，仅15～30mm。降水量的空间分布是自北往南渐减，东部多于西部。由于各地蒸发量大于降水量，故极易出现干旱。选用地区中心雨量站1955—2000年实测降雨量序列，在整个观测期内下垫面、气候条件基本上是稳定的，因此可以认为选用的资料具有一致性和较高的代表性。

由建立的AR(1)模型模拟出长度为10^4年的序列，计算该模拟序列相应的统计参数，结果见表9-19。表9-19说明，实测序列和模拟序列的主要统计参数无显著差异。同时采用短序列法对模型适用性进行了检验，结果见表9-20。表9-20说明，实测序列的统计参数均落在置信区间内，因此可以接受AR(1)模型为年降雨量的推论总体。

表9-19   年降雨量序列统计参数的长序列法检验

序列	u/mm	s/mm	C_v	C_s	r_1
实测序列	1605	421.01	0.262	0.638	0.176
模拟序列	1602	422.10	0.263	0.647	0.163

表9-20   年降雨量AR(1)模型的短序列法检验

分类	模拟序列			实测样本
	$\hat{w}$	S_w	$\hat{w}-S_w \sim \hat{w}+S_w$	
u/mm	1601	100.3	1500.8～1701.4	1605
C_v	0.269	0.051	0.218～0.320	0.262
C_s	0.696	0.128	0.568～0.824	0.638
r_1	0.188	0.103	0.085～0.291	0.176

切割水平取用多年降雨量的均值，对10^4年模拟年降雨量序列出现的不同负轮长及出现次数进行统计，将超过一定负轮长的频次进行累加，对年降雨量的负轮长序列进行排频计算，绘制的负轮长与累积频率关系曲线如图9-9所示，负轮次和与累积频率关系曲线如图9-10所示，分别作为估计干旱历时和干旱程度的频率特征的依据。

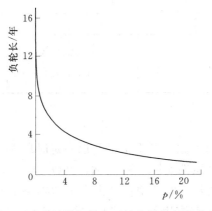

图9-9 某站模拟年降雨量负轮长频率曲线　图9-10 某站年降雨量负轮次和频率曲线

运用图 9-9 或图 9-10，就可对已发生的地区干旱的重现期进行识别。在该站 46 年的观测年限中曾出现最大负轮长（干旱历时）为 8 年的严重干旱事件，由图 9-9 查得知其频率为 0.89%，可判定该站出现 8 年和更长的严重干旱的重现期约为 112 年一遇。同样也可对负轮次和的重现期予以识别，如由图 9-10 查得该站负轮次和（干旱程度）为 2000mm 的频率为 1.60%，推知其重现期约为 63 年一遇。显然，直接根据该站 46 年的观测资料是无法估计这些最大负轮长和负轮次和的重现期的。

干旱属于自然突变的稀遇现象，分析地区干旱历时和干旱程度等特征量的频率特性的常规水文频率分析方法因实测资料的短缺而受到限制，随机模拟法成为目前适用的主要分析方法。将随机模型与区域水量平衡模型等特定转换模型相结合，还可以进一步生成农业干旱、水文干旱等应用性干旱模拟序列，进一步揭示农业干旱、水文干旱特征，从而可以更好地描述干旱现象的稀遇特性，为当地可持续发展提供水文上的决策支持。

（二）以年径流量为指标的干旱频率分析

度量干旱的指标为年径流量。

1. 年径流量序列随机模型的建立

对年径流量序列进行随机分析后建立随机模型（如平稳自回归模型），根据模型模拟大量的年径流量序列供干旱频率分析。

【例 9-8】 经分析，陕县站年径流序列具有明显的 3 年周期，因此可建立如下随机模型：

$$x_t = 71.6\cos(23\pi t) + 139.1\sin(23\pi t) + 1323 + y_t \qquad (9-39)$$

$$y_t = 0.154y_{t-1} + 0.107y_{t-2} + 0.246y_{t-3} + \varepsilon_t \qquad (9-40)$$

式中：ε_t 是均值为零、方差为 104500、偏态系数为 0.793 的独立 P-Ⅲ型分布随机变量；x_t 为年径流量；y_t 为平稳随机变量（年径流量提取周期成分后的剩余变量）。

模型检验成果见表 9-21。结果表明：陕县站年径流量序列的模型能较好地保持主要统计特性，因而模型可用于随机模拟，以研究严重干旱出现的可能性。

表 9-21　　　　　　黄河陕县站年径流量随机模型适用性检验

项目	均值	C_v	C_s	r_1	r_2	r_3	r_4	EL
实测序列	1323	0.28	0.56	0.16	0.13	0.37	−0.02	2.6
长模拟序列	1323	0.27	0.57	0.16	0.12	0.34	0.05	2.4
短模拟序列	1323	0.27	0.57	0.14	0.07	0.30	0.07	2.3
一个均方差的区间	1251～1397	0.24～0.30	0.26～0.88	−0.02～0.30	0.17～0.43	−0.13～0.14	−0.16～0.11	1.9～2.8

注　长序列长度为 10000；短模拟序列为 66×150；EL 为平均负轮长。

2. 严重干旱出现概率的估计

未来可能出现的严重干旱是人们普遍关心的课题。严重干旱常以一定时期内（N）的最大负轮长（L）表征，探索严重干旱出现的可能性实际上就是估计 $p(L \geq j)$。$p(L \geq j)$ 表示持续干旱年数等于或大于 j 出现的概率。由建立的模型模拟出大量的年径流序列，即可研究一定截割水平下负轮长的特性。截割水平取用均值并以负轮长表示干旱的持续年数。

由模型模拟出 10 万年年径流量序列。由于容量很大，可以认为这个模拟序列代表该站年径流量统计变化的特性。根据这个模拟序列估计出总负轮个数 n 和 $(l \geqslant j)$ 事件出现的个数 W，按式（9-37）估计出 $P(l \geqslant j)$，结果列于表 9-22。

$$P(l \geqslant j) = \frac{W}{n} \qquad (9-41)$$

表 9-22　　　　　陕县站 $P(l \geqslant j)$ 和 j 的关系表

j	3	4	5	6	7	8	9	10	11	12	13	14	15	16	17	18	19
$p/\%$	26	18	13	8	6	4	3	2	1.5	1	0.7	0.5	0.4	0.3	0.2	0.1	0.07

根据表 9-22，可以估计出黄河陕县站各种干旱程度重演的概率，如 $l = 11$ 时，$P(l \geqslant 11) = 1.5\%$。可见，随机模拟法适用于定量估计严重干旱出现的可能性。

第七节　随机模型及其水文模拟序列在实用中的一些问题

一、随机模型不确定性问题

模拟的水文序列是否可靠，关键在于所选择的随机模型。在建模过程中，包含两种不同类型的不确定性。一是随机模型形式的不确定性，二是模型参数的不确定性。模型形式的不确定问题可以通过对比两种不同随机模型，并检验它们在统计特性上的差异是否显著来加以评估。

模型中所含的参数，通常都根据样本序列估计。显然，样本序列受抽样波动的影响，由此估计的参数是不确定的。有的样本序列估计出的参数接近总体参数，即误差较小；有的样本序列估计出的参数和总体参数相差较大，即误差较大。这就是模型参数的不确定性问题。

在进行随机模型参数估计时，仅利用实测水文资料是不够的，要尽可能利用其他一切可以利用的信息。这就是说，建立模型所用的参数与实测序列估计的参数可能是不同的。这里的关键是其他信息的利用。

地区信息是其他信息中最重要的。在实测样本的信息基础上，利用地区信息是提高参数估计精度的有效途径。将地区信息和实测样本信息结合起来的方法主要有两种：加权法和贝叶斯法。

加权法是用实测样本参数和地区参数的加权来估计模型参数。权重取决于实测参数和区域参数的均方误差。例如某种统计参数 G，由下式估计

$$G_w = \frac{MSE_G \times G + MSE_G \times \overline{G}}{MSE_G + MSE_G} \qquad (9-42)$$

式中：G_w 为加权平均值；G 为实测样本参数；$\overline{G}$ 为区域参数；MSE_G 为区域参数估值的均方误差；MSE_G 为实测样本参数估值的均方误差。

实测样本参数的均方误差可用刀切法和自展法求得。在某些情况下，亦可用抽样误差公式。区域参数均方误差与区域综合方法有关，可通过回归分析来估计。

贝叶斯法是通过贝叶斯定理将单站实测样本信息与区域信息结合起来的方法。单站实测样本信息通过似然函数体现，而区域信息通过参数的先验分布体现。该法的关键在于确

定先验分布，但至今尚无比较成熟的方法可供利用，更多的还是靠实测资料经验地拟定。

我国水文计算实践中，实际上已经用了地区性信息。从广义上说水文随机模型包括了以频率曲线形式表示的纯随机模型。对于这样的模型，通过适线法估计其中的参数时，无疑用了地区的信息。例如选用 C_s 值，在地区上应当协调。另外，结合水文成因分析，给某些参数赋予一定的物理意义，再选用合理的数值，这也是一条提高参数估计精度的重要途径。

通过各种资料估计的参数都具有不确定性，即参数具有一定的变化范围。要估计某一参数的不确定性，必须寻求该参数的抽样分布。对于相依序列来说，这是非常困难的。下面以 AR(1) 模型和 AR(2) 模型为例简要介绍一种不确定性大小的估计方法。

1. AR(1) 模型参数不确定性的估计

由样本序列 x_1，x_2，$\cdots$，x_n 计算出的均值 $\bar{x}$ 为一随机变量，其方差为

$$D(\bar{x}) = \frac{s^2}{n^2(1-\hat{\varphi}_1)^2}\left[(1-\hat{\varphi}_1^2)n - 2\hat{\varphi}_1(1-\hat{\varphi}_1^n)\right] \qquad (9-43)$$

式中：s^2 为样本序列的方差；n 为样本容量；$\hat{\varphi}_1$ 为一阶自回归系数的估计值。

在一般情况下，借助于 t 分布，式（9-43）可以用来估计总体均值的近似置信限。考虑到 $s(\bar{x}) = [D(\bar{x})]^{1/2}$，$\alpha$ 为显著性水平，则总体均值的置信限为

$$\left[\bar{x} - t(n-1)_{1-\alpha/2}s(\bar{x}), \bar{x} + t(n-1)_{1-\alpha/2}s(\bar{x})\right] \qquad (9-44)$$

式中：$t(n-1)_{1-\alpha/2}$ 是自由度为 $(n-1)$ 的 t 分布的 $(1-\alpha/2)$ 分位数。

由样本序列估计的 $\hat{\varphi}_1$，其方差为

$$D(\hat{\varphi}_1) = (1-\hat{\varphi}_1^2)/(n-1) \qquad (9-45)$$

考虑到 $\hat{\varphi}_1$ 为正态分布和 $s(\hat{\varphi}_1) = [D(\hat{\varphi}_1)]^{1/2}$，则总体 φ_1 的置信区间为

$$\left[\hat{\varphi}_1 - u_{1-\alpha/2}s(\hat{\varphi}_1), \hat{\varphi}_1 + u_{1-\alpha/2}s(\hat{\varphi}_1)\right] \qquad (9-46)$$

式中：$u_{1-\alpha/2}$ 是标准正态分布的 $(1-\alpha/2)$ 分位数。

σ_ε^2 与 φ_1 有一定的关系 [式（5-54）]，其相应的近似置信限可类似获取。

2. AR(2) 模型参数不确定性的估计

对于 AR(2) 模型样本序列均值 $\bar{x}$ 的方差为

$$D(\bar{x}) = \frac{s^2}{n}\left[1 + \frac{2}{n}\sum_{k=1}^{n-1}(n-k)r_k\right] \qquad (9-47)$$

式中：r_k 为估计的 AR(2) 模型自相关函数。其他符号意义同前。总体均值的置信区间类似于式（9-44）。

由样本序列估计的 $\hat{\varphi}_1$ 和 $\hat{\varphi}_2$，其方差为

$$\text{Var}(\hat{\varphi}_1) = \text{Var}(\hat{\varphi}_2) = (1-\hat{\varphi}_1^2)/(n-2) \qquad (9-48)$$

总体参数 φ_1 和 φ_2 的置信区间类似于式（9-46）。

σ_ε^2 相应的近似置信区间可同样估计。

二、模拟序列的本质问题

模拟序列来自于随机模型。当序列足够长时，模拟序列就等同于随机模型。当随机模型可作为研究对象的总体时，那么模拟序列就可以来表征未来可能出现各种时序和数量的变化，特别是可能出现的各种极端恶劣情况，这无疑更有助于水资源系统的规划设计和运

行管理决策。因此模拟序列也可称为估算序列。模拟序列与实测序列的区别何在呢？当随机模型仅利用了实测序列的信息，那么模拟序列的统计参数与实测序列的统计参数没有实质区别，但是大量模拟序列中会出现各种各样的实测中没有的时序组合和极大值、极小值。当随机模型利用了实测序列之外的其他信息，那么模拟序列的信息量得到了大量的增加，其代表性就高于实测序列。后者往往是通常采用的形式。所以，模拟序列不是所谓的"假造序列"。

由随机模型模拟出大量的模拟序列，其中可能出现个别的特异值，例如负流量、数值非常大的流量（经分析这样大的流量不可能出现）。随机模型中的独立随机项一般用正态分布或 P-Ⅲ 分布来表征其统计特性。这些分布都是无上限的，当模拟序列数量很大时，可能出现个别"离奇"的特大值。这并不违背统计规律。问题的症结是能否用上端无限的分布曲线。这和下面的情况十分类似。误差尽管不会无穷大，但正态分布仍然为大家公认用来表示误差的分布。上端无限分布的应用导致模拟序列中出现"离奇"的特大值。又如在作洪水频率曲线分析时，当频率取非常大时，得到的洪水也非常大。因此关键在于在分析计算时是否采用特大值和以大量模拟序列为基础的水资源系统规划设计成果受个别"离奇"特大值的影响有多大。事实上对于后者，影响是微小的，因为设计成果是取用某种估计量的平均值和分位数，而平均值和分位数这些统计量主要取决于数量很大的模拟序列本身。这一点正好和处理实测序列的情况形成鲜明的对照。实测序列只有几十年，在这样一个短序列中加入一个特大值，其影响是举足轻重的。相反，在大量模拟序列中可能出现负值。如在模拟大量序列中出现的负值较少，其存在不影响实际应用；如出现的负值较多，则该随机模型必须进行修正或更换。

三、模型适用性分析问题

适用性分析的主要内容是要求模拟序列的参数尽可能按近实测序列相应的参数。实测样本的统计特性由各种的参数表示。那么，随机模型应保持哪些参数呢？

一般而言，期望模型所保持的参数在数量和种类上随建模的目的而异。在一般情况下，水文随机模型应保持的基本参数有均值、方差（或变差系数）和一阶、二阶自相关系数。因为这几个参数反映了随机序列最主要的统计特性。这些参数常常直接包含在模型中，故又称为直接参数。实际中，不仅要保持上述参数，还期望随机模型能保持其他的一些主要参数。这些参数往往不能直接反映在模型中，而是通过模拟的随机序列表示出来，故称为间接参数。模型应保持的间接参数常见的有以下几种。

1. 偏态系数

水文序列常呈现出偏态性。为了反映这一性质，模型应保持偏态系数 C_s。

2. 定时段累积量统计参数

定时段累积量是指某一固定时段的水量。如研究对象是月流量序列，则定时段累积量有年最大月流量、年最小月流量、年最大连续三月流量、年最小连续三月流量等；如研究的对象是日流量序列，则时段累积量有年最大日流量、年最大时段洪量（三日、五日、十日洪量等）、年内各月流量等；如研究的是枯水日流量序列，则定时段累积量有年最小日流量、年最小周流量、年最小旬流量等。定时段累积量的统计特性和许多水文计算实际问题有关。因此，要求所建模型能保持这些特征量的统计参数。

3. 极差和轮次统计参数

表示极差特性的参数是 Hurst 系数。当水文序列具有长持续特性时，要求模型保持 Hurst 系数。在轮次特征参数中最重要的是最大轮次长和平均轮次长。一般期望模型能保持住它们的特性。若研讨的问题涉及到缺水统计特性，负轮次和就成为重要参数。

需要指出，随机序列的有些特性却不能用上述参数来概括，如过程的形状。在一些实际问题中它却十分重要。因此，对所建立的模型，还期望它能反映过程形状的统计特性。如期望模拟的洪水过程能保持实测洪水过程的峰形（单峰，复峰）、峰与峰之间的间隔及主峰位置等形状特性，见表 8-5。

另外，模拟样本和实测样本中最大值和最小值的统计特征适用性分析也是必不可少的。由模型模拟出大量的模拟样本（每一个样本的容量均等于实测样本的容量），以每一个样本中选出最大值和最小值，便组成了最大值序列和最小值序列，对它们进行统计可得各种参数，进而进行检验。

在适用性分析中，当个别参数无法很好地保持时，只要能保持住重要的参数，就可以认为满足了适用性分析。另外，还需要对以模拟序列为输入的水资源系统的输出序列做适用性分析。

模型的适用性分析，除上述统计检验手段以外，还应从序列成因特性上加以分析。例如，对模拟出的洪水过程线要分析是否符合洪水过程的成因特性。从统计和成因两个方面作详尽的分析和合理论证，以提高模型的适用性。

四、模拟序列的数量问题

模拟序列用于水资源系统的规划设计等时，为了可靠地作出决策，需要多大数量的模拟序列？原则上说，由随机模型获得的模拟序列，其数量愈大愈好，但模拟序列数量大，耗费机时和费用也大。实际中为了节省人力、物力，模拟的数量只要达到精度要求就可以了。下面给予具体说明。用随机模型模拟出一组（n 年）径流过程（以月径流表示），按调节规则逐年调节计算得到一组（n 个）兴利库容，由此估计出库容频率曲线。在该曲线上求出可靠度为 p（保证率）的设计兴利库容 V_1。若模拟另一组（n 年）径流过程，又得到另一设计兴利库容 V_2，总共模拟 N 组就有 N 个设计兴利库容值。然后以 $V_i(i=1,2,\cdots,N)$ 的平均值 $\overline{V}$ 作为设计采用值。为了估计出稳定的设计值 $\overline{V}$，需要多少组模拟序列，即多大的 N 才能使 $\overline{V}$ 达到所要求的精度（不超出规定的允许计算误差），这就是模拟序列的数量问题。

设估计变量为 η，其均方差为 σ_η，于是模拟样本平均值 $\overline{\eta} = \dfrac{1}{N}\sum_{i=1}^{N}\eta_i$。当 N 充分大时，不论 η 的分布如何，$\overline{\eta}$ 都接近于正态分布，即模拟结果的误差 $\overline{\eta} - E\eta$（η 的数学期望）的分布在 N 很大时为正态分布。于是有

$$P\left\{\left|\frac{(\overline{\eta}-E\eta)\sqrt{N}}{\sigma_\eta}\right| < C_p\right\} = \int_{-C_p}^{C_p}\frac{1}{\sqrt{2\pi}}\mathrm{e}^{-t^2/2}\mathrm{d}t = p$$

或

$$P\left\{|\overline{\eta}-E\eta| < \frac{C_p\sigma_\eta}{\sqrt{N}}\right\} = \int_{-C_p}^{C_p}\frac{1}{\sqrt{2\pi}}\mathrm{e}^{-t^2/2}\mathrm{d}t = p$$

σ_η 一般总是未知的，但在 N 充分大时，可用

$$S_\eta = \sqrt{\frac{1}{N}\sum_{i=1}^{N}(\eta_i - \overline{\eta})^2}$$

代替，于是上式写为

$$P\left\{|\overline{\eta} - E\eta| < \frac{C_p S_\eta}{\sqrt{N}}\right\} = \int_{-C_p}^{C_p}\frac{1}{\sqrt{2\pi}}e^{-t^2/2}\mathrm{d}t = p$$

给定置信水平 p 就可求出相应的 C_p。由于

$$|\overline{\eta} - E\eta| < \frac{C_p S_\eta}{\sqrt{N}}$$

即

$$\left|\frac{\overline{\eta} - E\eta}{E\eta}\right| < \frac{C_p S_\eta}{\sqrt{N}E\eta} = \frac{C_p C v_\eta}{\sqrt{N}}$$

于是，如果要求模拟结果的相对误差 $\left|\dfrac{\overline{\eta} - E\eta}{E\eta}\right|$（以某一置信水平 p）小于给定的误差限 $e\%$（如 5%），则有

$$\frac{C_p C v_\eta}{\sqrt{N}} \leqslant e\%$$

也即

$$N \geqslant \left(\frac{C_p \times 100}{e}\right)^2 C_{v_\eta}^2 \tag{9-49}$$

式（9-49）就是估算模拟序列所需组数的关系式。式中 C_{v_η} 为估计变量的变差系数，C_p 随 p 而变，由标准正态分布表中查出，当 $p=95.5\%$ 时，$C_p=2$。C_{v_η} 一般为未知值。在模拟过程中，当模拟组数为 M 时，则有 M 个 η 值，可以由矩法算得 C_{v_η}，将其代入式（9-49）求得与之相应的 N 值。当 $M > N$ 即可停止计算，此时的 $\overline{\eta}$ 值为所求。上例中，如果模拟 120 组年径流过程，即 $M=120$，经调节计算得兴利库容 $V_i(i=1,2,\cdots,120)$，由此算得兴利库容，$C_{v_\eta}=0.25$，采用 $p=95.5\%$，$e=5$，则以式（9-49）算得 $N=100$。现 $M > N$，可停止计算，因已达到精度要求。实际上，只要用 100 个 V_i 的平均值 $\overline{V}$ 作为设计值，就可望有 95.5% 的可能性使相对误差小于 5%。

需要说明，式（9-49）给出的 N 为模拟序列的组数（或模拟样本数目）。每一组模拟序列则是由 n 项组成。现在的问题是 n 应该如何确定，这与研讨的问题有关。当估计变量与水资源系统运行期的长度有关时，n 应与运行期等长。例如多年调节水库的运行期为 200 年，现研讨达到一定精度要求下在该期间内所需的平均最大兴利库容，这时，n 取 200。若由模拟序列求得的估计值要与实测序列相应值进行对比，此时 n 应与实测序列等长。

关于模拟序列组数的确定，除应用式（9-49）外，还要结合实际问题来考虑。例如，我们要求兴利库容保证率曲线稳定，而不只是某一个库容值，如是多年调节水库，据伯吉斯（Burges）的分析，大约需要 1000 组，每组序列的长度和水库运行期等长；如是年调节水库，模拟序列的组数要比 1000 少。一般说来，对于径流变化较小的河流，为了获得稳定的库容频率曲线，需要 300 组模拟序列，对于径流变化较大的河流，则需要 1000 组。这是非常粗略的参考数据。事实上，模拟序列的数量还与运行期的长短、调节程度、运用方式等有关。最好根据具体情况作多次试算以合理确定模拟序列数量。

五、无资料地区水文序列的随机模拟问题

我国幅员广阔，在一些地区尚无实测水文资料（以下称"无资料"）。在这些地区作水资源系统规划统计，就面临无资料情况下水文序列的模拟问题。这一问题和无资料情况下传统水文计算问题相同，但前者还更为复杂。

在无资料情况下，如何选择随机模型和估计其中的参数，迄今的研究和实践均很少。这方面的内容尚不成熟。下面仅做粗略的介绍，以供参考。

一般说来，洪水和枯水模拟相当复杂，在无资料时，目前尚难模拟出达到实用要求的序列，这里仅局限于年、月径流量模拟。年、月径流量模型的选择和参数的估计是基于传统水文计算中的水文比拟法和分区图法。

1. 年径流量序列的模拟

若在设计流域周围寻求到合适的参证流域，则可移用它的年径流模型。模型中的参数（均值、变差系数、偏态系数和一阶自相关系数）就直接移用或根据两流域水文条件的差别修正后移用。若难以找到合适的参证流域，在一般情况下，多选用 AR(1) 模型。其中参数利用等值线图或分区图查算。年径流量均值和变差系数由等值线图获得，偏态系数可考虑为变差系数的二倍。一阶自相关系数大体上有一定的变化趋势，例如，图 9-11 粗略地反映出一阶自相关系数的分布情况。利用这些图，即可建立 AR(1) 模型。例如对四川岷江上游黑水河，从一阶自相关系数分布图上估得 $r_1 = 0.33$，以多年平均径流深和年径流深变差系数两张等值线图上，分别估得 $\bar{x} = 140 \text{m}^3/\text{s}$，$C_v = 0.20$，又 $C_s = 2C_v$，则建立的 AR(1) 模型如下：

$$x_t = 140 + 0.33(x_{t-1} - 140) + 70\sqrt{1 - 0.33^2}\,\Phi_t \tag{9-50}$$

式中：Φ_t 服从均值为零、方差为1、偏态系数为 0.46 的 P-Ⅲ型分布 [Φ_t 的偏态系数由式（5-65）计算]。利用式（9-50）便可模拟出黑水河的年径流量序列。

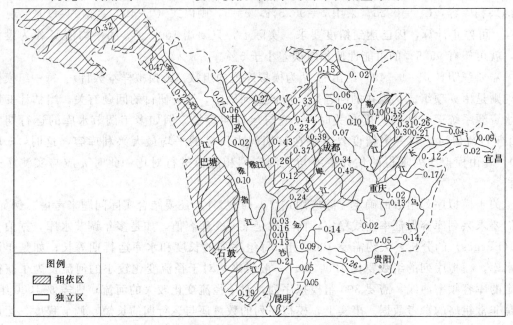

图 9-11　长江上游较大河流年径流序列一阶自相关系数分布图

2. 月径流量序列的模拟

月径流量序列的模拟常用典型解集模型，若条件允许亦可用 SAR(1) 模型。

(1) 典型解集模型。年径流的模拟采用上述方法。典型分解系数由地区参证流域移用。具体模拟方法参见第五章第三节。

(2) SAR(1) 模型。各个月的统计参数（均值、变差系数及偏态系数）和相邻月的相关系数由参证流域移用。有了参数的估值后，用式（5-21）可模拟月径流序列。

在无资料的情况下，水文序列模拟的成果必须作多方面的分析，以论证其合理性。

习　题

1. 选择随机模型需要考虑哪些因素？

2. 应用随机模型作预报与一般的暴雨洪水短期预报，有什么异同点？

3. 试论述水文实测序列和模拟序列二者的关系。

4. 试论述随机模型在水文学中的应用现状和特点。

5. 表 9-23 为某河 1956—1988 年的年平均流量序列，试建立随机模型并预测 1989 年和 1990 年年平均流量（置信水平取 95%）。

表 9-23　　　　　　　某河 1956—1988 年的年平均流量序列　　　　单位：m³/s

年份	1956	1957	1958	1959	1960	1961	1962	1963	1964	1965	1966
平均流量	490	395	650	800	670	720	710	474	334	138	491
年份	1967	1968	1969	1970	1971	1972	1973	1974	1975	1976	1977
平均流量	700	590	492	520	369	272	106	239	313	670	416
年份	1978	1979	1980	1981	1982	1983	1984	1985	1986	1987	1988
平均流量	380	101	220	455	690	640	492	550	620	234	269

附录一 赫斯特系数 K 经验分位值

（独立 P-Ⅲ型序列）

C_s	n	α				C_s	n	α			
		1%	5%	10%	20%			1%	5%	10%	20%
0.5	30	0.8142	0.7728	0.7453	0.7122	1.2	30	0.7973	0.7551	0.7288	0.6949
	35	0.8018	0.7558	0.7330	0.7012		35	0.7913	0.7470	0.7214	0.6887
	40	0.7888	0.7523	0.7285	0.6962		40	0.7869	0.7410	0.7168	0.6864
	45	0.7826	0.7440	0.7204	0.6910		45	0.7757	0.7394	0.7141	0.6813
	50	0.7778	0.7395	0.7170	0.6893		50	0.7731	0.7317	0.7089	0.6802
	55	0.7742	0.7361	0.7120	0.6830		55	0.7662	0.7285	0.7056	0.6780
	60	0.7692	0.7313	0.7094	0.6820		60	0.7633	0.7240	0.7028	0.6753
	70	0.7562	0.7235	0.7037	0.6769		70	0.7552	0.7179	0.6972	0.6704
	80	0.7509	0.7189	0.7011	0.6756		80	0.7471	0.7126	0.6920	0.6663
	90	0.7470	0.7156	0.6947	0.6703		90	0.7406	0.7067	0.6875	0.6622
	100	0.7435	0.7090	0.6910	0.6672		100	0.7368	0.7023	0.6844	0.6598
0.8	30	0.8010	0.7585	0.7342	0.6994	1.5	30	0.8038	0.7579	0.7320	0.6967
	35	0.7902	0.7515	0.7281	0.6952		35	0.7975	0.7526	0.7264	0.6920
	40	0.7898	0.7464	0.7232	0.6917		40	0.7833	0.7422	0.7174	0.6866
	45	0.7828	0.7417	0.7190	0.6887		45	0.7738	0.7365	0.7130	0.6837
	50	0.7745	0.7354	0.7118	0.6819		50	0.7706	0.7325	0.7093	0.6809
	55	0.7704	0.7307	0.7083	0.6791		55	0.7631	0.7256	0.7048	0.6750
	60	0.7635	0.7271	0.7053	0.6771		60	0.7595	0.7237	0.7012	0.6740
	70	0.7497	0.7145	0.6936	0.6680		70	0.7538	0.7175	0.6965	0.6703
	80	0.7479	0.7114	0.6918	0.6657		80	0.7486	0.7127	0.6917	0.6667
	90	0.7401	0.7046	0.6852	0.6605		90	0.7392	0.7070	0.6875	0.6633
	100	0.7345	0.7010	0.6832	0.6582		100	0.7373	0.7025	0.6834	0.6598
1.0	30	0.7966	0.7529	0.7265	0.6927	2.0	30	0.8095	0.7645	0.7375	0.7038
	35	0.7864	0.7465	0.7207	0.6898		35	0.7983	0.7544	0.7292	0.6976
	40	0.7825	0.7394	0.7156	0.6823		40	0.7896	0.7477	0.7234	0.6937
	45	0.7758	0.7361	0.7122	0.6806		45	0.7839	0.7415	0.7186	0.6885
	50	0.7717	0.7306	0.7054	0.6749		50	0.7759	0.7353	0.7129	0.6851
	55	0.7645	0.7259	0.7023	0.6735		55	0.7705	0.7315	0.7095	0.6815
	60	0.7585	0.7223	0.7008	0.6718		60	0.7645	0.7274	0.7058	0.6791
	70	0.7517	0.7133	0.6929	0.6664		70	0.7568	0.7209	0.6994	0.6736
	80	0.7418	0.7074	0.6870	0.6610		80	0.7515	0.7155	0.6962	0.6702
	90	0.7350	0.7008	0.6815	0.6573		90	0.7470	0.7103	0.6922	0.6658
	100	0.7272	0.6946	0.6757	0.6519		100	0.7426	0.7063	0.6865	0.6625

注　数据来源于《年最大洪峰序列统计混乱性的初步研究》（1997 年 10 期《水利学报》）。

附录二　[0,1] 上均匀分布的随机数表

86515	90795	66155	66434	56558	12332	94377	57802
69186	03393	42505	99224	88955	53758	91641	18867
41686	42163	85181	38967	33181	72664	53807	00607
86522	47171	88059	89342	67248	09082	12311	90316
72587	93000	89688	78416	27589	99528	14480	50961
52452	46499	33346	83935	79130	90410	45420	77757
76773	97526	27256	66447	25731	37525	16287	66181
04825	82134	80317	75120	45904	75601	70492	10274
87113	84778	45863	24520	19976	04925	07824	76044
84754	57616	38132	64294	15218	49286	89571	42903
75593	51435	73189	64448	31276	70795	33071	96929
73244	61870	28709	38238	76208	76575	53163	58481
23974	14783	17932	66686	64254	57598	26623	91730
32373	05312	94590	22561	70177	03569	21302	17381
59598	56774	08749	42448	28484	16325	62766	31466
91682	12904	29142	65877	64517	31466	02555	52905
87653	98088	75162	97496	59297	79636	74364	16796
79429	66186	59157	95114	16021	30890	21656	93662
85444	39453	67981	49687	36801	38666	50055	11244
85739	44326	91641	40837	93030	03675	18788	91232
84637	76154	14150	07876	41899	69207	66785	87225
59575	32764	91090	66515	05498	51512	16107	52141
81305	58848	69558	41675	88898	23755	60649	86545
29835	35801	23472	22700	39976	21279	36694	85970
32795	54313	39072	16809	22148	60102	18465	87650
37837	12507	54594	30814	23277	99497	11037	63178
58394	96952	12181	11641	83373	14726	23541	25774
74543	46849	95714	70358	95873	94136	83991	77099
77388	59570	29277	82041	06923	01795	77022	17423
21157	50643	16432	44292	20030	38547	67134	95995
46747	15614	57723	14233	26300	80126	23963	67058
65087	17420	79559	71028	11105	43860	64747	29415
31523	70181	60580	66259	45475	23232	38489	36452
31051	78489	46105	63541	51391	62321	94557	63413
82112	45793	01251	42918	98647	32045	24312	32913
16363	91017	77362	47792	26455	56339	40125	64329
48752	72467	12333	25578	38302	40607	09174	04703
21440	77078	54895	95743	12820	53855	43806	09473
08051	77898	76323	33133	97236	33847	19881	28066
25601	33322	27768	63779	07284	64203	47631	98591

注　数据来源于陈元芳编著的《统计试验方法及应用》(哈尔滨：黑龙江人民出版社，2000)。

参 考 文 献

[1] 王文圣，丁晶，金菊良. 随机水文学（第二版）[M]. 北京：中国水利水电出版社，2008.

[2] 丁晶，邓育仁. 随机水文学 [M]. 成都：成都科技大学出版社，1988.

[3] 丁晶，刘权授. 随机水文学 [M]. 北京：中国水利水电出版社，1997.

[4] 王文圣，金菊良，李跃清，等. 水文水资源随机模拟技术 [M]. 成都：四川大学出版社，2007.

[5] 王文圣，丁晶，李跃清. 水文小波分析 [M]. 北京：化学工业出版社，2005.

[6] 金菊良，丁晶. 水资源系统工程 [M]. 成都：四川科学技术出版社，2002.

[7] 丁晶，邓育仁，梁棣，等. 水库防洪安全设计时设计洪水过程线法适用性的探讨 [J]. 水科学进展，1992，3(1)：45 - 52.

[8] 金光炎. 水文水资源随机分析 [M]. 北京：中国科技出版社，1993.

[9] 崔锦泰. 小波分析导论 [M]. 程正兴，译. 西安：西安交通大学出版社，1995.

[10] 马逢时，何良材，余明书等. 应用概率统计（上册）[M]. 北京：高等教育出版社，1989.

[11] 陈元芳. 统计试验方法及应用 [M]. 哈尔滨：黑龙江人民出版社，2000.

[12] 黄忠恕. 波谱分析方法及其在水文气象学中的应用 [M]. 北京：气象出版社，1983.

[13] 孙才志，张戈，林学钰. 加权马尔柯夫链在降水丰枯状态预测中的应用 [J]. 系统工程理论与实践，2003(4)：100 - 105.

[14] Valencia, D. R., J. L. Schaake. Disaggregation processes in Stochastic Hydrology [J]. Water Resources Research，1973，9(3)：580 - 585.

[15] Sharma et al. Stream simulation：a non-parametric approach [J]. Water Resources Research，1997，33(2)：291 - 308.

[16] Tarboton D. G. et al. Disaggregation procedures for stochastic hydrology based on nonparametric density estimation [J]. Water Resources Research，1998，34(1)：107 - 119.

[17] 丁晶，袁鹏，杨荣富，等. 中国主要河流干旱特性的统计分析 [J]. 地理学报，1997，52(4)：374 - 38.

[18] 熊明. 三峡水库防洪安全风险研究 [J]. 水利水电技术，1999，30(2)：39 - 42.

[19] 王文圣，马吉让，向红莲，等. 一种径流随机模拟的非参数模型 [J]. 水利水电技术，2002，33(2)：8 - 10.

[20] 郭仲伟. 风险分析与决策 [M]. 北京：机械工业出版社，1987.

[21] 刘兴堂，吴晓燕. 现代系统建模与仿真技术 [M]. 西安：西北工业大学出版社，2001.

[22] 水利部、能源部. 水利水电工程设计洪水计算规范 [M]. 北京：水利电力出版社，1993.

[23] 水利部. 水利水电工程水文计算规范 [M]. 北京：中国水利水电出版社，2002.

[24] 赵吴静，金菊良，张礼兵. 随机模拟方法在地区干旱频率分析中的应用 [J]. 农业系统科学与综合研究，2007，23(1)：1 - 4.

[25] 张明，金菊良，王国庆，等. 基于最大熵分布模拟的干旱频率分析 [J]. 水力发电学报，2013，32(1)：101 - 106.